環境政治とガバナンス

星野 智 著

中央大学出版部

装幀　道吉　剛

まえがき

　本書は，環境政治と環境ガバナンスに関連する12篇の既発表の論文に多少補修を加えて，3部構成で編集したもので，環境政治論という政治学の新しい分野についての著者なりの問題意識と基本的意想の一端をまとめたものになっている。

　欧米の政治学の分野では，環境政治あるいは地球環境政治に関する研究は比較的進展しており，それらに関する多くの研究書が出されている。その内容は，環境哲学や環境思想の分野から環境保護運動，環境政党，地球環境政策などにいたるまで多分野にまたがり，必ずしも定まったテーマや領域があるわけではない。その意味では，環境政治は今後ますます発展する可能性をもつ分野といってよいだろう。とりわけ日本の政治学においては，環境政治あるいは地球環境政治はいまだ未開拓の分野といってよく，これからの発展が期待される分野でもある。今後，地球温暖化や資源をめぐる紛争などの環境問題がますます深刻化すると，ローカル・ナショナルな規模での取組だけでなく，リージョナルあるいはグローバルな規模での環境ガバナンスの必要性がますます高まることが予想される。

　著者の環境政治についての問題意識と基本的意想については，第1章「環境政治と環境ガバナンス」のなかで触れているが，基本的には，環境問題を歴史，政策，運動，ガバナンスといった視点から捉えることをめざしている。環境問題の歴史は，人間の歴史あるいは文明の成立と同時に出現したといってよく，人間は社会進化の過程でつねに環境を変容させてきたと同時に，変容した環境による反射的作用を受けてきた。人間社会あるいは文明の発展と衰退の歴史は，つねにこのような人間と自然とのかかわり合いのなかで形づくられてきたといってよい。また人間社会の紛争の多くは，そのような自然とのかかわり合いのなかにおける資源をめぐる問題として発生しているといってよいかもし

れない。したがって重要なのは，グローバルな社会システムとエコシステムという視点から，そうした環境問題あるいは資源をめぐるさまざまな紛争の原因を探り，いかにしてグローバルな社会システムがそれに対処するかである。それが環境政治と環境ガバナンスの課題であるといってもよいだろう。

　本書は，3部構成になっており，第1部では，環境政治と環境ガバナンス，世界システム論の観点からの地球環境問題の考察，環境政治とデモクラシー，環境政党，第2部では，環境NGO，ドイツの環境政治，EUの環境政策過程，そして第3部では，アジア太平洋地域の環境ガバナンス，東アジアの環境ガバナンス，北米の環境ガバナンス，UNEPのガバナンスを取り上げている。これらの構成は必ずしも体系的な構成にはなっていないとはいえ，学問的にはいまだ未確定な分野において，環境ガバナンスという視点からそれが対象とする内容の一端を試論的に取り上げたものである。

　末尾ながら，本書が成るにあたり，ご厚情を賜った多くの方々のご高配に対して感謝申し上げたい。とりわけ，第20回櫻田會研究助成（財団法人・櫻田會）は本書所収論文の執筆に当たり大いに役立たせて頂いた。遅ればせながらお礼申し上げたい。また中央大学社会科学研究所，政策文化総合研究所のメンバーの方々には貴重なアドヴァイスを頂いた。感謝申し上げたい。最後に出版にあたりご尽力を頂いた中央大学出版部の平山勝基さん（2008年3月退職）と大澤雅範さんには感謝申し上げたい。

2009年4月18日

著者

目　次

まえがき

第 I 部

第 1 章　環境政治と環境ガバナンス　……………… 3

1．環境政治論のプロブレマティーク
2．環境政治の政策的側面
3．環境政治と環境運動
4．環境政治と民主主義

第 2 章　世界システムと地球環境問題　……………… 17

1．世界システム論と環境問題のグローバル化
2．近代世界システムと環境破壊の周辺化
3．現代の世界システムと環境破壊のグローバル化
4．インターステイト・システムと地球環境運動

第 3 章　環境政治とデモクラシー　……………… 39

はじめに
1．環境問題のグローバル化
2．地球環境ガバナンスの形成
3．環境政治におけるレジームとガバナンスの枠組
4．環境政治のグローバル化と民主主義
おわりに

第4章　環境政治のグローバル化 ·························· *63*

　　はじめに
　1．新しい政治と緑の党
　2．「欧州緑の党」の形成— 緑の党のリージョナル化 —
　3．グローバル・グリーンズ— 緑の党のグローバル化 —
　　おわりに

第Ⅱ部

第5章　地球環境政策と環境NGO ·························· *89*

　　はじめに
　1．地球環境ガバナンスにおける環境NGOの台頭
　2．環境NGOと地球環境政策の形成
　3．環境NGOのパートナーシップとロビイング活動
　4．環境NGOによる地球環境政策の実施と執行の過程
　5．環境レジームへのNGOの参加— その法制度的側面 —
　　おわりに

第6章　ドイツの環境政治と環境政策 ·························· *117*

　　はじめに
　1．環境政策の展開
　2．環境政策と政治・行政・法システム

第7章　ドイツにおける環境政策の発展 ……………… 135

はじめに
1．連立政権のエネルギー政策
2．連立政権の環境税制改革
3．連立政権の温暖化防止政策
おわりに

第8章　EUの環境政策過程—リージョナル環境ガバナンスの制度的枠組—
……………………… 153

はじめに
1．EUの環境政策の歴史的展開
2．環境政策の制度的側面
3．環境政策の法的手段
4．政策過程
おわりに

第Ⅲ部

第9章　アジア太平洋地域の環境ガバナンス ……………… 191

はじめに
1．APECにおける環境問題への対応
2．アジア太平洋環境会議と長期的環境保護ビジョン
3．アジア太平洋環境開発フォーラムの取り組み
おわりに

第10章　東アジアの環境ガバナンス *211*

　　はじめに
　1．東アジアの環境問題
　2．東南アジアの環境ガバナンス
　3．北東アジアの環境ガバナンス
　　おわりに─ 環境ガバナンスの拡大と東アジア共同体 ─

第11章　北米環境協力協定と環境ガバナンス *227*

　　はじめに
1．NAFTA と環境問題
2．北米環境協力協定（NAAEC）の制度的枠組
3．NAAEC における紛争解決メカニズム
　　おわりに

第12章　地球環境ガバナンスと UNEP の将来─ UNEP から WEO へ ─
.... *253*

　　はじめに
1．UNEP のガバナンス機構とその役割
2．UNEP の制度的問題
3．UNEP 改革への動き
4．UNEP から WEO へ
　　おわりに

環境政治とガバナンス

第 Ⅰ 部

第1章
環境政治と環境ガバナンス

1．環境政治論のプロブレマティーク

　環境政治論あるいは地球環境政治論は，とりわけ1992年のリオでの地球サミット以降，西欧諸国で環境問題への関心が高まるなかで著しく進展しつつある研究分野であるが，日本ではようやくそれらについての研究が現れ始めている新しい分野である。しかしながら，環境政治論あるいは地球環境政治論とはいっても，すでに確立された研究分野として存在しているわけではなく，欧米諸国の研究をみても，その研究方法，研究領域，環境思想的なスペクトルについては多種多様である。たとえば，M・グレーヴとF・スミスたちの研究は，アメリカの環境政治の領域における規制的措置に焦点を合わせたものであり，他方，R・ガーナーの研究は，環境政策の分野だけでなく環境運動や地球環境政治まで取り上げている[1]。ガーナーの研究に示されているように，グローバリゼーションの時代の到来によって国内政治と国際政治の境界が薄れつつある現状においては，環境政治論の領域そのものも「脱国境化」し，地球環境政治論という研究分野に収斂される傾向を示しているように思われる。2001年に創刊された『地球環境政治』(Global Environmental Politics) という洋雑誌は，その代表的な事例であろう。
　ところで，西欧諸国で環境政治論の発展を促した背景にあった大きな要因のひとつは，1970年代以降の「古い政治」から「新しい政治」への転換であろう。R・イングルハートの『静かなる革命』(1977年) は，西欧の人々の価値観が物質的な価値観から脱物質的な価値観へと転換している点を指摘し，国民的

な関心が経済成長とパイの配分や軍事的・社会的な安全保障という従来の争点から，環境，人権，平和，男女平等といった新しい争点に移行しつつあることを明らかにした。このような「新しい政治」の出現にともなって，新しい社会運動としての環境運動が台頭し，それらが環境政策へ影響を及ぼすという流れを作り出してきた。ドイツや西欧諸国における緑の党の出現とその政治的影響は，このことを的確に物語っている。これら新しい環境政治の登場は，産業社会における経済成長やテクノロジーの環境破壊的な傾向への抵抗を生み出すとともに，環境への負荷の少ない社会経済システムのあり方をめぐる闘争を重要な政治的争点とした。

さて，環境政治論の発展を促したもうひとつの要因は，環境問題のグローバリゼーションである[2]。すべての環境問題がグローバルな拡がりをもつわけではないにしても，地球温暖化，オゾン層破壊，森林破壊，酸性雨，原発事故，海洋汚染，有害廃棄物の越境移動，公害輸出などは明らかに国境を超えたリージョナルあるいはグローバルな拡がりをもつ問題であり，これらの問題に対処するためには，国民国家を超えたリージョナルあるいはグローバルな枠組が必要となってきた。とりわけ1980年代以降に顕著な進展がみられた地球環境ガバナンスあるいはレジームの形成という流れは，条約，議定書，ソフト・ローなどの多国間環境協定によって主権国家の行動を拘束することで地球環境問題へのグローバルな対応を実現してきたといってよい。

それと同時に，地球環境問題の台頭とともに明らかになってきたのは，グローバル・エコシステムとしての地球を構成している大気や水や生物多様性などの地球共有財（グローバル・コモンズ）をコントロールする主体が存在しないことである。これらの地球共有財が不均衡に配分され「私的」な処理に委ねられ，その回復のための社会的コストを負担してこなかった結果，もはや取り返しがつかないほどの負荷を環境に与えている。このような現状では，国家的なアクター以外にも，国際機関や環境NGOといったさまざまなアクターが環境レジームの形成にかかわり，それらが複合的なアクターとしてコントロール機能を発揮することが求められている。

このようにみると，環境政治論は同時に地球環境政治論でもあり，それが対象とするのはローカル，ナショナル，リージョナル，グローバルという各水準の環境政治であるが，また，そのような政治過程における意思決定に多元的なアクターがどのようにかかわっているのか，そして世界システムにおける中心—周辺の関係のなかで環境政治がどのように展開されるのかという点もその考察対象となろう。それだけではなく環境政治という場合，「人間—自然」関係を内包した生態系としての環境についての歴史的・思想的な考察もその対象となる。ここで環境政治という場合，大きくわけて2つの側面があるように思われる。ひとつは，環境政治の構造的・制度的な側面であり，自治体，国家，国際機関といったフォーマルな機関による環境政策的な側面である。そこでは環境政策をめぐって権力や財の配分あるいは分配，それへのさまざまなアクターの参加が問題になる。もうひとつは，社会運動的な側面であり，従来の環境破壊的な政策や社会・政治・経済システムへの抵抗と環境負荷の少ないシステムの形成をめざす環境運動である。環境運動もまたローカルな場面からグローバルな場面にいたるまで拡がっており，そこにかかわるアクターも，そしてアクターのかかわり方も多様である。したがって，これら環境政治のもつ2つの側面の相互連関性を究明することが重要となるだろう。

2．環境政治の政策的側面

　1992年の地球サミットにおいて採択された「アジェンダ21」は，持続可能な開発を達成するために40章から成る行動計画を規定しており，その前文においては，国際機関や各国政府のみならずNGO，自治体，労働組合，産業界などによるグローバル・パートナーシップの役割を強調している。たとえば国連機関や国際機関はNGOの参加手続きの審査報告や，NGOネットワーク形成の促進のための施策を講じること，また各国政府はNGOネットワークとの対話プロセスの設立や促進，地方NGOと地方自治体との対話の促進，アジェンダ21実施のための国内手続きへのNGOの参加などの施策を講じること，そして

地方自治体は市民，地方団体，民間企業と対話・協議し，「ローカル・アジェンダ21」を採択すること，これらの点が役割として規定されている。

このように「アジェンダ21」のもとで，国連機関と国際機関，各国政府，地方自治体は持続可能な開発のための政策を策定することが求められている。確かに，「アジェンダ21」は法的な拘束力の弱いソフト・ロー的な性格をもっているとはいえ，実際的に各国政府あるいは地方自治体はその政策を実現するための取り組みを行っており，その意味ではグローバル，ナショナル，ローカルの3つの政策的な水準を結びつけるものとなっている。行動計画の実施という面で「アジェンダ21」の実施状況をモニターする「持続可能な開発委員会」（CSD）が設置されたという点では，1972年のストックホルム人間環境宣言における行動計画よりも進んだものとなっている。

さて，地球環境政治における政策的合意形成の手段としてグローバル・ガバナンスの枠組の有効性が認められつつある。ガバナンスは一般には，多元的な社会において共通の問題が認識され，その解決に向けた合意が形成され，それにもとづく取り組みが進められる過程あるいは枠組を意味しており，とりわけ国境や世代を超えた現代の環境問題についてガバナンスが論じられている。1995年のグローバル・ガバナンス委員会の報告書『地球リーダーシップ』では，ガバナンスというのは，「個人と機関，私と公とが，共通の問題に取り組む多くの方法の集まり」であり，「相反する，あるいは多様な利害関係の調整をしたり，協力的な行動をとる継続的なプロセスのことである」[3]としている。これまでグローバルなレベルでは，ガバナンスはフォーマルな組織間の関係とみなされてきたが，現在ではNGO，市民運動，多国籍企業などのアクターを含めた多元的な枠組となっている。

地球環境問題において国際的な合意を作り出すプロセスで一定の規範やルールが取り決められる場合，そうした規範やルールの体系をレジームという言葉で表現することがある。レジーム概念は，一般に，O・ヤングやR・コヘインなどの自由主義的な「制度主義」によって使われているが[4]，それは国際的合意を基礎にした一連の規範あるいは行動のルールのことをいう。そして地球環

境レジームという場合には、地球環境問題に関する国際的な規範やルールのことをいい、具体的には条約、議定書、ソフト・ローを指す。

地球環境レジームとしての条約による多国家間合意の形成プロセスについてみると、一般に「枠組条約」と「議定書」との組み合わせが一定の法形式として使われている。よく知られている例を挙げれば、酸性雨に関しては、「長距離越境大気汚染に関する1979年のECE条約」と「ヘルシンキ議定書」(1985年)および「ソフィア議定書」(1988年)、オゾン層保護に関しては、「ウィーン条約」(1985年)と「モントリオール議定書」(1987年)、そして地球温暖化防止に関しては、「気候変動枠組条約」(1992年)と「京都議定書」(1997年)が典型的な組み合わせである。

これらの例からも明らかなように、グローバルな規制を目的とする地球環境条約においては、まず、一般的・抽象的な規定から構成される「枠組条約」が締結され、次いで、その内容を具体化するための「議定書」が締結されるという二段階的なステップが踏まれる。このような二段階的なステップが踏まれる理由としては、まず地球環境問題の重要性についての認識とそれに対する各国の政治的コミットメントを単一の条約で包括することが困難であり、段階的な手順を踏む必要があること、第2に、科学的な知見の程度が時間とともに変化するから弾力性を確保しておく必要性があること、そして具体化のために国ごとの特殊事情を考慮する必要があること[5]、などが挙げられる。

さて、ナショナルなレベルでの環境政策の問題を検討するまえに、ヨーロッパ諸国の場合にはEUというリージョナルな水準での環境政策の問題が浮上してくる。温暖化防止への対応にみられるように、EU27カ国は統一的なアクターとして行動しており、そうした協調行動の背景になっているのがEUにおける共通の環境政策の策定と実施である。1972年のストックホルムでの国連人間環境会議は、各国に環境保護のための枠組の作成を要請していたが、EUの最高統治機関である欧州委員会はこの要請を受けて一連の環境行動計画を策定していた。しかし、EUの環境政策を推進するうえでの法的根拠はローマ条約には規定されておらず、1986年に調印された単一欧州議定書（1987年発効）に

環境に関する規定が初めて設けられた。EUは加盟国を拘束する環境政策を採用する権限をもっているが、その環境規制は250以上にも達している[6]。

EUの環境政策でとりわけ顕著な領域は、環境基準と政策決定過程の調和化である。前者は1993年の単一市場の形成による貿易上の歪み、不公正な競争、財・資本・人・サービスの自由移動の障害を予防するための措置として採用された、環境上の共通の基準に示されている。たとえば、飲料水など水質に関する共通の基準のほか、有害廃棄物処理、大気汚染のレベル、ガソリン中の鉛の割合、農薬など多岐にわたっている。政策決定過程の調和化に関しては、環境基準の調和化にともなってイギリスが大気と水質に関する同一の基準と環境規制の手続きの規準化を確立したように、加盟国はEUの環境基準設定政策に従うことを余儀なくされている。また汚染対策が公的な問題となるにつれて、環境政策作成における秘密性や交渉などといった伝統的な手法が消えつつある。

つぎに、ナショナルな水準での環境政策についてみると、先進国では概して1970年代に入ると、環境政策を推進する機関として環境庁あるいは環境省が設置された。イギリスではそれまで環境政策の権限はいくつかの省庁に分割されていたが、1969年にウィルソン首相がそれらの統合を提案し、翌年に環境省が設置された。アメリカでは、1969年にホワイトハウスの反対にもかかわらず国家環境政策法（NEPA）が議会を通過して成立し、そのなかで環境保全基本政策と環境影響評価制度が主要な柱とされた。翌年には、環境保護庁（EPA）が設立されたが、それは独立した機関として大気汚染、水質汚濁、環境放射能、殺虫剤、固形廃棄物に関する連邦計画の規制と強化、研究の統括責任などを担っていた[7]。日本でも1971年に、各省庁に分かれていた公害対策部課を統合した形で環境庁が設置され、環境政策を総合的に実施するための機関が生まれた。しかし、環境アセスメントに関しては、公共事業を推進する業界や通産省および建設省など他の省庁の反対があり、国レベルの環境アセスメント法は1997年まで成立しなかった。また日本では、リオでの地球サミット終了後、環境基本法についての本格的な審議が開始され、翌1993年に3章46条から成る環境基本法が成立した。内容の面では、基本理念としては、現在の世代と将来世代

の双方の環境の恵沢の享受,環境への負荷の少ない持続的発展が可能な社会の構築,国際的協調による地球環境保全の推進が謳われ,次いで,国,事業者,地方自治体,国民といった各主体の責務が規定されている。

　最後に,地方自治体というローカルな水準での環境政策については,今日,アジェンダ21に示されているように,グローバルな環境政策とのリンケージが求められている。日本では,環境基本法が制定され,翌年94年に環境基本計画が策定されたのに応じて,自各治体においても環境基本条例と環境基本計画が次々に作られてきた。環境基本条例は自治体の環境政策の基本的綱領であり,環境基本計画はその具体的実施のためのプログラムであるが,自治体によっては環境基本条例のなかに環境権の規定を盛り込んでいるところもある。また地球環境問題への対応についても,基本条例のなかに規定されているケースがほとんどであり,さらには各自治体では「アジェンダ21」のローカル版としての「ローカル・アジェンダ」の策定が進んでいる。

3．環境政治と環境運動

　1970年代以降に登場した「新しい政治」の流れは,物質中心的な生活スタイル,大量生産・大量消費を基調とした社会経済システム,個人の自己実現,政治参加,人権,環境,平和,女性の権利などを政治的争点とした。このような「新しい政治」の流れを形成してきたのは,それまでの「古い政治」のあり方に抵抗を表明してきた市民運動,住民運動,反核運動,反原発運動,エコロジー運動,フェミニズム運動などであったが,これらの社会運動は,戦後のフォーディズム的な社会構造の転換,伝統的な規範や権威構造に対する解放的な抵抗,オルタナティヴな価値やアイデンティティの形成をめざすものであった。とりわけ平和運動とエコロジー運動は,近代産業文明がもたらした経済成長,巨大なテクノロジー,軍需技術のもっている破壊的な性格とその脅威,いわば「危険社会」が抱える問題点を争点化することで,新しい政治的コンフリクトの場を切り拓いてきた。

こうして新しい社会運動は，産業社会における経済発展のあり方を根底的に問い直し，しかも経済発展を推進するテクノクラート的な決定構造の基盤となっている独占的な裁量権を問題化してきたということができる。このことは，1980年のスウェーデンでの国民投票による脱原発への方向転換，日本での住民投票による原発誘致への反対にみられるように，代議制を補完するレファレンダム制度の意義が改めて浮き彫りにされてきたことに如実に現れている。またドイツの緑の党は環境問題を主要な争点としてきたが，かれらが主張してきた太陽エネルギーなどのソフト・エネルギーの利用，生産と消費を自然の循環メカニズムのなかに位置づける循環型社会の構想，分権と底辺民主主義の追求などは，多くの国民的な支持を受けてきただけでなく政策的にも徐々に実現されつつある。1998年に成立したSPDと90年連合／緑の党の連立政権は，11月に連邦議会にエコロジー的税制改革法案を提出し，翌年3月にその法案を成立させた。そして同年4月から環境税がスタートした。また連立政権は2000年10月に電力業界と脱原発で合意し，十数年かけて稼働中の原発19基を全廃する「脱原発法」の制定をめざしている。

　ドイツでは，1970年代に入って市民運動やエコロジー運動が活性化し，「連邦環境保護市民連合」(BBU)という全国的な連合体を形成していた。1970年代後半には，そのような市民運動や反原発運動などが中核となって，いくつかの地域で緑の党は地方政党として発足した。緑の党は1978年と1979年に州議会選挙を戦い，1979年10月にブレーメン市で初めて4議席を獲得した。さらに1980年にカールスルーエ大会で連邦政党として正式に旗揚げし，1983年の連邦議会選挙で5％を突破して議席を獲得した。このようにドイツの緑の党は，エコロジー運動という社会運動が政党組織に発展した典型的な例であるが，それはドイツの環境政策に大きな影響を与えただけでなく，既成政党の政策的な転換も促したのである。

　それとは対照的なのはイギリスの緑の党である。イギリスで全国組織としての緑の党が最初に結成されたのは，1973年の「ピープル」(民衆)という名称の政党であったが，1985年に「緑の党」と改称してから党員を増やしていっ

た。1989年の欧州議会選挙では，229万票，すなわち得票率では15％を獲得したものの，イギリスの選挙制度が小政党に不利な小選挙区制であったために，議席の獲得には至らなかった。このようにイギリスの緑の党が影響力の点で伸び悩んでいる理由は，選挙制度の問題が大きな要因であるが，その他にも急進的な環境主義を促すような開発計画がないこと，急進主義も労働党政治の枠内におさまりがちであるということである。イギリスでは環境政策に関しては，民間環境団体の影響力が大きい。他の先進工業諸国が政府機関を通じて環境政策を実施しているのに対して，イギリスでは民間環境団体が推進しているケースが多い。たとえば，220万人（1993年）の会員を抱えるナショナル・トラストは，歴史的建造物の確保や景観保全の面で政府よりも積極的に活動しており，自然保護区は地方の自然愛好団体によって運営され，これらの団体は王立自然保全協会（RSNC）によってまとめられている[8]。とはいえ，これらの民間環境団体がイギリスの環境政策の推進母体になっていることではなく，影響力を与えているということである。

　こうして，ドイツでは緑の党は議会外の環境運動によって提起された争点をフォーマルな政治過程に回路づける役割を果たしているが，イギリスでは緑の党が現行の選挙制度のもとでは躍進が期待されない以上，政治過程で周辺的な位置しか占めることができず，したがって環境運動も権力への道よりも影響力を行使する道を歩み続けざるをえない[9]。緑の党が議会で躍進できないという点では，アメリカはイギリスと同じ状況にある。アメリカにはシエラ・クラブや全米オーデュボン協会といった強い影響力をもつ環境団体が多く存在するにもかかわらず，これまで大きな緑の党が出現してこなかった。その原因は，民主党と共和党という二大政党政治や小選挙区制という選挙制度にあるだけでなく，環境団体による効果的なロビー活動が一定程度環境政策に影響を与えていることにある。

　アメリカで全国的な規模での環境ロビー活動を行っているのは，シエラ・クラブ，全米オーデュボン協会，全米野生生物連盟，FoEなどであるが，これらの団体は環境政策へ影響を与えるために議会および行政へのロビー活動や行政

の政策決定への監視，また訴訟を起こす活動も行っている。このように全米規模の環境団体は，伝統的で合法的な手段によって環境政策に影響を与えようとしており，かれらの活動は環境政策を支配する議会や連邦の官庁がある首都ワシントンに集中している[10]。これらの環境団体の活動を支えているのが環境ロビイストたちであり，かれらは法律の制定を促し，あるいは既存の法を実施するように圧力を加えるのである。1970年代以降，これら環境ロビイストたちの数が増える傾向にあり，環境団体も立法過程で影響を与えるためにかれらを雇うようになった。

このように環境団体のなかには国内的あるいは国際的ロビー活動を中心にしている「環境圧力団体」も存在している一方，環境政策や国家そのものが現在の環境危機の真の原因であると主張する「アース・ファースト！」や，捕鯨や核実験に反対して直接的な阻止行動を行うことで有名なグリーンピースのように，直接行動型の環境団体がある。グリーンピースは30カ国にのぼる国別組織から構成される国際的ネットワークをもつ国際環境NGOであるが，そのなかでもグリーンピースUSAは2500万ドルの予算と180万人の会員（1992年）をもち，アメリカの環境団体のなかでもっとも大きく資金も潤沢な団体とされている。財政的に豊かな理由は，ダイレクトメールによる資金集めによるところが大きく，1990年には6400万ドルを調達されたといわれている。そのうちの60％はダイレクトメール会社によって発送された4000万通の勧誘の手紙から集められたものだといわれている。しかも，ゴムボートで捕鯨船の銛の前に飛び出し，核実験海域に船を潜入させるといった直接行動の映像を世界中に発信することによってその会員数を増やす戦略はきわめて効果的であった。その意味で，自ら演出するキャンペーンと映像との組み合わせをメディアによって国際世論に伝え，間接的に政治過程に影響を与えようとする戦略は，新しいタイプの環境運動モデルであるということができる。

一般に，環境運動は環境に負荷を与えている既存の社会的な構造や枠組を変えようとするものであるが，そこでは当然，既得権益をもつ「反環境」的な利益との衝突が存在する。

環境団体は人的・物的な資源の点で不利な立場に置かれるのが通常であり，そこでイギリスの場合のように，環境団体が競争力を強化し資源の動員をはかるために連合するケースもみられる。1996年に，イギリスで持続可能な発展の枠内でさまざまな問題，すなわち環境保護，グローバルな貧困や安全保障，不平等，民主主義的な刷新といった問題に取り組むために「リアルワールド」という連合が成立し，そこにはFoE，世界自然保護基金（WWF）などをはじめとする32の指導的な環境圧力団体が参加し，「リアルワールドの政治」宣言を出した[11]。このような連合体の形成は，資源，知識，専門家を結びつけることでインパクトと効果を高め，相互の関心と参加意欲を高めるプロセスとなっている。かりに，こうした連合体がローカル，ナショナル，リージョナル，グローバルの水準で形成されるならば，環境政治にとって大きな意味をもつにちがいない。

4．環境政治と民主主義

「新しい政治」が戦後の経済成長を基盤としたフォーディズム的なパラダイムに挑戦し，その現実的・規範的な限界を強調してきたことは，物質的な繁栄を求めてきた戦後政治のあり方を根本的に変えることを意味していた。環境についてみると，経済成長は繁栄や豊かさといった「グッズ」的な側面をもたらしたものの，U・ベックが指摘するように，同時に経済成長の「バッズ」あるいはリスクの問題を生み出した。リスクの問題はもとより原発だけではなく，最近のBSEやバイオテクノロジー，遺伝子組み換えから地球温暖化にまで及んでおり，それらが今日の「危険社会」の主要な構成要素となっていることは改めて指摘するまでもない。とすれば，そのさい重要な課題となってくるのは，こうした「危険社会」をどのように管理するのかという問題だけにとどまらず，将来的にどのように転換していくかという点であろう。

経済成長と環境保護との関係をめぐっては，これまで「ラディカル主義」と「改良主義」，あるいは「環境中心主義」と「人間中心主義」という2つの対立

的な立場が存在してきた。「ラディカル主義」が経済成長の限界を強調し、ラディカルな社会的・政治的変革を求めるのに対して、「改良主義」は修正された持続的な経済成長あるいはエコロジー的近代化を主張し、環境問題の解決と既存の社会的・政治的構造とが共存しうるとする。ここでの「改良主義」は、経済成長と環境保護とがゼロサム的なトレードオフ関係にはなく、必ずしも対立するものではないという立場であり、「持続可能な開発」に代表される立場である。しかし、「ラディカル主義」の立場からすると、近代の産業社会のネガティヴな面を緩和しようとする「改良主義」は、環境的破局に対処するのに十分ではなく、環境的危機に対する皮相な対応にすぎない。

しかし、これらの2つのタイポロジーについては、現実問題としてオルナタティヴな選択ということが問題になるのではなくて、両者の立場が提起しているそれぞれの視座を理論的に再構成することが必要である。「ラディカル主義」の立場にたってただちに経済成長にストップをかけることは、今日の世代の欲求を制限するだけでなく、途上国にとっては貧困の深刻化という事態を引き起こすことになり、合意形成は難しいだろう。けれども、エコロジー的近代化の立場は、このような持続可能な開発を掲げているとはいえ、環境破壊や不均等な開発をもたらしてきた政治的・経済的な制度を正当化しがちであることは否定できない。確かに、ブルントラント委員会の報告書は、基本的欲求を充足するには、貧しい国々において新たな経済成長の時代を作り出すことが不可欠であるだけでなく、それに必要な資源の公平な配分の保証が必要であることを謳っている。

しかし、問い直してみなければならないことは、文化的にも生活様式においても多様な形態をもっている途上国にとって、はたして先進国のような経済成長モデルをそのままあてはめて持続可能な開発を実現することで問題が解決されるのかという点である。確かに、「アジェンダ21」でも持続可能な発展とアジェンダ実施のための資金調達のための手段として「地球環境ファシリティ」（GEF）が制度化されている。しかし、そうであるとしても、資本主義世界システムの周辺に位置し、資本とコストの外部化の道を閉ざされ、経済発展すら

容易ではない発展途上国にとっては，現在のヒエラルヒー化した世界システムの構造のなかで環境保護のための資金の確保はますます困難になるだろう。現実的なプロセスは2つのタイポロジーの中間をたどると考えたとしても，いずれはオルタナティヴな選択を迫られるときがくるかもしれない。そこでの環境と開発をめぐる選択にさいしてつねにデモクラシーの問題が問われ続けるだろう。その意味では環境政治とデモクラシーは切り離すことはできない。

1）欧米の環境政治学については多くの研究があるが，さしあたり以下の文献を挙げておく。G. Porter/J. W. Brown, *Global Environmental Politics*, Westview Press, 1991（細田衛士監訳『入門地球環境政治』有斐閣，1998年），M. S. Greve/ F. L. Smith (eds.), *Environmental Politics*, Praeger Publishers, 1992, Timothy Doyle and Doug Mceachern, *Environment and Politics*, Routledge, 1998, R. Garner, *Environmental Politics*, 2 nd ed., Macmillan, 2000, M. Paterson, *Understanding Global Environmental Politics*, Macmillan Press, 2000, L. Elliott, *The Global Politics of the Environment*, Macmillan Press, 1998（『環境の地球政治学』太田一男監訳，法律文化社，2001年），Lee-Anne Broadhead, *International Environmental Politics*, London, 2002. J. Dryzek / D. Schlosberg (eds.), *Debating the Earth, The Environmental Politics Reader*, Oxford University Press, 1998, Uday Desai (ed.), *Environmental Politics and Policy in Industrialized Countries*, The MIT Press, 2002, R. D. Lipschutz, *Global Environmental Politics*, CQ Press, 2004, P.Dauvergne (ed.), *Handbook of Global Environmental Politics*, Edward Elgar, 2005. また環境政治に関する洋雑誌としては，Environmental Politics と Global Environmental Politics が，それぞれ1992年と2001年に刊行されている。他方，日本の環境政治については，賀来健輔・丸山仁編著『環境政治への視点』信山社，1997年，松下和夫『環境政治入門』平凡社，2000年，蟹江憲史『環境政治学入門』丸善株式会社2004年，丸山正次『環境政治理論』風行社，2006年，松下和夫編『環境ガバナンス』京都大学出版会，2007年などがある。
2）D. Held, A, McGrew, D. Goldblatt, and J, Perraton, *Global Transformations*, Polity Press, 1999, 376ff（『グローバル・トランスフォーメーション』古城利明・臼井久和・滝田賢治・星野智訳者代表，中央大学出版部，2006年の第八章「待ち受ける破局：グローバル化と環境」を参照されたい）．Cf. K. V. Thai/D. Rahm/J. Coggburn, *Handbook of Globalization and the Environment*, CRC Press, 2007.
3）グローバル・ガバナンス委員会『地球リーダーシップ』NHK 出版，1995年，28-9頁．
4）M. Paterson, *Understanding Global Environmental Politics*, Macmillan, 2000, p.4.

5) 村瀬信也「地球環境保護に関する国際立法過程の諸問題」(大来佐武郎監修『地球環境と政治』中央法規, 1990年, 218-9頁)
6) J. McCormick, Environmental Policy and the European Union, in：R. Bartlett et al. (eds.), *International Organization and Environmental Policy*, Greenwood Press, 1995, p.44.
7) J・マコーミック『地球環境運動全史』石弘之・山口裕司訳, 岩波書店, 1998年, 160頁。
8) J・マコーミック前掲訳書, 156頁。
9) C. Rootes, Britain：Greens in a Cold Climate, in：D. Richardson and C, Rootes (eds.), *The Green Challenge*：*The Development of Green Parties in Europe*, London：Routledge, p.86. ならびに C. Rootes, *Environmental Movement*：*Local, National and Global*, Frank Cass, 1999を参照。
10) R. E. ダンラップ／A. G. マーティグ編『現代アメリカの環境主義』満田久義監訳, ミネルヴァ書房, 1993年, 39頁。
11) J. Connelly/ G. Smith, *Politics and the Environment*, London：Routledge, 1999, p.76.

第2章
世界システムと地球環境問題

1. 世界システム論と環境問題のグローバル化

　I・ウォーラーステインの世界システム論の考え方は，15世紀末に成立した資本主義世界経済としての近代世界システムがグローバルに拡大することによって，20世紀初頭には地球社会のほぼ全体をシステム内部に組み入れたという認識に立っている[1]。その意味では，グローバル化とは，いいかえれば，世界システムの拡大と深化の過程にほかならない。近代世界システムは，その拡大と深化の過程において中心・半周辺・周辺という三層構造を維持し続け，中心は半周辺と周辺に対して，半周辺は周辺に対して富と資源を収奪するという構造を作り上げてきたのである。

　ところで，近年の世界システム論において大きな論争点のひとつになっているのは，世界システムの歴史的な時間の幅をめぐる問題である。すなわち，I・ウォーラーステインのように世界システムを1500年代以降の近代資本主義経済に限定するのか，1500年以前にも世界システムが存在していたという立場をとるのか，という問題である。この議論を複雑にしているのは，さらに後者が継続論と転換論という2つの理論的な立場に分かれていることである。継続論の立場をとるA・G・フランクやB・ギルズは，メソポタミア文明の時代に成立した最初の国家をもって世界システムの成立と捉え，近代世界システムはこうした5000年にもわたる長期の世界システムのひとつの段階にすぎないと考える[2]。それに対して，転換論の立場をとるC・チェイス=ダンとT・ホールは，比較世界システム論的なアプローチの視点から12000年にわたる世界シス

テムの歴史を類型化し，その歴史的転換を理論的視野に置いている[3]。

しかし，このような理論的な立場の違いがあるにしても，いわば広い意味での「世界システム論」のなかには，最近の問題認識と研究領域において共通しているものがみられる。それは「世界システムと環境」という問題である。たとえば，W・ゴールドフランク他編『エコロジーと世界システム』(1999年)は，その代表的な研究書である[4]。この共同研究のなかで，S・チューは「青銅器時代の世界システムにおける生態的関係と文明の衰退」と題する論文で，古代のメソポタミアとハラッパーの再生産と衰退を政治的・経済的・生態的な関係の視点から分析している[5]。当時の世界システムの中心に位置していたメソポタミアとハラッパーは，周辺の山岳部や高原地帯から木材や金属・大理石といった他の資源を供給していた。

チューは，このような中心—周辺関係を加工品と原材料との不等価交換による剰余の蓄積過程として描いている。これら2つの中心は，しかし，都市の消費生活や建築材に使われる木材需要の高まりのために大規模な森林破壊を行い，その周辺地域まで環境破壊をもたらした結果，ほぼ同時期に衰退したのである。これまでのメソポタミア文明衰退の生態的な説明は，平たくいえば，岩塩を含んだ河川の水や上流での森林伐採が農業に致命的な打撃を与えたというものであるが，チューの分析の特徴は世界システムにおける中心と周辺の分業関係から環境破壊を説明しようとする点にある。

他方，チェイス=ダンとホールは，定住社会の成立以降の歴史における世界システムの変動あるいは変換を考察している。かれらは親族的様式，貢納的様式，資本主義様式という世界システムの3つの類型を用いながら，環境的な条件が世界システムの形成とエネルギー集約的な経済をもたらすというエコロジー的な進化論を提起している。すなわち，人間社会の拡大による人口増加は環境破壊を導き，それが既存の水準での利用可能な資源を制限するようになり，人々は新しい地域へ移動する傾向をもつ。

かりに移動する人間が，隣接地が砂漠や山岳地帯であるといった環境的な限界よって制約されていたり，移動先の地域に人間が溢れているといった社会的

図1 チェイス=ダンとホールのモデル

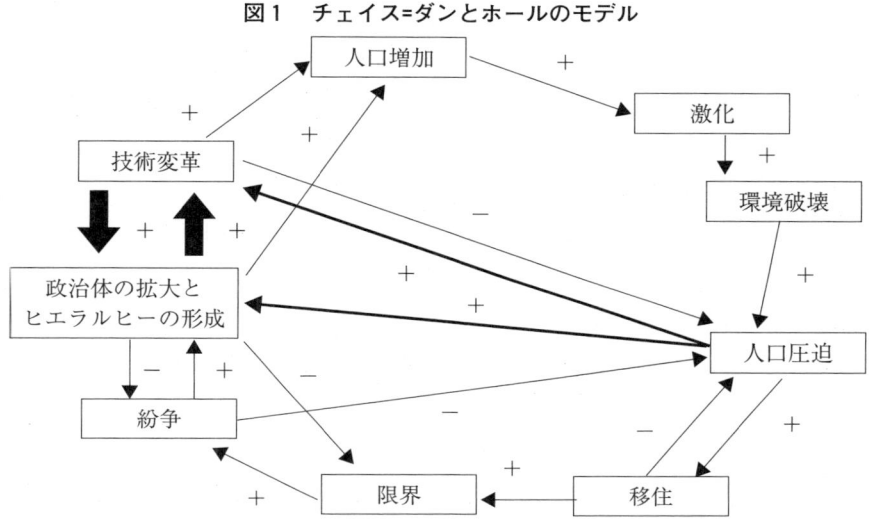

出所：C. Chase-dunn and T. D. Hall, Comparing World=Systems to Explain Social Evolution, in : R. Dememark, J. Friedman, B. Gills, G. Modelski (ed.) *World System History*, Routledge, 2000, P.98.

な限界に直面すれば，かれらは資源の希少性に直面して自己を維持するための新しい生産技術を発展させたり，あるいは既存の資源をめぐって対立することになるかもしれない。この紛争が戦争という形態をとれば，人口圧迫がなくなるほどの殺戮が繰り返されるかもしれないし，あるいは紛争はより大きなヒエラルヒー的な政治構造を形成するかもしれないし，それが技術的な発展を促すかもしれない。技術的な発展はさらに人口増加と環境破壊に直接的に影響をあたえるだろう。この過程は繰り返し発生し，こうして世界システムの規模と環境破壊の規模の拡大がもたらされるようになる。

　このチェイス=ダンとホールのモデルは，資本主義と巨大市場によって特徴づけられる近代世界システムにもあてはまるように思われる。というのも，資本主義世界経済としての世界システムは市場によってヒエラルヒー化された政治・経済システムであり，現在進んでいるそのグローバル化は人口増加と環境

破壊を引き起こしているからである。問題なのはこのシステムの拡大が極限にまで進んだ場合である。生産技術の発展で生産力が増加するのか，資源をめぐって対立するのか，新しいヒエラルヒー構造が作られるのか，それとも他の新しい世界システムに転換するのか。かれらが転換論者といわれる理由は，おそらく最後の立場をとっているからであろう。

　この点は，ウォーラーステインの世界システム論も環境問題に対して同様の理論的な対応をとろうとしているように思われる。環境問題はけっして近代世界システムに特有な現象ではないけれども，人類全体の将来的存在の可能性を脅かしている今日の地球環境問題を引き起こす土台を作ったのは史的システムとしての資本主義である。史的システムとしての資本主義は本質的に，無限の資本蓄積および社会的コストの不払いという2つの基本的な特徴をもっているのであり，このことから環境破壊のグローバル化が推し進められ，そして自然への限りない搾取（＝開発）が繰り返されてきたのである。ここでウォーラーステインが問題にしているのは，無限の資本蓄積ということが実質的に不合理なものであり，世界システム全体の実質的合理性の観点から諸利益を均衡させるような選択肢が存在するということ，そして資本主義が将来的に社会的コストをどのように負担していくのかということである。

　いずれにせよ，近年の世界システム論は環境問題を「失われた環」と捉え，人文地理学，国際関係論，環境社会学などの研究を取り入れながら，環境問題を理論的に接合しようとしている。ウォーラーステインの世界システム論に強い影響を与えたF・ブローデルの『地中海』や『物質文明・経済・資本主義』といった研究には，すでに，人間と自然環境の関係の分析が含まれており，環境の変化が社会システムに与える影響についても視野に入れていた。世界システム論はもともと，経済的な説明を強調しがちであったとはいえ，グローバルな資本主義世界経済における環境負荷を理解するための包括的な枠組を提供しており，それにエコロジー的な視点を組み込むことでその理論的な機能を高めることができるように思われる。

　そのさいに示唆的なのは，世界システムとエコシステムとの理論的接合とい

う問題であろう。ここで重要なのは，人間社会と自然環境との関係を広い意味での「生産」の場に即して生態的統一性において捉えることである。この生態的統一性というのは，マルクス・エンゲルスの『ドイツ・イデオロギー』の視座を援用していえば，「人間—自然」生態系であり，社会的生産活動の場が人間の「対自然的—間主体的」な関係の基軸であり土台であるという視座である[6]。資本主義世界経済としての世界システムは社会的な生産・流通・消費の統合されたシステムであるが，そこでの生産活動がすでに対自然的—間主体的な関係のなかにあることによって，エコシステムに変容を加えていると同時にその反射的な影響も受けている。

たとえば，A・ホーンボーグは，「エコシステムと世界システム：エコロジー的な過程としての蓄積」という論文のなかで，世界システムとエコシステムの関係について，以下のように説明している。「資本蓄積の世界システム的な過程は，エコロジーときわめて密接に絡み合っている。その過程は地形やエコシステム（すなわち土壌浸食や森林破壊）にはっきりと反射するだけでなく，基本的に表土，森林，鉱物といったエコロジー的な資産に従属している」[7]。かれによれば，このことは，一方では，過去数世紀のグローバルな環境変化について，古植物学や地質学その他の自然科学の研究から植生や土壌その他の長期的な変化についての明確な証拠が得られることに示され，他方では，生産と貿易にもとづく資本蓄積の中心が拡大したり衰退したりした経済史的な事実によって示されている。

地球生態系の破壊は，近年になって新しく出現した事態ではない。確かに，地球温暖化やオゾン層の破壊といった地球環境問題の登場は，歴史的にみて比較的新しい現象であるといえるだろう。しかし，地球の環境破壊そのものは人間の文明の成立とともに発生したものであり，その急速な拡大が進んできたのはとりわけ近代の世界システムが成立して以降である。近代に成立した資本主義世界経済は徐々にグローバル化していったが，それは同時に地球のエコシステムの破壊の過程でもあったということができる。その意味では，環境問題のグローバル化は，世界システムの拡大とともに進展してきたのである。

2. 近代世界システムと環境破壊の周辺化

　近代世界システムとしての資本主義世界経済は，1450年以降，北イタリア諸都市に中心をおく地中海経済圏と北西および北ヨーロッパのフランドル・ハンザ貿易圏に，東ヨーロッパや大西洋沿岸諸島や新世界の一部が加わったかたちで徐々に形成されていった。16世紀以降になると，資本主義経済の中心はしだいに北西ヨーロッパに移ってゆき，スペインや北イタリアの都市国家が没落して半周辺となり，そして東ヨーロッパとラテンアメリカが周辺を構成していった。近代世界システムが成立して以降，ヨーロッパ諸国は対外的に進出し，非ヨーロッパ世界を資本主義世界経済に組み込んでいった。ウォーラーステインは，この組み込みの歴史的プロセスをつぎのように簡潔に説明している。

　「第1の契機は，システムの最初の形成の契機，すなわち1450～1650年の時期であり，その時代に，近代世界システムは，主としてヨーロッパの大部分（ただしロシアとオスマン帝国は除く）と両アメリカのいくつかの地域とを含むようになった。第2の契機は，1750年～1850年の大拡張期であり，この時代には，主としてロシア帝国，オスマン帝国，南アジア，および東南アジアのいくつかの地域，西アフリカの大部分，そして両アメリカの残る諸地域が組み込まれた。第3にして最後の拡張は，1850年～1900年の期間に起こり，その時代には，主として東アジア，およびアフリカのその他の地域，東南アジアの残る地域，さらにはオセアニアが，分業に組み込まれるようになった。その時点で，資本主義世界経済は，初めて真にグローバルなものとなったのである」。[8]

　このような近代世界システムの拡大と組み込みの過程は，当然ながら，組み込まれた地域に環境破壊をもたらした。ヨーロッパでいち早く対外進出を果たしてスペインとポルトガルは15世紀に，マデイラ諸島やカナリア諸島などの大西洋沿岸諸島を征服した。マデイラ諸島は，1420年代にポルトガルの移住者が入植するまでは無人島であったが，初期の移住者が農地の開拓のために放った火によって，そしてサトウキビの栽培と製糖産業による木材の利用のために，

入植以前に島を覆っていた森林は消滅した[9]。さらに入植者が持ち込んだ豚や牛によって島の生態系は回復不可能なまでに破壊された。スペインによるカナリア諸島の征服はさらに過酷をきわめ，スペイン人は最初の島を征服するや原住民を奴隷にして，本国に送るための作物とりわけ砂糖のプランテーションを開始した。砂糖プランテーションのための燃料を確保するために，大規模な森林伐採が行われ，失われた森林の再生は不可能となった。

　このプランテーション農業のシステムはスペインの植民地全体へ，そしてポルトガルの植民地ブラジルへと急速に拡大し，その後，カリブ海の英国領やフランス領へと広まり，これらがブラジルにとってかわることになった。これらの地域で行われたプランテーション農業によって土地の木々は伐採され，そのために干ばつや土壌の浸食が起こりやすくなった。ウルグアイの作家 E・ガレアーノはブラジル東北部の砂糖プランテーションによる環境破壊についてつぎのように書いている。

　「砂糖は東北部を破壊し尽くした。雨でほどよく灌漑された沿岸地方の湿潤な帯状の土地は，バイアからセアラまで森林に覆われ，腐植土と無機塩類にたいへん富んだ，きわめて肥沃な土地を形成していた。この熱帯地帯はジェズエ＝デ・カストロが言うように，サバンナ地帯に変貌した。そこでは当然，食料を生産するために生まれたものであるのに，やがて飢餓地帯と化した。すべてが溢れんばかりの勢いで芽を吹き出すところであるにもかかわらず，砂糖大農園は，なんの利益も生まない石ころと，滋養分を奪い取られた土壌と，浸食された土地だけを残した。…土地を砂糖きび畑にする炎は森林を破壊し，それとともに動物の生態系も破壊した。鹿，猪，貘，野兎，鹿毛こんじくねずみ，鎧ねずみが姿を消した。緑の絨毯，植物群，動物群，砂糖きびモノカルチュアの祭壇へ犠牲にされた。粗放生産は土壌を急速に疲弊させた」[10]。

　他方，世界システムのアジアへの拡大は，16世紀から17世紀にかけてポルトガル，オランダ，イギリスによって進められた。16世紀にアジアへ勢力を伸ばしたのは当時の中心国であったポルトガルであったが，17世紀になってポルトガルとスペインが半周辺国に下降すると，しだいに中心国となりつつあったオ

ランダとイギリスの勢力にとってかわられた。イギリスのインド支配は、さまざまなかたちでインドの自然環境に大きな影響を与えた。インドには、イギリス支配が行われる以前から貯水池、水路、ダムによる灌漑システムが存在したが、イギリスは1830年代から古い灌漑システムを再開発し、広域にわたる新しい灌漑システムを作り上げた。しかし環境的な側面からみると、結果的に水害や塩害を引き起こしただけでなく、マラリアによる被害を生み出した。というのは、灌漑用の溝や水害による土壌はハマダラカの新しい繁殖地になったからである。

またインドでの鉄道建設は、インドのエコシステムを急速に変化させた。インドの河川系によって洪水に見舞われる平原に橋を架け、巨大な山岳地帯を横切り、高原の拠点都市に向けて急な斜面を登るために、大規模な敷設工事が行われた。こうした鉄道建設のために、橋や枕木あるいは当初は機関車の燃料のために、莫大な量の樹木が切り倒され消費された。広軌鉄道を1マイル敷設するには、最大で2000本の枕木が必要であるといわれるが、1878年までだけでも鉄道建設に200万本以上の枕木が使われた[11]。鉄道が作られたことで、それまでは接近不可能であった森林も商業による搾取のために切り開かれることになった。こうした森林伐採は鉄道建設の時代をつうじて加速的に進んだ。それだけでなく、鉄道建設は茶やコーヒーのプランテーションの地域を拡大し、さらに森林伐採を進めたのである。

ところで、世界システムにおける環境破壊はもちろん、周辺だけにとどまらず、中心においても進んだ。そうしたエコシステムの変化はさらに社会的生産活動のあり方を変えていったのである。世界システムの拡大の推進力となったのは「飽くなき資本蓄積」であったが、この時期にヨーロッパが地理的拡大をめざした生態的な要因に関して、ウォーラーステインは『近代世界システム』のなかで、つぎのように説明している。

「ヨーロッパは、何よりも食料を求めて地理的拡大をめざしたのだが、その結果得られた食料の余裕は、期待を上回るものでさえあった。生態系に世界的規模での変化が起こったのだ。しかもその変化は、生成期の『ヨーロッパ世界

経済』に固有の社会組織のお陰で，何にもましてヨーロッパを利するかたちをとったのである。食料だけではない。もうひとつの基本資材として，強い需要があったのが木材である。つまり燃料として，造船資材として（さらにおそらく住宅建築のためにも）木材は需要されたのである。中世には経済発展があったのに，林業の技術はあまり開発されていなかったから，地中海の島々のみならず，西ヨーロッパ，イタリア，スペインなどでも，徐々にではあるが確実に，森林が枯渇していった。とくに不足してきたのがオーク材である。16世紀までにバルト海地方が，オランダ，イギリス，イベリア半島などに向けて，大規模な木材輸出をはじめたのは，このような背景においてであった」。[12]

当時の世界システムの中心であった西ヨーロッパ，中心から半周辺に下降しつつあったイタリアやスペインでは，国内の木材資源が枯渇するにともない木材需要が高まっていた。それにともない北ヨーロッパのバルト海地方が周辺化されていったのである。それでも16世紀前半には，南ヨーロッパに比べると，イギリスの木材消費は低く，豊富な木材資源に恵まれていた。しかし，イギリスは当時西半球の人口の過半数を支配していたスペインに対抗するために，兵器産業を発展させた。とりわけエリザベス1世の時代になると，海軍力が強化されたが，そのために国内の木材資源が大量に消費された。大きな艦船を一隻建造するのに，約2000本のオーク材を必要とし，英国海軍の4つの艦船を修理するだけで，1740本のオークの巨木が必要であったといわれている[13]。しかも，このオークは樹齢が最低でも100年はある巨木でなければならなかった。さらに銃砲類を生産していた製鉄業者は，大量の木炭を作るために大規模な森林伐採を進めたのである。

さて，16世紀末にスペインの無敵艦隊を打ち破ったイギリスは，17世紀になるとオランダとの覇権競争に直面した。オランダとのあいだの3度にわたる戦争は大半が海上戦であったために，大量の艦船が必要となった。そのうえ，イギリスがオランダと海上戦を交えていた1666年にロンドンは大火に見舞われたために，その再建にも膨大な量の木材が必要となった。こうして，イギリス国内の木材事情は，英蘭戦争およびロンドンの大火で深刻な危機に直面すること

になったのである。そのため，17世紀後半には，イギリス国内では木材不足に陥り，製鉄業，ガラス工業，製塩業，醸造業などほとんどの産業は全国的に燃料を薪炭から石炭に切り換えていった。

こうしてイギリスでは，17世紀には木材資源の枯渇あるいは欠乏が生じ，石炭の利用への転換が行われた。このような転換が可能になるためには，石炭が木材に対して経済的に有利であるという条件が必要となるが，その条件は木材資源の枯渇と高騰というかたちであらわれていた。そのうえ，イギリスでは地表に近い炭層が随所に存在するという有利な自然的条件が加わっていた。石炭が工業に用いられると，技術的に解決を迫られる3つの問題が浮上した。

第1は，大量の石炭を安価なコストで輸送するという問題である。これには運河の創出による船舶での輸送，鉄道の敷設によるトロッコ（馬に引かせる）での輸送という方法で対処されたが，「馬」が蒸気機関車に置き換えられたのである。第2は，炭坑内で湧き出る大量の水の排水という問題である。当初は，人力あるいは馬力による揚水ポンプが用いられたが，17世紀末に蒸気ピストンによる吸い上げポンプが開発された。第3は，製鉄部門に石炭を利用するという問題である。これには18世紀になって石炭を乾溜したコークスが使われるようになったことで対処された。ブローデルによれば，ダービシャーで石炭を初めて焼いたのは1642-48年のことであり，同地方のビール醸造業者は麦芽の焙燥にコークスを用いたのである。その後，コークスは製鉄業や他の産業にも使われていった。

こうして製鉄業にコークスが利用されるにしたがって，その国内生産量はうなぎのぼりに上昇していった。エイブラハム・ダービー2世がコークスを燃料とする最初の溶鉱炉工場を建設してから30年も経たない1784年には，鉄の生産量は飛躍的に増大していった。石炭による鉄の製錬は，イギリスを西欧の資本主義世界経済におけるトップの地位に押し上げた。このように石炭産業と製鉄業が産業革命に大きく貢献することになったのであるが，イギリスで産業革命がいち早く達成された原因はそれだけではない。ウイリアムズ・テーゼに示されているように西インド諸島の海外植民地の獲得とそこでのプランテーション

による資本蓄積をはじめ，その他経済的・政治的・社会的な要因が働いていたといえる[14]。

それにもうひとつの要因を加えるとすれば，これまでみてきたように，木材資源の枯渇という生態学的な変化という要因である。その意味で，イギリスにおけるエコシステムの変化は社会的生産活動としての産業あるいは産業革命にも影響を与えたということができるだろう。他方，産業革命の進展は多くの工業都市を生み出したが，それら工業都市では19世紀の初めから石炭による煤煙や亜硫酸ガスによるスモッグに悩まされた。こうした事情から，イギリスの大気汚染への取り組みも早く，1853年には煤煙法が制定された。

3．現代の世界システムと環境破壊のグローバル化

産業革命以降，世界システムの中心諸国は，周辺や半周辺での森林伐採やエコシステムの破壊，石炭や石油などの化石燃料の大量消費による工業化を押し進めてきた。グローバリゼーションの時代とよばれる現代においては，政治，経済，金融，文化，情報などの面での地球的規模のつながりや移動はかつてないほどのスピードと密度で進んでいるが，これに対応して，「環境のグローバリゼーション」という現象も進展している。それは地球温暖化，オゾン層破壊，大気や海洋などのグローバル・コモンズの破壊，生物多様性の減少，木材資源や漁業資源など自然資源の減少，公害輸出，原発事故による放射能汚染など多岐にわたっている。これによって環境破壊はグローバルな形態をとるにいたったのである。他面において，これらの地球環境問題に対して，地球環境レジームの形成といったグローバルな環境ガバナンスによる対応あるいは取り組みも進みつつある[15]。広い意味での「環境のグローバリゼーション」には，これらのグローバルな環境ガバナンスも含まれよう。

20世紀に入ってから，北の先進諸国である中心諸国は，化学工業の発展や原子力開発によって多くの有害化学物質や放射性廃棄物を生み出してきた。環境汚染物質のうちでも人類史上もっとも有害な物質のいくつかは，1940年代から

50年代に登場した。DDTが初めて大量に使用されるようになったのは1944年であり，核による放射性降下物は1945年に始まり，合成洗剤が石鹸にかわって

表1　環境破壊の基本的な歴史的類型と要因

	近世以前 (1500年以前)	近世 (約1500—1760年頃)	近代 (約1760—1945年)	現代 (約1945年以後)
環境破壊の主要なタイプ	数種の生物種のグローバルな絶滅とくに大型哺乳動物や鳥類の過剰捕獲による絶滅 流行病と人口の崩壊を導いた細菌・微生物の移動 非常にローカルな排出と廃棄物	南北アメリカ大陸の人口統計上および初期の生態学的な変化 先進的で有機的な経済における経済的・人口統計上の成長条件下での，資源不足と土壌の悪化の進行	オセアニアの人口統計上および初期生態学的な変動 数種の生物種のグローバルな絶滅 グローバルな温暖化の累積的インパクトに対する幾つかの貢献 ローカルな資源の枯渇 農村環境における農業の変化—森林喪失，とくに幾つかのヨーロッパ植民地など 都市における大気，土壌，水質汚染	グローバルな温暖化，オゾン層の消失 海洋汚染 森林伐採，砂漠化，土壌浸食 過剰人口と共同資源問題 酸性降下物 原子力リスク グローバルな生物多様性の衰退 有害廃棄物
環境破壊の主要推進力	過剰人口，気候変動，都市化と貧弱な農業実践 大規模人口移動，戦争，征服	ヨーロッパの生態学的拡大 資本主義的農業成長	ヨーロッパの生態学的拡大と植民地経済の実践 資本主義的工業化 都市化と産業集中	西洋の成長と消費 社会主義的工業化 「南」の工業化と人口爆発 原子力，生物化学テクノロジーの新たなリスク

出所：『グローバル・トランスフォーメーションズ』605頁。

使われはじめたのは1946年のことであった。これらの環境汚染物質は，これまでの歴史に前例をみないものであったが，先進諸国では，その後にもダイオキシンやトリクロロエチレンなどの多くの有害化学物質が作られた。

こうして「環境のグローバリゼーション」は，おもに世界システムの中心諸国によって推進されていったが，しかし，1970年代から80年代に半周辺諸国や周辺諸国は工業化や消費社会化を遂げるにともない，「環境のグローバリゼーション」の一端を担うようになってきた。たとえば地球温暖化の原因となっている温室効果ガスの排出の割合をみると，半周辺国や周辺国の割合が工業化とともに相対的に高くなってきており，フロンガスの使用に関しては，1986年と1994年を比較すると，先進国では一様に削減されているのに対して，中国，韓国，メキシコなどの国では増えている。このように「環境のグローバリゼーション」は，地球のエコシステムに取り返しのつかないほどのリスクや負荷を与えてきた。とはいえ，環境破壊あるいはそのグローバル化において，世界システムを構成している中心諸国，半周辺諸国，周辺諸国がすべて同じようなかかわり方をしているわけではない。

世界システムの中心と半周辺・周辺のあいだに巨大な経済格差が存在していることは改めて指摘するまでもない。北の先進諸国の20％が世界の富の80％以上を所有し，南の発展途上国の貧しい国々の20％が世界の富のわずか1.4％しか所有していないという現実に，当面のあいだ変化が起こるとは考えられない。世界銀行は，新興国と貧困についてまとめた報告書のなかで，1日1ドル以下で暮らす世界の貧困層が1999年に推定で15億人に達したことを明らかにした。資本主義世界経済の富に占める先進諸国の割合が大きいのに比例して，たとえば，世界の化石燃料の消費に占める先進諸国の割合も大きい。1986〜90年の平均では，先進諸国（中心諸国）が48％，新興経済諸国（半周辺諸国）が24％，発展途上国（周辺諸国）が28％を占めている。中心諸国と周辺諸国のあいだの1人当たりの化石燃料の消費を比較すると，周辺諸国は中心諸国の10％にすぎない。

これら周辺諸国の多くは，急激な人口増加に直面している。とりわけサハラ

以南のアフリカ全体では，1985〜90年のあいだ平均3％であったが，コートジボワール，ボツナワ，ケニア，タンザニア，ウガンダ，ザンビアなどいくつかの国々ではこの平均を上回った。これらの地域では，人口の69％が農村地域に住んでいる。しかし，農業の近代化や土地所有の不平等が原因となって，ますます多くの人々が生産的な土地を利用しなくなりつつある。仕事や生産的な土地を失った人々は，生存を維持するための食物生産や燃料用の薪を求めてフロンティアに向かうか，さもなければ都市へ移動するという選択肢しかない。土地にとどまっている人々は，丘陵地，熱帯林，その他の生態学的に脆弱な地域に農地を開墾せざるをえなくなっている。また焼き畑や過放牧によって森林を破壊し，モノカルチャー的なプランテーションのために「火入れ」をして農園用地を確保するということは，周辺諸国に共通して見られる現象である。しかし，このような自然の過度の搾取あるいは開発は，結果的に貧困を拡大することになる。このような環境破壊と貧困との悪循環は周辺諸国に特徴的な現象となっている。

　他方，急速に工業化しつつある半周辺諸国は，自国の資源の破壊，工業化や都市化に由来する環境問題にさらされているが，とりわけ工業化と環境保護のトレードオフ関係に悩まされている。中南米のブラジル，チリ，メキシコ，アジアのインドネシア，マレーシア，タイなどは1970年代にGNPの成長率では世界平均を大きく上回った。1980年代の経済停滞の時期には，成長の点で足踏み状態が続いた国もあったが，いずれの国も生産的な自然資源やエネルギー生産や製造業の面で増大する産業部門をもっている。しかし，これらの国々は，自然資源の破壊や工業化・都市化にともなう環境問題に直面している。ブラジルは70年代に劇的な「経済の奇跡」を経験したが，80年代には石油価格の上昇や世界的な利子率の上昇などによって経済が悪化し，対外債務問題が生じた。こうしたなかで70年代以降のアマゾン開発は，経済成長と債務返済のための大きなコストとなった。

　さらに半周辺諸国に特徴的なのは，産業公害と都市公害にさらされている点であろう。中心諸国では1970年代に各国が環境問題への取り組みを行った結

果，一応の成果を上げることができたのに対して，半周辺諸国では資本主義世界市場での国際的な競争力を確保するために民間も政府も環境対策のコスト負担をできるだけ少なくしてきた。その結果，産業公害や都市公害に悩まされている。とりわけ，ASEAN諸国の都市部では，工場からの排水や煤煙などによる大気汚染や水質汚濁などの産業公害が顕著であり，また急速な経済発展による都市化によって人口が集中し，都市計画が効果的に行われず，交通問題や衛生問題を引き起こしている。都市環境の悪化に関しては，ラテンアメリカも同様であり，メキシコのメキシコ市，ブラジルのサンパウロ，チリのサンジエゴなどは自動車による大気汚染などの都市化型環境問題に悩まされている。こうした背景には，急激な経済成長，都市化，生産活動の集中，自動車など交通手段の急速な普及，大量消費社会の到来などがあり，それに対応したかたちで公害対策や環境政策が進められてこなかったことがある。

それに対して，世界システムの中心に位置する先進諸国は，今日にいたってもなお環境破壊の主要な担い手であり続けている。先進諸国は世界人口では15％にすぎないが，温室効果ガスの排出量では世界全体の3分の1以上を占めている。このように現在の先進諸国の排出量問題だけを取り上げるのは間違いである。というのは，温室効果やオゾン層の破壊は過去の地球規模での蓄積のうえに成り立っており，大気中に放出された二酸化炭素やフロンガスのほとんどは中心諸国が排出したものである。中心諸国のあいだにも重要な違いが存在する。アメリカは1980年代後半から1990年代にかけてOECD諸国の温室効果ガス排出量の半分を占めていた。世界人口の5％以下しか占めないアメリカが20％近い割合の温室効果ガスを排出していたのである。そのアメリカが京都議定書からの離脱を表明したことは，将来的にみて地球環境ガバナンスのゆくえに大きな悪影響を及ぼすといわざるをえない。

さらに，先進諸国がグローバルな資源不足にいかに深いかかわりをもっているかについては，化石燃料やその他アルミニウム・銅・ニッケルなどの原材料，漁獲高のシェア，絶滅の危機にある種や熱帯雨林製品の貿易をみると明らかであろう。1960年代以降，全世界で化石燃料の消費は増加の一途をたどって

いるが，先進諸国では消費量が世界全体の50％以下にまで減少している一方，開発途上国での消費量は30年間で4倍と劇的に伸びている。先進諸国の化石燃料の消費量は1973年の石油ショックでわずかに減少したが，開発途上国では急速に増加した。とはいえ，先進諸国の消費水準は開発途上国と比較して9倍となっている。またアルミニウムや銅の消費パターンも化石燃料と共通しているところがある。1960年代から90年代にかけての30年間をみると，開発途上での消費量の伸びは，アルミニウムでは9倍，銅では5倍となっている。それでも先進諸国と開発途上国とにはアルミニウムで20倍という差がある。OECD加盟国の人口は世界の約15％であるから，先進諸国がさまざまな資源をいかに多く消費しているのかがわかる。

　ところで，最近の世界システム論の視座からの環境問題へのアプローチでは，森林破壊や温暖化についての研究もなされている。森林破壊についての研究において明らかにされているのは，世界システムにおいて半周辺での森林破壊がもっとも顕著であるという点である。中心諸国による周辺諸国あるいは半周辺諸国の森林破壊というのは，これまでみてきたように長い歴史をもっている。この点に関して，T・バートリーとA・バーゲセンは，以下の2つの特徴点を指摘している[16]。第1に，一国経済が急速に発展し，ヘゲモニー的な地位に上昇するとき，その木材消費量も増える。たとえば日本は経済成長の過程で劇的な木材消費を経験し，東南アジアから丸太の50％，合板の98％を輸入してきた。第2に，人口増加は世界システムのすべての領域において森林破壊を導き，その影響は半周辺諸国において激化する。

　半周辺国家の場合，農村人口の増加は人口増加全体と比較しても高い割合で森林破壊をもたらす一方，半周辺の都市化が土地のない人々を都市から森林地帯へと移動させる。これらの移住者たちは，農業についての知識をほとんどもっていないので，結局のところ，商業伐採よりも焼き畑，森林の放牧地化，燃料用木材の伐採などによって森林破壊を引き起こす。これらの研究は東南アジア諸国やブラジルなどの事例によるものであるが，他の半周辺諸国にも一般化できるかどうかは問題である。しかし，半周辺国家が世界システムにおける上

昇への潜在的な位置を占めているために，森林伐採によって工業化を進めるために資金を調達し，環境保護よりも工業化を重視し，環境規制を緩和させがちであるという点では共通しているといえる。

同様に，地球温暖化問題に関しても，世界システム論的な視座からの研究がなされている。温室効果ガスのうち，二酸化炭素が55％，フロンガスが24％，メタンが15％，亜酸化窒素が6％を占め，二酸化炭素は直接的には化石燃料から，メタンは米作，畜産，炭坑，石油，天然ガスなどから排出される。これらの主要なガスのうち，二酸化炭素は先進諸国で多く排出され，つぎに半周辺諸国，周辺諸国と続いているが，これはいうまでもなく，エネルギー消費のヒエラルヒー的な水準を示している。これに対して，メタンは東欧，中国，イスラエル，オーストリア，ブラジルといった国々に多いが，メタンの排出は世界システムのヒエラルヒー的な位置とは単純に関連していない。このことは商業的な牛の牧畜すなわちアグリビジネスが中心から半周辺に移動したこと，メタン生産と農業とが関連していることを示している[17]。同じ温室効果ガスでも，メタンは二酸化炭素に比べて21倍も温室効果が強いといわれている。したがって，温室効果ガスにメタンの占める割合が15％であるといっても，その温室効果は相当大きいといえる。

4．インターステイト・システムと地球環境運動

16世紀に近代世界システムが成立して以来，資本主義世界経済の2つの基本的な特徴となってきたのは「無限の資本蓄積」と「費用の外部化」である。「無限の資本蓄積」という場合には，2つのことが含意されている。ひとつは富としての資本蓄積であり，もうひとつは資本主義的な関係の拡大である。資本主義は「無限の蓄積」を続けるためには，システムの外延的・地理的な拡大を必要としてきたのであり，グローバリゼーションはそのプロセスであった。それに対して，「費用の外部化」は人間の自然に対する搾取（＝開発）とかかわっており，資本主義は環境破壊のコストを支払ってこなかったということで

ある。このように資本主義はシステムとコストの「外部化」をつうじて，エコシステムを浸食するパラサイト的な存在であり続けてきたのである。いいかたをかえれば，今日のエコロジー的な危機のグローバル化は，世界システムという分業によって拡大した社会的な対自然関係のなかで深まりつつある。

「貧困は階級的で，スモッグは民主的である」というのは『危険社会』[18]の著者 U・ベックの有名な言葉であるが，これを世界システムの次元で考えてみると，貧困や南北間の経済格差は中心諸国と周辺諸国のあいだのヒエラルヒー的な問題であり，環境問題としてのスモッグはグローバルに拡大し，その影響が南北間にも平等に及んでいるという点で民主的なのである。すなわち，世界システムという社会的な対自然関係は，「貧困」と「スモッグ」の両方を同時に含んでいるが，富の配分は不平等であるけれども，環境破壊によってもたらされるリスクの配分は平等であるということである。確かに，地球温暖化，オゾン層破壊などの地球環境問題は世界システム全体にふりかかっているリスクであるけれども，しかし他方で，公害輸出，森林破壊，砂漠化，都市環境の劣悪化といった問題は世界システムの周辺諸国に集中しがちである。周辺諸国では環境破壊と貧困化が同時に進行している点を考えれば，世界システムのレベルでは「スモッグ」もまた「階級的」であるということができる。このことは，環境破壊が引き起こす負荷あるいはリスクが世界システムの位置によって異なっているということを意味している。周辺諸国における貧困と環境破壊の悪循環を考えると，それらの諸国には環境破壊のリスクを除去する費用も，失われた自然資源の回復に投資する費用もないことになる。

したがって，問題にしなければならないのは，ひとつには世界システムの歴史のなかで社会的コストの負担を回避してきた資本主義にコストを内部化するメカニズムを埋め込むことである。しかし，政府がすべての企業にコストを内部化するように迫ったり，あるいはエコロジー的な税制改革によって税金によって賄おうとすると，現状では，企業収益に深刻な影響を与えたり，「納税者の反乱」を引き起こす可能性がある。したがって，すべての政府が同時にそのような措置を講じないかぎり，あるいは，差し当たりはリージョナルな枠組の

なかでそうした措置を講じるということにしないかぎり、それは不可能であろう。だが、個々の国家で環境税制が進展すれば、その枠組のリージョナル化、さらにはグローバル化も期待できるかもしれない。

　近代世界システムにおいては、「経済的な下部構造」としての資本主義世界経済を維持するために「政治的上部構造」としての国家間システムが補完的な役割を担ってきた。国家間システムとは国家間の条約や国際機関などを意味しているが、いいかえれば政治的、経済的、文化的、環境的なレジームやガバナンスの枠組のことをいう。地球環境問題に関する国際的な条約や議定書の締結は、広い視角からみると、市場経済的な価値よりもエコロジー的な価値、私的あるいはナショナルな利害よりもグローバルな利害を優先させようという方向をめざしながら、環境保護のための国際的な合意を形成するという民主主義的なプロセスである。またUNEPの地位を高めて世界環境機関（WEO）にするというアイデアがあるが、それが実現すれば統一した機関として国際環境政策を推進できるようになるだろう。

　国家間システムとしての地球環境ガバナンスとはまさにこうした方向性をめざすものである。しかし、このような国家間システムとしての地球環境ガバナンスの枠組が、エコシステムの破壊の割合を引き下げることをめざすのか、あるいはグローバルな視座からエコシステムの均衡あるいは実質的合理性を実現する方向をめざすのかは、今後のグローバル・デモクラシーと地球環境運動の進展にかかっているといってよいだろう。地球環境運動は、一般に、エコシステムに負荷を与えている既存の社会的構造や枠組を変革しようとするものであり、そのなかにはグリーンピースやFoEのように国際的な環境保護団体も存在する。さらには、1996年に成立した「リアルワールド」のように、環境保護、グローバルな貧困、不平等といった問題に取り組む環境NGOの連合体が形成されつつある。かりに、このような地球環境運動がグローバルな連合体を形成すれば、地球環境ガバナンスの方向性にも大きな影響を与えることになろう。それはまた、近代世界システムとエコシステムとの関係を組み換えることにもつながるにちがいない。

1）世界システム論に関しては，I・ウォーラーステインの『近代世界システム』（『近代世界システムⅠ・Ⅱ』川北稔訳，岩波書店，1981年，『近代世界システム1600－1750年』川北稔訳，名古屋大学出版会，1993年，『近代世界システムⅢ』川北稔訳，名古屋大学出版会，1998年）を参照されたい。グローバル化と世界システムの拡大に関して，例えば，ウォーラーステインは，以下のように説明している。「今日，早くとも1970年代に始まった現象として，グローバリゼーションについて語ることが流行しているが，実際には，国境横断的な商品連鎖は，システムの最初から相当な広がりを持っており，一九世紀の後半からずっとグローバルなものであったのである。」（I・ウォーラーステイン『新しい学』山下範久訳，藤原書店，2001年，120頁）

2）近代以前の「世界システム」をめぐる論争に関しては，星野智『世界システムの政治学』（晃洋書房，1997年）を参照されたい。またフランクとギルズの世界システム論に関しては，A.G.Frank/B.K.Gills（eds.）, *The World System*, Routlege, 1993 を参照されたい。

3）C.Chase-Dunn/T.D.Hall（eds.）, *Core/Periphery Relations in Precapitalist Worlds*, Westview Press, 1991, p.23.

4）W.Goldfrank, D. Goodman, and A.Szasz（eds.）, *Ecology and the World-System*, Greenwood Press, 1999, A.Horborg, J.R.McNeill, J.Martinez-Alier, *Rethinking Environmental History*, Altamira Press, 2007.

5）S.C.Chew, Ecological Relations and the Decline of Civilization in the Bronze Age World-System：Mesopotamia and Harappa 2500B.C.－1700B. C., in：W.Goldfrank, D. Goodman, and A.Szasz（eds.）, *Ecology and World-System*, p.87-106. なお，チューの以下の著作も参照。S.C.Chew, *World Ecological Degradation*, Altamia Press, 2001.

6）マルクス・エンゲルスの『ドイツ・イデオロギー』の自然観については，廣松渉『物象化論の構図』岩波現代文庫，2001年を参照されたい。F・エンゲルスは，以下のように人間と自然との相互作用を説明している。「ドレーパー流の自然主義的歴史観，すなわち，恰も自然が専一に人間に作用を及ぼし，自然的条件がいたるところ専一に人間の歴史的発展を制約してきたかのようにみなすのは，一面的である。人間もまた自然に反作用を及ぼし，自然を変化させ……新しい生存諸条件をつくり出しているということをそれは忘れている。ゲルマン民族が移入した時代のドイツの"自然"のうち，今日そのまま残っているものは無きにひとしい。土地，気候，植生，動物相，それに人間自身もまた限りなく変化してきており，しかも，そのすべては人間の活動によるものであって，この間に人間の関与なしにドイツの自然に生じた変化は微々たるものにすぎない。」（MEW, Bd. 20, S. 498f）

7) A. Hornborg, Ecosystem and World Systems：Accumulation as an Ecological Process, in：*Journal of World-Systems Research*, Vol. 4, No. 2, 1998.
8) I・ウォーラーステイン前掲訳書『新しい学』, 120頁。
9) J・パーリン『森と文明』安田喜憲・鶴見精二訳, 晶文社, 1994年, 309頁。
10) E・ガレアーノ『収奪された大地』大久保光夫訳, 新評論, 1986年, 133頁。
11) D・アーノルド『環境と人間の歴史』飯島昇藏・川島耕司訳, 新評論, 1999年, 236頁。
12) I・ウォーラーステイン『近代世界システムI』川北稔訳, 岩波書店, 1981年, 47-8頁。
13) I・ウォーラーステイン『近代世界システム1600-1750年』川北稔訳, 名古屋大学出版会, 49-50頁。
14) E・ウィリアムズ『資本主義と奴隷制』中山毅訳, 理論社, 1968年, 63頁。この点に関して, ウィリアムズは以下のように説明している。「1750年までに, 三角貿易または植民地との直接貿易になんらかの形で結びつけられていない商業ないし工業都市は, イングランドにはほとんどなくなった。イングランドに流入した利潤は, 産業革命の資金需要をまかなう資本蓄積の主要な源泉の一つとなった。」(同上)
15) グローバルな環境問題への対応に関しては, D.Held, A.McGrew, D.Goldblatt, J. Perraton, *Global Transformations*, Polity Press, 1999（D・ヘルド他『グローバル・トランスフォーメーションズ』古城利明・臼井久和・滝田賢治・星野智訳者代表, 中央大学出版部, 2006年, 581-636頁参照) なお, 環境のグローバル化については, 以下を参照。D.Stevis, The Globalization the Environment, in：J.Oosthoek and B.Gills, *The Globalization of Environmental Crisis*, Routledge, 2008.
16) T.Bartly and A.Bergesen, World-system Studies of the Environment, in：*Journal of World-Systems Research*, Vol.3, No.3, 1997, p.369.
17) T.Bartly and A.Bergesen, 1997, p.370.
18) U・ベック『危険社会』東廉監訳, 二期出版, 1988年。

第3章
環境政治とデモクラシー

はじめに

　1970年代に古い政治から新しい政治へのパラダイム転換が起こった状況のなかで，ヨーロッパ諸国を中心に新しい社会運動として環境保護運動が登場した。このような新しい環境政治の登場は，産業社会における経済成長やテクノロジーがもたらしたさまざまなリスクへの抵抗を生み出すとともに，環境への負荷の少ない社会経済システムの模索を政治的争点とした。1980年代以降になると，オゾン層破壊や地球温暖化などの地球環境問題が噴出したことで世界的な取り組みが始まり，地球環境問題へのグローバルな対応が進んだ。それまでのナショナルな場面を舞台とした環境政治は，グローバルな環境政治へとその領域を広げていった。そうしたなかで，いまや地球環境に負荷やリスクの少ないグローバルな循環型社会の構築が大きな政治的課題となっているといってよいだろう。その場合，地球社会に単一の政治権力が存在しない以上，グローバルな環境ガバナンスあるいは地球環境レジームが民主主義的な合意形成のための重要な枠組となりつつある。ここでは地球環境政治と民主主義の関係を考察したい。

1．環境問題のグローバル化

　現代がグローバル化の時代とよばれて久しいが，政治，経済，金融，文化，情報などの面での地球的なつながりと相互依存関係はかつてないほど深まっ

た。もちろんグローバル化は環境の面においても例外ではなく，地球温暖化をはじめとして大気や海洋やオゾン層などグローバル・コモンズ（地球共有材）の破壊，森林伐採，生物多様性の減少，有害廃棄物の越境移動，石油・石炭などエネルギー資源や漁業資源の減少，遺伝子組み換え問題などまさに環境問題のグローバル化という現象を引き起こしている[1]。

人類の歴史のなかで，森林破壊と文明の崩壊とのポジティブな関係がいわれてきたが[2]，これまでは特定地域の文明の崩壊と森林破壊に関する議論が中心であった。しかし，グローバル化の時代にあっては世界の森林破壊は地球文明そのものの崩壊をもたらす恐れが大きい。世界の自然の森林が毎年，日本の面積の約3分の1にあたる13万平方キロずつ減少しているという国連食料農業機関（FAO）の報告書が1997年に出された。1980年代と比較して，世界の森林消失のペースは少し鈍ったものの，発展途上国での森林破壊は依然として拡大している。とりわけアジア太平洋地域の熱帯林の破壊は深刻となっている[3]。

この報告書によると，地上に残った森林は3454万平方キロメートルで，1990年から1995年のあいだに，途上国の森林は年率0.65％ずつ減少し，65万平方キロメートルが失われた。先進諸国の植林で増えた約9万平方キロメートルを差し引いても，世界の消失森林面積は56万平方キロメートルだった。途上国の森林破壊の原因が乾燥地帯や半乾燥地帯での燃料用木材の過剰な採取，湿潤地帯での過剰な森林伐採や森林管理の失敗などであるのに対して，先進諸国は大気汚染や病虫害となっている。森林破壊は，洪水や土地の荒廃，生物多様性の減少，保水力低下による水資源の減少だけでなく，大気中の二酸化炭素の増大に影響を与えるために，グローバルな対応が急がれる問題で，森林保護条約の締結が緊急の課題となっている。

さて，世界経済のグローバル化は先進諸国の企業の途上国への進出を推し進めてきたが，その過程で公害輸出や有害廃棄物の越境移動という問題を引き起こした。1982年のセベソ事件は，1976年にイタリアのセベソの農薬工場で起きた爆発事故によって生じたダイオキシンを含む汚染土壌が，北フランスの小さな村で発見されたという事件であった。これは先進諸国間の越境移動の問題で

あった。途上国での有害化学物質の事故は，1984年にインドで起こったボパール事件がよく知られている。アメリカのユニオン・カーバイト社が所有する農薬工場の貯蔵タンクが爆発して，大量の有毒ガスが周辺に流出し，1万6000人あまりの死者を出した環境災害であった。さらに1986年から1988年にかけてアメリカで起こった事件として，キーアン・シー号事件がある。これはアメリカのフィラデルフィアのゴミ処分場から出た有害廃棄物がキーアン・シー号に運ばれて世界中をさまよったという事件であり，大西洋から地中海，インド洋を航行するあいだに，有害廃棄物が消えてしまったという事件である。世界中のどの港でも陸揚げを拒否されたために，インド洋のどこかに捨てられたと推測されている。

　ところで，地球温暖化に関しては，温室効果ガスが地球温暖化に大きな影響を与えていることは，1988年にJ・ハンセンがアメリカ上院公聴会で99％確かであると発言して注目されて以来[4]，「気候変動に関する政府間パネル」（IPCC）の3度にわたる報告書のなかで，その因果関係が明らかにされてきた。IPCCの第1次報告書では，温暖化の原因が自然変異によるものか，人為的なものによるものかについて結論を出すことができなかったが，第2次報告書では，「観察される温暖化傾向は，自然変異によるものとは到底認められない」，「さまざまなデータを比較検討してみると，地球の気候に明らかに人為的な影響が認められる」と断言するに至り，さらに第3次報告書では，過去100年間でもたらされた海面上昇を含め，「多くの観察データが，総じて気候システムに世界的な温暖化，その他の変化が起こっていることを示唆している」としている[5]。

　温室効果ガスには，二酸化炭素のほかに，メタン，亜酸化窒素，フロン，六フッ化硫黄などがあるが，化石燃料の燃焼によって大気中に放出される二酸化炭素は，地球温暖化を引き起こす最大の温室効果ガスとされている。18世紀後半の産業革命以後，化石燃料の使用による二酸化炭素の放出は急速に増大し，現在では200億トンが放出されている。大気中の二酸化炭素濃度は，産業革命以前では280ppmであったが，現在では約360ppmになっているといわれてい

るから，大気中の濃度は約0.036％ということになる。メタンの濃度はこの200年で2倍になったといわれており，亜酸化窒素の濃度はやはり同時期に約10％上昇したといわれている[6]。温室効果ということでは，メタンは二酸化炭素の21倍の温室効果をもっているといわれており，とくに最近ではアグリビジネスの発展もあって，牛から放出されるメタンに課税しようとする国も現れている。

温室効果ガスと地球温暖化の因果関係が科学的研究によって明らかにされるにつれて，そのことが国際的なレベルでの認知を徐々に受けてきた。そして地球温暖化へのグローバルな対応が開始されたのは，1992年の地球サミットでの「気候変動枠組条約」の採択によってであった。1997年には京都議定書が採択され，少なくとも先進諸国だけでも温室効果ガス削減の具体的な数値目標が設定された。しかし，2001年にアメリカのブッシュ大統領が京都議定書からの離脱を宣言したことで先進諸国の足並みは乱れ，さらに途上国の参加も将来的な課題となっていることから，その対応には困難な問題が横たわっている。

それに対して，オゾン層破壊へのグローバルな対応は比較的スムーズに進展したといわれている。オゾン層破壊に関してみると，クロロフルオロカーボン（CFCs）との因果関係が明らかにされたのは，1974年にアメリカの科学者M・モリナとS・ローランドによってである。かれらは，クロロフルオロカーボンがオゾン層を破壊しているのではないかという仮説を提起した。その仮説は，クロロフルオロカーボンは他のほとんどのガスとは違って何十年あるいは何百年も結合したままの状態を維持し，ゆっくりと成層圏まで上昇し，オゾン層を破壊するというものであった[7]。

マリナとローランドが最初にこの問題を解明したとき，クロロフルオロカーボンはスプレーの充填ガスや冷蔵庫・クーラーの冷媒として広く使用されていた。1974年までに，毎年約90万トンのクロロフルオロカーボンが生産され，それ以前に生産されたもののほとんどはまだ成層圏に到達しておらず，したがってその影響は明らかではなかった。このこともあって各国政府は当初は対応に積極的ではなく，科学も依然として理論的な問題として扱っていた。というの

は，当時まだ大規模なオゾン層破壊が起こっていなかったからである[8]。他方，フロン生産産業は戸惑いをみせ，その因果関係を否定した。

しかし，1985年にアメリカ航空宇宙局（NASA）と国連環境計画（UNEP）のチームによるレポートは，クロロフルオロカーボンがオゾン層破壊の原因であると結論づけた。その後の研究や調査でも，大気中の塩素がオゾン層破壊の原因であるということが明らかにされ，1988年には全世界のクロロフルオロカーボンの25％を生産していた化学系大企業のデュポン社が生産中止を発表するに至った。こうしたなか，1980年代初めからUNEPで進められていたオゾン層の保護草案作成作業が進展し，1985年にはオゾン層保護のためのウィーン条約が採択され，1987年にはオゾン層を破壊する物質に関するモントリオール議定書が採択された。世界人口の25％に満たない先進諸国がオゾン層破壊物質の88％を消費していたことが，このような先進諸国での国際的合意を可能にしたといわれている[9]。

2．地球環境ガバナンスの形成

1960年代には，戦後の資本主義世界経済の復興と工業化の過程で，世界の各地域で環境問題や公害問題を引き起こした。アメリカではレイチェル・カーソンの『沈黙の春』に象徴されるDDTなどの殺虫剤の汚染問題が世界的に注目されたのをはじめとして，日本では水俣病などの公害が発生し，ヨーロッパでは酸性雨汚染の問題が起こっていた。とくに酸性雨の被害に悩まされていたスウェーデンは，1960年代の終わりにイニシアティヴをとって，長距離越境大気汚染問題を国際的な議題に乗せようとしていた。

1972年のストックホルムでの国連人間環境会議は，このような1960年代の世界的な環境問題の顕在化を背景にしている。この会議には世界の114カ国から約1,200名の代表が出席し，会議をつうじて人間環境を保全するための宣言，行動計画，制度的枠組についての合意が形成された。また会議と平行して，公式のNGO会議や非公式の市民フォーラムも開催された。「人間環境宣言」

は，人類の共通の財産である「かけがえのない地球」を守ることを宣言するとともに，26の原則を明らかにした。その原則には，環境に関する権利と義務，天然資源の保護，野生生物の保護，有害廃棄物の規制，海洋汚染の防止，環境保護のための援助，人口政策，国際協力，国際機関の役割，核兵器その他の大量破壊兵器の廃棄などが含まれた[10]。

その意味で，ストックホルム会議は，国際環境政治の転換点であったということができる[11]。「人間環境宣言」は拘束力のないソフト・ロー的な側面をもっているとはいえ，その原則はその後のグローバルな環境政策とガバナンスの方向性を指し示す重要な指針となった。「人間環境宣言」には，以下のように書かれている。「現在および将来の世代のために人間環境を擁護し向上させることは，人類にとって至上目標，すなわち平和と，世界的な経済社会の発展の基本的かつ確立した目標と相並び，かつ調和を保って追求されるべき目標となった。この環境上の目標を達成するためには，市民及び社会，企業および団体が，すべてのレベルで責任を引き受け，共通な努力を公平に分担することが必要である。あらゆる身分の個人も，すべての分野の組織体も，それぞれの行動の質と量によって，将来の世界の環境を形成することになろう。地方自治体および国の政府は，その管轄の範囲内で大規模な環境政策とその実施に関し最大の責任を負う」[12]。

また「国連人間環境会議」は，国連環境計画（UNEP）の設立に道を拓いた。UNEPの設立は，国連システムがグローバルな環境問題に対処するための制度的枠組となり，地球環境ガバナンスの制度的な具体化という意味をもった。「人間環境宣言」の原則にも，「各国は，環境の保護と改善のため，国際機関が調整され能率的で力強い役割を果たせるよう，協力しなければならない」という規定があるが，UNEPが創設されたことは，その資金や権限の点で制約されているとはいえ，今後のグローバルな環境政策を推進するうえでの中核的な機関となる可能性が生まれた。最近では，UNEPの地位を高めて世界環境機関（WEO）にするというアイデがあるが，WEOができれば現在ばらばらな機関を統合する組織として機能する可能性が出てくる。

さらに「国連人間環境会議」は幅広い政治的影響を及ぼすことになった。たとえば，多くの政府は結果的に，環境をモニターし規制するための環境機関を国内に創設することになった。また公式のNGO会議に示される国際環境NGOのグローバルなネットワークの形成が促進され，おもにヨーロッパとアメリカに基盤を置くNGOが開発問題や途上国グループとより広くかかわりを持ち始めた。しかし他方で，宣言採択までは意見の対立と調整の困難な過程が存在し，とくに南北問題が重要なポイントになった。先進諸国が地球規模での環境・資源の管理を主張したのに対して，途上国は貧困こそ最大の環境問題であり，地球環境汚染の責任は先進諸国にあるという立場をとった。この点に関して，「人間環境宣言」では，先進諸国と途上国との格差を縮める努力をしなければならないという表現にとどまった[13]。

　先進諸国と開発途上国のあいだの環境と開発をめぐる問題については，ストックホルム人間環境会議後10年目の1982年に開催されたUNEPの管理理事会特別会合のなかで取り上げられ，一定の方向性が示された。そこで採択されたナイロビ宣言は，過去10年間に新たな認識が生まれたとして，環境と開発の関係を以下のように記している。

　「過去十年間に，新たな認識が生まれた。環境の管理及び評価の必要性，環境，開発，人口及び資源の間の密接かつ複雑な相互関係，並びに特に都市部において人口増加により生じた環境への圧迫が，広く認識されるようになった。この相互関係を重視した総合的で，かつ，地域ごとに統一された方策に従うことは，環境的に健全で，かつ，持続的な社会経済の発展を実現させる。」[14]

　さらに，ストックホルム会議で途上国が主張していた環境と貧困の問題に関しても，「環境に対する脅威は，浪費的な消費形態のほか貧困によっても増大する」とし，「アパルトヘイト，人種隔離，あらゆる形態の差別，植民地その他の形態の抑圧及び他国による支配がないほか，戦争，特に核戦争の脅威並びに軍備のための知的資源及び天然資源の浪費のない平和で安全な国際情勢が人間環境に資するところは，大きい」とした。こうしてナイロビ宣言は，低開発あるいは貧困と環境問題との関連性に触れながら，国家間の技術および経済的

資源の公平な分配や，環境破壊を被っている途上国に対する先進諸国の支援について規定している。

こうして1970年代と1980年代には，多くの国際環境協定や国際環境プログラムが策定された。環境条約については230以上あるが，そのうち4分の3は，1972年のストックホルム会議以降に合意されたものである[15]。1972年には，ロンドン海洋投棄条約が締結され，そのなかで海洋環境およびそこで生息する生物が人類にとって重要な資源であるとされ，「海洋環境を汚染するすべての原因を効果的に規制すること」が規定された。1973年には，「絶滅のおそれのある野生動植物の種の国際取引に関する条約」（ワシントン条約）が締結され，「野生動植物の一定の種が過度に国際取引に利用されることのないようこれらの種を保護するために国際協力が重要である」という国際的な合意が生まれた。同じく1973年に，MARPOL条約（1973年の船舶による汚染の防止のための国際条約）が締結され，1978年にはMARPOL議定書が採択された。また1979年には，長距離越境大気汚染条約（ECE条約）が締結され，1984年にECE条約EMEP議定書，1988年にはソフィア議定書，1994年にはECE条約SOx削減議定書が採択された。

このような環境レジームの形成は，国家的なアクターが多国間の交渉と合意形成をめざしながら，環境ガバナンスの枠組を強化する過程でもあった。1980年代になると，環境レジームと環境ガバナンスはいっそう進展をみせる。1983年の国連総会で，ノルウェーの元首相であるブルントラント女史を委員長とする「環境と開発に関する世界委員会」（WCED）が設立され，第1回の会合が翌年に開催された。そして1987年には，13章から構成される「われら共通の未来」と題された報告書が発表された。この委員会の任務は，「環境と開発に関する困難かつ重要な問題を再検討し，これに対処するための現実的な提言を行うこと，必要とされる改革に向かって政策と社会の動向に影響を与えることができる新たな形態の国際協力を提言すること，個人，ボランティア組織，経済界，研究機関，政府の理解を深め，より多くの実践活動への参加を求めることである。」[16]

ここでは，経済開発問題と環境問題を切り離すことは不可能であるという認識のもとに，環境と開発に関する現実的提言，国際協力，多元的なアクターの参加が3つの大きな柱とされている。さらにブルントラント報告において重要な点は，「持続可能な開発」という概念が提起され，その概念が国家的指導者，企業のトップ，環境運動のなかに定着していったことである。すなわち，「将来の世代が自らの欲求を損なうことなく，今日の世代の欲求を満たすことである」と定義された有名な「持続可能性」の概念が，環境問題を語るうえで世界中の人々が共通に口にする合い言葉になっていったのである[17]。

　この「持続可能な開発」という概念においては，南北間の経済格差という問題が共通認識として前提にされ，先進諸国も途上国も人類という観点から基本的な欲求を満たすことが目標とされている。そのためには，人口の大部分が集中する貧しい国々において新たな経済成長の時代を作り出すだけでなく，これらの貧しい諸国が新たな経済成長を進めるうえで必要な資源の公平な分配を保証することが重要である。この報告書では，こうした社会的公平には，「意思決定過程において実効ある市民参加が確保される政治システムや国際的場面での民主的な意思決定が不可欠である」としている。その意味で，この報告書は資源の公平な分配と民主的な意思決定システムの構築という地球環境政治のビジョンを提起したものとして重要な文書であるということができる。

　さて，1992年6月，ブラジルのリオデジャネイロで国連環境開発会議（UNCED）が開催された。この会議には178カ国から代表団が送られ，公認されたNGOは1400を超えたといわれている[18]。会議では，「環境と開発に関するリオ宣言」，「アジェンダ21」，「森林原則声明」が採択されるとともに，個別に交渉されていた2つの条約，「気候変動枠組条約」と「生物多様性条約」が採択された。「リオ宣言」の第1原則のなかで，「人類は，持続可能な開発への関心の中心」にあり，「自然と調和しつつ健康で生産的な生活を送る資格を有する」と規定し，ブルントラント報告での「持続可能な開発」という視点を継承している。

　また「アジェンダ21」では，「環境と開発の統合に一層留意することが，基

礎的な必要な充足，全ての人々の生活水準の向上，環境システムのよりよい保護と管理，そして安全で繁栄した将来を導く」として，このことは一国では達成できず，「持続可能な開発のためのグローバル・パートナーシップによってのみ実現可能である」とした。これを推進するための機関として，国連憲章第68条にもとづいて「持続可能な開発委員会」(CSD)が設置すべきとされ，1993年に国連社会経済理事会の下に設置されることになった。CSDは，日本を含め国連参加国53カ国から成り，その主要目的は，①アジェンダ21および環境と開発の統合に関する国連活動の実施状況の監視，②各国がアジェンダ21を実施するために着手した活動等についてまとめたレポート等の検討，③アジェンダ21に盛り込まれた技術移転や資金問題に関するコミットメントの実施の進捗状況に関するレヴューと監視，④リオ宣言および森林原則声明に盛り込まれた諸原則の推進，⑤アジェンダ21の実施に関する適切な勧告の経済社会理事会を通じた国連総会への提出等である。このようにCSDは宣言や声明といったソフト・ロー的な性格をもった環境レジームをより実効力あるものとするための機関としての役割を果たしている。

　ところで，リオ会議において注目すべきことは，NGOの果たした役割である。リオでの会議に平行して，NGOの会合である「グローバル・フォーラム」が開催され，それには2000人から3000人が参加した[19]。公式にはNGOの役割は限定されたものであり，NGOが会議全体を通じて交渉に実質的な影響を与えるという機会はほとんどなかったにもかかわらず，新しい変化が生まれたのは確かであった。参加国の中にはわずかながらNGOの代表を代表団に含めた国や，国内的過程おいて自国のNGOに発言権を与えた国もあったからだ。

　皮肉なことに，リオ会議においてNGOの参加が実質的に認められなかったものの，アジェンダ21では，グローバル・パートナーシップの役割のなかでNGOの参加が規定されている。たとえば，国連機関や国際機関はNGOの参加手続の審査報告や，NGOネットワーク形成の促進のための施策を講じること，また各国政府はNGOネットワークとの対話プロセスの設立や促進，地方NGOと地方自治体との対話の促進，アジェンダ21実施のための国内手続への

NGO の参加などの施策を講じることなどがそれである。いずれにせよ，地球環境ガバナンスにおける非国家的なアクターとしての NGO の役割はますます高まっている。

3．環境政治におけるレジームとガバナンスの枠組

　地球環境政治における合意形成の手段としてグローバル・ガバナンスの枠組がもつ有効性は，環境レジーム形成における多元的な主体の参加によって確保されているといってよい。グローバル・ガバナンスは一般には，世界政府なき「アナーキカル・ソサエティ」としての世界システムにおける国家間システムとして機能しているもので，多元的なアクターが共通の問題を認識し，その解決に向けた取り組みと合意形成を行う過程あるいは枠組として理解することができる。とりわけ国境を超えた現代の地球環境問題についてグローバルな対応が迫られており，地球環境ガバナンスが問題となっている。

　J・ローズナウはガバナンスに関して，それが「統治よりも広範な概念」であり，政府機関だけでなくインフォーマルな非政府機関を含んでいるとし，「多数によって受け入れられる場合にのみ機能するルールのシステムである」としている[20]。また1995年のグローバル・ガバナンス委員会の報告書『地球リーダーシップ』では，ガバナンスは「個人と機関，私と公とが，共通する問題に取り組む多くの方法の集まり」であり，「相反する，あるいは多様な利害関係の調整をしたり，協力的な行動をとる継続的なプロセスのことである」[21]と規定されている。このようにガバナンスは，世界政府という一定の強制力のない状況のなかでの多元的なアクターによる合意形成のプロセスと過程をいう。

　それに対して，レジーム概念は O・ヤングなどの自由主義的な制度学派によって使われてきたという「理論負荷性」はあるものの，地球環境ガバナンスのあり方を説明するうえでは有効な概念であるといえる。これに関しても，J・ローズナウはガバナンス概念との類似性を示しながらも，両者が同じものでは

ない点を示唆している。レジームにおいては,「原理,規範,ルール,手続」が「国際関係の一定の領域で」,あるいはこれまで「争点領域」とよばれてきた領域で収斂しているものとされる[22]。いいかたを換えれば,ガバナンスが単一の領域に限定されないのに対して,レジームは一定の争点領域に特定化されるということである。したがって,地球環境レジームという場合,1973年の「ワシントン条約」や1979年の「長距離越境大気汚染条約」など国際的な合意を基礎にした一連の国際的なルールのシステムのことをいい[23],具体的には条約,議定書,ソフト・ローなどの法律文書によって特定された規範とルールを指す。

地球環境レジームの形成のプロセスには,国家アクター,国際機関,NGO,企業などがかかわり,これらのアクターが地球環境問題のテーマあるいはアジェンダを設定し,レジーム形成の主体となる。しかし,これら4つのアクターがレジーム形成に同じようにかかわっているわけではない。G・ポーターとJ・ブラウンによれば,これら4つのアクターのかかわり合いが一様ではないだけでなく,国家的なアクターにおいてもいくつかの立場がみられる。

まず国家的なアクターといっても,環境問題に関する国内政治の要因が深くかかわっており,けっして一枚岩的な存在ではないことはいうまでもない。ある環境問題への対応に対して,国家が支持の立場をとるのか拒否の立場をとるのかは,国内政治的な要因によるところが大きい。イギリスが1980年代半ばに,酸性雨に関する合意に反対したのは,国内の石炭委員会と中央電力委員会が二酸化硫黄削減を逃れるためにあらゆる策を講じていたためであった[24]。またアメリカがブッシュ政権になって,京都議定書からの離脱を表明したのは,共和党が反対の立場をとっていただけでなく,ブッシュ政権が石油関連企業を支持団体としているからだといわれている。

環境レジーム形成において国家アクターがとる立場は,主導国,支持国,態度保留国,拒否国の4つに分けられる[25]。主導国は,ある環境問題に関してもっとも進んだ国際的な規制を提案するためにリーダーシップを発揮する。1979年の長距離越境大気汚染条約のレジーム形成では被害国であったスウェーデン

が主導国であったし，地球温暖化防止のレジーム形成ではノルウェー，スウェーデン，フィンランド，オランダが主導国連合を形成していた。レジームの支持国は，ある環境問題に関して強い国際的な規制を公的に支持し賛成する。

それに対して，環境レジーム形成に態度保留の立場をとる国は，合意する見返りとして主導国に大きな譲歩を求める一方，拒否国は提案された国際的な規制にあからさまに反対する立場をとる。態度保留国と拒否国は，具体的な交渉の進展状況によって入れ代わる場合もある。たとえばオゾン層保護に関するレジーム形成において，インドは1990年にロンドンで開催されたモントリオール議定書締約国会議で，2010年にフロンを全廃することに反対していたが，インドの企業に代替技術を購入する資金を援助するという妥協案が出されて最終的に拒否の立場を変えた。ブッシュ政権は京都議定書から離脱したことで地球温暖化防止に関して，支持国から拒否国に変わったということができる。

地球環境レジームの形成において，アジェンダ設定の機能を果たしているのは国際機関である。国際機関は，環境レジーム形成に以下の4つの方法で影響を及ぼしている。第1に，国際社会でどの課題を取り上げるのかを決め，地球規模での行動のためのアジェンダを決める。第2に，地球環境レジームの交渉を始め，影響を及ぼす。第3に，さまざまな環境問題に対して，規範的な行動規則（ソフト・ロー）を作る。最後に，国際的に交渉されていない事柄について各国の政策に影響を及ぼす。国際機関のなかでも環境レジーム形成において主導的な役割を果たしてきたのは，国連環境計画（UNEP）である。UNEPはとりわけアジェンダの調整機能を果たし，国際協力が必要な地球環境問題を取り上げてきた。たとえば1976年に，UNEPの理事会はオゾン層保護を5つの優先課題の1つとして選び，国際協定の交渉が始まる5年前の1977年に，「オゾン層に関する地球行動計画」を採択していた[26]。

近年，地球環境レジームの形成において大きな役割を果たしつつあるのがNGOである。グリーンピース，FoE，世界自然保護基金（WWF）などの国際環境NGOは，地球環境問題に関する専門的な知識をもっているだけでなく，国家的な利害を超えて行動し，ときには自国の環境政策の転換に影響を与えて

いる。環境NGOは，以下の5つの方法で国際的なレジーム形成に影響を与えている[27]。

第1に，新しい問題を特定したり，古い問題を取り上げることによって地球環境のアジェンダに影響を与える。たとえばWWFと「コンサーベーション・インタナショナル」(CI) は，1988-89年にかけてアフリカ象の象牙の商取引禁止というアジェンダ設定において大きな役割を果した。第2に，新しい提案をしたり，消費者のボイコット運動やキャンペーンを遂行したり，提訴するなどして，ある問題に対し自国の政府がより進んだ動きをとるように働きかける。オゾン層保護に関して，アメリカ国内の環境保護団体である「アメリカ大気浄化連合」は，エアロゾルの禁止やクロロフルオロカーボンの全廃を働きかけ，この問題に関するアメリカのリーダーシップ発揮に貢献した。さらに環境NGOは，会議の前に条約全体のテキストを提案したり，国際交渉へのロビー活動を展開したり，条約の施行をモニターしたりするという役割を果たしている。

最後に，企業は自らの利益をレジーム形成に反映させようとする。たとえば，交渉中の問題設定を企業の利益になるような形にしたり，資金を使ってロビー活動をすることでレジームに対して，ある特定の立場をとるように政府に働きかける。またレジーム交渉会議の代表団に働きかける。企業が自らの利益につながるようなレジームの形成に成功した例としては，1954年の「海洋油濁防止条約」であった。この条約は，当時，石油による海洋汚染に関する専門的知識をもっていた石油会社や海運会社の利益に沿った形でレジームが形成されたとされる[28]。

こうして地球環境レジーム形成には，国家，国際機構，NGO，企業などの多様なアクターがかかわることで，レジームのアジェンダ設定，形成のための交渉，そしてその強化がはかられる。このレジーム形成の過程は，グローバルなレベルでの多元的な合意形成の過程でもあり，グローバル・デモクラシーの基本的な枠組を提示しているということができよう。

4. 環境政治のグローバル化と民主主義

　環境のグローバル化は，地球環境問題を顕在化させただけでなく，それへのグローバルな対応を生み出してきた。地球環境ガバナンスの形成やNGOによる地球環境保護運動は，環境問題のグローバル化に対する反グローバル化運動という性格をもっている。1970年代に先進諸国で登場した「新しい政治」は，戦後の経済成長を基盤としたフォーディズム的なパラダイムに挑戦し，その現実的・規範的な限界を明らかにし，物質的な繁栄を求めてきた戦後政治のあり方を根本的に変えることを求めた。「新しい政治」の環境政治が一国的な環境保護運動にとどまっていたのに対して，現在進展しつつある地球環境政治は，グローバルな場面で環境に関する民主主義的な意思決定システムを構築しようとしている。その意味で，グローバルな環境問題については，トランスナショナルな政治的解決を必要としているのである[29]。

　グローバルな経済成長は，繁栄や豊かさといった「グッズ」の側面をもたらした一方で，同時に貧困や環境破壊といった「バッズ」あるいはリスクの側面をもたらした。リスクの問題は，原発，エイズや狂牛病，遺伝子組み換え食品からオゾン層破壊，地球温暖化にまで及んでおり，それらは今日のグローバルな「危険社会」を生み出した。そして，そこには依然として開発と環境保護の問題がジレンマとしてわれわれの前に立ちはだかっている。とするならば，環境政治の緊急な課題として提起されているのは，こうしたグローバルな「危険社会」をどのように管理するのかという問題にとどまらず，将来的にどのように「危険でない社会」に転換していくのか，翻ってそういう問いかけ自体がそもそも実現可能な政治課題であるのか，という問題である。

　今日のエコロジー的な危機のグローバル化は，資本主義経済としての世界システムの分業構造によって複雑化した社会的な対自然関係のなかですでに深まりつつある。この点について，U・ベックはつぎのようにいう。

　「危険には地球的規模における危険の拡大傾向が内在しているのである。工

業生産によって、危険は生産の場所と無関係に世界的な規模で現れる。それは、食物連鎖においては、この地上のあらゆるものが実際上ことごとく結びついていて、国境がなくなるからである。空気中の酸素は、諸々の彫刻や文化財を侵すだけでなく、とっくの昔に国境の交通遮断機をも無力化してしまっている。カナダでも湖は酸性であり、スカンジナビアの北端でも森林が死滅している。地球的規模で危険が拡大しているため、危険にかかわることは普遍性を獲得し、個別の問題ではなくなる」。[30]

問題なのは、その危険が誰に対して向けられているのかという点である[31]。環境問題が引き起こす危険に対する立場は、世界システムの中心と周辺では異なっているが、そもそもこの危険が増大する原因の解明が大きな問題である。歴史的なシステムとしての資本主義の特徴は、ひとつには、マルクスが明らかにしたように「飽くなき資本蓄積」というシステム的な要件を維持するためにつねに拡大再生産せざるをえないシステムであるということ、そしてもうひとつには、それにもかかわらず「資本家」がそのシステムが生み出す危険に対する社会的コストを負担してこなかった点にある。この点について、ウォーラーステインは以下のように説明している。

「システムとしての資本主義が生物圏を信じられないほど破壊していることの主たる理由は、たいていは、破壊によって利益を得る生産者が生産費としてではなく、反対に費用を削減するものとして計上していることである。例えば、もしある生産者が、廃棄物を川に投棄して、それによって川を汚染した場合、その生産者は、より安全だが、より高価な別の廃棄物処理方法を採用した場合にかかる費用を節約しているということになるのである。生産者は五〇〇年にわたってそうしてきたのであり、世界経済の発展が進行するにつれてそれは量的に増大してきたのである。新古典派経済学ではこれを費用の外部化と呼ぶのである。通常それは公共財の生産に必要だからと擁護されるのであるが、しかし非常にしばしば公共の害悪が生み出されてしまうのである。費用の外部化というのは、生産者から国家ないし『社会』全般へただ単に費用を転嫁することであり、それによって生産者の利潤率が顕著に増大することなのであ

る。」[32]

　ウォーラーステインがいうように,資本主義世界経済が誕生して以来500年間にわたって生産者はこの社会的コストの負担を回避してきたのであり,国家あるいは「社会」全般へ費用を転化することで,この外部不経済の穴埋めをしてきたのである。資本主義世界経済という下部構造がつねに国家と国家間システムという政治的上部構造を必要としてきたことは,このコストあるいは危険の負担の穴埋めを国家や国際機関が引き受けなければならなかったからだ。こうした状況に直面して,われわれの前には3つの選択肢がある。
　ひとつは,政府がすべての企業にコストを内部化するように迫ることであるが,この場合,われわれはただちに利潤の圧縮に直面することになる。第2に,政府がエコロジー的な措置に支出し,これを税金で賄うことである。しかし,企業に税を負担させても利潤の圧縮をもたらし,万人に課税すると納税者の叛乱を引き起こすことになる。そして最後は,実際上何もしないことであるが,その場合には,さまざまなエコロジー的な破局がもたらされる[33]。ヨーロッパ諸国で環境税が導入されつつある点を考慮すれば,第2の選択肢の方向がグローバルなレベルでも現実的な道となる可能性が高いと思われる。
　誰に対して危険が向けられるのかというさきほどの問題に立ち返ると,政府がコストの内部化という選択肢を拒絶した場合,それを遅らせようとする方法がとられてきた。この主要な方法は,政治的に強いところから弱いところに,すなわち北から南に問題を移転させることである。ひとつは,南の周辺諸国に廃棄物を移転することであるが,これは環境問題のグローバルな解決策となりえないし,有害廃棄物の越境移動は国際的に禁止されている。もうひとつは,南の周辺諸国の開発を遅らせることであるが,この選択肢も途上国にとってはとうてい受け入れがたいものである。いずれにしても,環境基準が緩やかな周辺諸国に環境破壊型の産業が移転していることは事実であり,その意味では危険は周辺諸国に集中しがちであるということができる。しかし,有害廃棄物に関しては,アフリカ統一機構が1991年にバマコ条約を採択し,アフリカを核および産業廃棄物の処分場にしないことを取り決めたことに示されるように,国

際環境レジームはこうした危険の移転を抑えるように作用していることも事実である。

バマコ条約は，マリ共和国の首都であるバマコで1991年に採択された条約で，正式名は，「有害廃棄物のアフリカへの輸入の禁止，及びアフリカ内の有害廃棄物の越境移動及び管理の規制に関するバマコ条約」である。アフリカ統一機構（OAU）の閣僚理事会は，1988年にアフリカにおける核および産業廃棄物の投棄に関する決議を採択した。この決議のなかで，核および産業廃棄物をアフリカ内において処分することは，アフリカおよびアフリカ人民に対する犯罪であると宣言し，この決議を経た後，OAUは，バマコ条約を採択し，1989年のバーゼル条約の不備を補完した。この条約の特色は，第1に，バーゼル条約の枠組みをほぼ踏襲していること，第2に，核廃棄物も取り締まりの対象となっていること，そして第3に，アフリカ域内への有害廃棄物の移動に関心の対象がおかれていることである[34]。このバマコ条約の主旨および目的は，以下のとおりである。有害廃棄物の発生によってもたらされる人の健康および環境に対する脅威の増大に留意する。そのためには，有害廃棄物の越境移動によって引き起こされる人の健康および環境に対する損害の危険を認識し，国家の主権により，環境および人にとって有害な廃棄物の輸入や越境移動を禁止することを認識し，有害廃棄物の発生から生ずる悪影響に対して，アフリカの住民の健康および環境を厳重な規制によって保護することを決意して，有害廃棄物の問題に責任をもって取り組むことを確認するという内容である。

今日，地球環境問題においてすでにみてきたように，グローバルな環境ガバナンスや環境レジームの枠組が形成されつつあり，それがグローバル・デモクラシーの大きな流れを作り出しているといってよい。確かに，南北間には環境問題をめぐって利害の対立構造が存在していることも事実であるが，地球環境の危機を共通の問題として相互が深く認識するにつれて，グローバル環境ガバナンスの枠組はむしろ強化される方向に向かう可能性が高い。グローバル・デモクラシーは，人間の生活世界のグローバルな空間的拡がりのなかへ民主主義的原理を拡大しようとするものであり，その対象は国際分業の拡大と深化とい

った人間生活の相互依存関係だけでなく,そこから生み出される経済的・政治的・環境的なリスクの拡大にもかかわるものである。

　経済と政治の問題がおもにナショナルな枠組のなかで処理されていた時代には,グローバル・デモクラシーが登場する物質的な条件は存在しなかったが,しかし,地球温暖化が地球上の生活世界を危機に向かわせる可能性がある場合に,そのリスクの回避が国際条約と議定書という民主主義的な合意によって試みられているように,グローバルな枠組での合意形成の必要性と可能性がますます増大している。インターステイト・システムあるいはグローバル・ガバナンスの形成はこのことを如実に示している。

　D・ヘルドが指摘しているように,グローバル・デモクラシーが登場してきた状況の変化についてみると,実際上の政治権力の中心がもはや一国的な政府に存在するとはみなされなくなり,ローカルなレベル,ナショナルなレベル,リージョナルなレベル,グローバルなレベルにおける多様なアクターや機関が合意形成にかかわり,それらによって権限が共有・分割され,したがって政治的運命共同体あるいは自己決定的な集合体というアイデンティティの枠組が国民国家の境界内部に収まらなくなったことが挙げられるだろう[35]。このように,グローバル・ガバナンスという合意形成の枠組は,地球市民社会とそこでの国境を越えたさまざまなアクターや機関の出現を背景としており,それらがグローバル・デモクラシーへの動きを後押ししているということができる。

　1992年の地球サミットでのリオ宣言は,地球規模でのパートナーシップの構築と国際的な合意という目標を掲げ,第10原則でつぎのように宣言している。「環境問題は,それぞれのレベルで,関心のある全ての市民が参加することにより最も適切に扱われる。国内レベルでは,各個人が,有害物質や地域社会における活動の情報を含め,公共機関が有している環境関連情報を適切に入手し,そして,意思決定過程に参加する機会を有しなくてはならない。各国は,情報を広く行き渡らせることにより,国民の啓発と参加を促進しかつ奨励しなくてはならない。賠償,救済を含む司法及び行政手続きへの効果的なアクセスが与えられなければならない」[36]。

このリオ宣言での第10原則を受けて，1998年にデンマークのオーフスで国連欧州経済委員会が開催され，「環境問題に関する，情報へのアクセス，意思決定への一般市民の参加，司法へのアクセスに関する条約」（オーフス条約）が採択され，2001年10月に発効した。オーフス条約の第1条では，その目的として，「現在世代と将来世代のすべての人々が健康と幸福に適した環境のなかで生活する権利を保護することに寄与するために，各締約国はこの条約の規定に従って環境問題に関する情報へのアクセス，意思決定への一般市民の参加，司法へのアクセスの権利を保障するものとする」[37]と規定している。このようにオーフス条約は，環境問題に関する意思決定への市民参加を規定しており，いわば環境問題に対する民主主義的な意思決定の原則を提起している。こうした原則が地域を超えてグローバルに拡大することになれば，多くの企業も環境情報の公開や透明性の確保に従わざるをえなくなるだろう[38]。

おわりに

地球環境問題には国際環境政治における合意形成のプロセスが不可欠であることはいうまでもない。世界政府が存在しない「アナーキカル・ソサイエティ」（ヘドリー・ブル）としての地球社会において，グローバル・ガバナンスの枠組を通じた合意形成のプロセスを環境問題への取り組みのための意思決定システムとして定着させることにはかなりの時間がかかりそうである。しかし，オーフス条約の例が示しているように，ヨーロッパ地域のレベルでは，環境問題に関して一般市民が参加する意思決定システムの構築をめざしたレジームの形成が開始されている。このような環境問題に関する意思決定システムは，グローバルな環境問題へ対応するための意思決定システムのモデルとして重要なモデルを提供することになるものと考えられる。さらに2001年4月にオーストラリアのキャンベラで第1回の緑の党世界大会が開催され，グローバル・グリーンズ憲章が採択された。そこではエコロジー，社会正義，参加民主主義，非暴力，持続可能性，多様性の尊重が原則とされた。ナショナルなレベルでの

環境政治も，いまやグローバル環境政治へ動き出し始めた。

1）環境問題のグローバル化と世界システムの関連については，本書第2章）を参照されたい。
2）たとえば，安田喜憲『森林の荒廃と文明の盛衰』新思索社，1988年およびジョン・パーリン『森と文明』安田喜憲・鶴見精二訳，1994年，晶文社。
3）メディアインターフェイス編『地球環境情報1998』ダイヤモンド社，1998年，145頁。
4）米本昌平『地球環境問題とは何か』岩波書店，1994年，参照。
5）C・フレヴァン編著『地球白書2002－2003』家の光協会，2002年，42－45頁参照。
6）L・エリオット『環境の地球政治学』法律文化社，2001年，68頁。
7）A.Florini, *The Coming Democracy*, Island Press, 2003, p.180. なお，前掲エリオット『環境の地球政治学』59－60頁参照。
8）Florini（2003），p.180.
9）エリオット前掲書，61－63頁。
10）ストックホルムの国連人間環境会議については，環境庁長官官房国際課『国連人間環境会議の記録』（1985年）を参照した。
11）J. Baylis and Steve Smith, *The Globalization of World Politics*, 2nd. ed., Oxford, 2001, p.390.
12）前掲『国連人間環境会議の記録』，17頁。
13）先進工業国と開発途上国との関係については，宣言は以下のように記している。「開発途上国では，環境問題の大部分が低開発から生じている。何百万の人々が十分な食物，衣服，住居，教育，健康，衛生を欠く状態で，人間としての生活を維持する最低水準をはるかに下回る生活を続けている。このため開発途上国は，開発の優先順位と環境の保全，改善の必要性を念頭に置いて，その努力を開発に向けなければならない。先進工業国では，環境問題は一般に工業化および技術開発に関連している。」（前掲『国連人間環境会議の記録』，16頁）
14）地球環境法研究会編『地球環境条約集』（第4版）中央法規，2003年，15頁。
15）Lee-Anne Broadhead, *International Environmental Politics*, Rienner, 2002, p. 39. Bylis and Smith（2001），p.390. ヒラリー・フレンチ『地球環境ガバナンス』家の光協会，2000年，176頁。
16）環境と開発に関する世界委員会『地球の未来を守るために』大来佐武郎監修，福武書店，1987年，23頁。
17）Lee-Anne Broadhead（2002），p.41.

18) 前掲『環境の地球政治学』，22頁。
19) Lee-Anne Broadhead (2002), p. 53.
20) J.Rosenau, Governance, Order and Change in World Politics, in：*Governance without Government*：*Order and Change in World Politics*, Cambridge, 1992, p. 4.
21) グローバル・ガバナンス委員会『地球リーダーシップ』NHK出版，1995年，28-9頁。
22) Rosenau (1992), p. 8. レジームに関しては，1975年にJ・ラギーはつぎのように定義している。「国家的集団によって受け入れられる相互の期待，ルール・規則，計画，組織的な能力，金融的コミットメントの集合」。(J.Ruggie, international responses to technology : concepts and trends, in : *International organization*, vol. 29, no.3, 1975.)
23) O.Young, Right, Rule, and Resources in World Affairs, in：O. Young (ed.), *Global Governance*, The MIT Press, 1997, p.7. なお，O・ヤングのガバナンスとレジームの考え方については，「グローバル・ガバナンスの理論」(渡辺昭夫・土山實男編『グローバル・ガヴァナンス』東京大学出版会，2001年所収) とG・ポーター／J・ブラウン『入門地球環境政治』細田衛士監訳，有斐閣，1998年を参照。
24) ポーター・ブラウン『入門地球環境政治』，43頁。
25) 同上，39頁。
26) 同上，51頁。
27) 同上，66頁。
28) 同上，73頁。
29) J. Thompson, Toward a Green World Order：Environment and World Politics, in : F. Mathews (ed.), *Ecology and Democracy*, Frank Cass, 1996, p.31.
30) U・ベック『危険社会』東廉監訳，二期出版，1988年，70頁。
31) I.Wallerstein, Ecology and Capitalist Cost of Production : No Exit, in : W.L.Goldfrank et al.(eds.),*Ecology and the World-System*, Greenwood Press, 1999, p.4. なお，この論文はウォーラーステイン『新しい学』山下範久訳，藤原書店，2001年に収められている。
32) I・ウォーラーステイン『ユートピスティクス』松岡利通訳，藤原書店，1999年，77-78頁。
33) Wallerstein (1999), p.7. ウォーラーステインは現在，分岐の時代にあるとして，以下のように述べている。「私は問題を，世界システムの政治経済の枠組みのなかに置いた。私は，生態系の破壊の源泉は，企業家が費用を外部化する必要性と，その結果としてのエコロジーに対する配慮ある決定を行う動機の不在であるということを説明した。しかしながら私はまた，この問題が，われわれの突入したシステムの危機のために，いままでになかったほど深刻になっているという

ことも説明した。というのは，このシステムの危機は，さまざまな点で，資本蓄積の可能性を挟めており，費用の外部化が，主だったものとしては唯一残された容易に利用できる手段なのである。かくして，生態系の破壊と闘う諸方策に対して，企業家層から真剣な同意を得ることは，このシステムのこれまでの歴史のいつにもまして，今日，可能性の乏しいことなのである。以上のことはすべて，実に容易に複雑性の言語に翻訳可能である。われわれは分岐の直前の時代にある。現在の史的システムは，事実として，末期的な危機にある。われわれの眼前にある問題は，この史的システムをなにと置き換えるか，ということである。これは，今後，二十五～五十年間にわたって，中心的な政治的論争となるであろう。生態系の破壊という問題は―もちろん，問題はこれだけでないのだが―この論争の中心的な焦点となる。われわれはみなが言わねばならないことは，論争が実質的合理性にかかわっているということ，そして実質的に合理的な解決ないしシステムを求めて，われわれは闘っているということであると，私は考えている。」（ウォーラーステイン『新しい学』，161頁）

34）バマコ条約については，地球環境法研究会編『地球環境条約集』（第2版），中央法規，1995年，431頁参照。
35）B.Holden (ed.), *Global Democracy*, Routledge, 2000, p.26.
36）環境庁地球環境部企画課編『国連環境開発会議資料集』1993年，15頁。
37）Convention on Access to Information, Public Participation in Decision-Making and Access to Justice in Environmental Matters, 1998.in : http : //unece.org/env/pp/ctreaty.htm.
38）Florini (2003), p.200.

第4章
環境政治のグローバル化

はじめに

　1970年代以降,西欧諸国では環境保護運動,フェミニズム運動,平和運動といった新しい社会運動の潮流が形成され,戦後のケインズ主義的福祉国家といわれるなかで支配的であった古い政治に代わって新しい政治が登場してきた。新しい政治的パラダイムは,生活の質,環境保護,女性の同権化,自己実現,政治参加,人権,平和など,戦後のケインズ主義的福祉国家の古い政治のなかで失われつつあった価値の実現をめざすものであった[1]。R・イングルハートは『静かなる革命』のなかで[2],西欧の産業社会の人々の価値意識や政治意識が「物質主義的価値」から「脱物質主義的価値」へと転換しつつあると指摘したが,環境,人権,平和,ジェンダーといった問題が新たな政治的争点となっていった。とりわけ環境に関しては,1970年代以降に世界的に環境保護運動が活発化し,その運動のなかには環境政党という形態に発展していくものも現れた。

　環境保護運動についてみると,戦後の経済成長の歪みとしての環境破壊が先進諸国で進展し,それに対する反対運動がすでに1960年代に登場していた[3]。そして1970年代になると,西欧諸国では緑の党が形成されていった。1972年にオーストラリアのタスマニアで最初の緑の党が結成された以後,1973年にイギリスにおいて「国民党」という名称の最初の緑の党が結成され,1985年には正式に「緑の党」という名称に改めた。しかし,スコットランドと北アイルランドには別組織の緑の党が存在し,いわゆるイギリスの緑の党というのはイング

ランドとウェールズの緑の党である。イギリスにおける緑の党は2001年には総選挙で3％獲得して以前の最高得票率の2倍とした。フランスにおける環境保護運動の歴史はドイツよりも古く，1960年代の学生運動のなかで芽生え，それが1970年代のエコロジー運動につながり，1984年には緑の党（Les Verts）が形成された。ヨーロッパ諸国で誕生した緑の党は，欧州議会での議席を獲得し，さらには国内政治においても連合政権に参加するなど，欧州レベルとナショナルなレベルでの政策決定に大きな影響を与えつつある。

さらに緑の政治のリージョナルな展開という観点からみると，ヨーロッパの緑の党は，1993年にフィンランドのヘルシンキで「欧州緑の党連合」を設立し，さらに2004年には「欧州緑の党」という単一の政党を設立した。そして緑の政治のグローバル化という観点からみると，緑の党の世界的な連合体であるグローバル・グリーンズが憲章を採択して正式に設立されたのは2001年オーストラリアのキャンベラにおいてであった。本章では，ヨーロッパ諸国における緑の党の発展，「欧州緑の党」の設立，グローバル・グリーンズの設立を検討しながら，緑の党のリージョナル化とグローバル化の動きを検討したい。

1．新しい政治と緑の党

ドイツでは，1970年代に入ってGAZ（「緑の行動・未来」）やBBU（環境保護市民イニシアティヴ連邦同盟）といったエコロジー運動が活発化し，それらが緑の党の形成を導いていった。ドイツの緑の党の設立大会は1980年1月にカールスルーエで開かれた。1980年の連邦議会選挙ではわずか1.5％しか獲得できなかったものの，結成後まもない地方選挙レベルでは大きな成果を上げた。緑の党は，バーデン・ビュルテンベルク州議会で議席を獲得したのをきっかけに，ベルリン市，ハンブルク市，ニーダーザクセン州，ヘッセン州などでも議席を獲得した。そうしたローカルなレベルの支持拡大と躍進を背景に，1983年の連邦議会選挙では，議席獲得に必要な5％条項を突破して27議席獲得した。

ドイツの緑の党の結成以来，内部には，議会外の社会運動という従来の立場

第4章 環境政治のグローバル化　65

から脱却し，政党として連合の機会を求めて政権獲得をめざす方向を視野にいれた現実主義者と，議会外の社会運動の代表という立場を堅持すべきであるという原理主義者とのあいだに対立が存在した。その現実主義者と原理主義者の対立は，8.3％の得票率を得て42議席獲得した1987年の連邦議会選挙後に激化した。この時点まで，緑の党は1985年と1987年にヘッセン州でSPDとの連合政権に参加していたが，全国レベルの党執行部の原理主義者の激しい反対に逆らって，ヘッセン州の緑の党はヨシュカ・フィッシャーが州環境大臣に就任することに同意した。現実主義者は1990年の統一選挙に至るまで主導権を握ることになる。

統一後の1993年，緑の党と旧東ドイツの90年連合が統合して90年連合／緑の党を結成するが，この結成は現実主義者の立場を少しずつ強くした[4]。90年連合／緑の党は1998年の連邦議会選挙で6.7％の得票率を得て47議席獲得した。緑の党は，それまで政治勢力としては相対的に弱い立場であったにもかかわらず，社会民主党（SPD）との連立政権に参加した。緑の党がそれまで州政府レベルではSPDとの連立政権を組んできたという実績と，ヨシュカ・フィッシャーがコール政権への強い批判者で，ドイツでは有名な政治家でもあったという実績がSPDの側から評価されたことが，連立政権成立の背景にあった。SPDと緑の党との連立政権が成立することによって，ドイツの環境政策の面で大きな転換が起こった。連立政権は，環境税の導入と原発の段階的な廃止という政策を打ち出したからである。しかし，緑の党が州レベルでの連立政権に参加して以来，その支持者数が減少していることも事実である。とくに旧東側の諸州では緑の党は内部分裂しているといわれている。また地方レベルでの支持の喪失は，これまで緑の党が草の根レベルでの社会運動によって支えられてきたという面が失われるということを意味する[5]。

さて，フランスでは1970年代から環境問題への関心が高まり，すでに1973年の国政選挙に候補者が出ていた。1974年，1981年，1988年の大統領選挙にはエコロジストの候補が出馬し，それぞれ1.3％，3.8％，3.7％の得票率を得ていた。しかし国政選挙では緑の党は低い得票率しか得ておらず，1986年の国政選

挙でも1.2%を獲得したにすぎない。1980年に形成された「政治的エコロジー運動」（MEP）は，1982年に正式な政党「緑の党－エコロジスト政党」（VPE）に改名し，1984年に現在の緑の党（Les Verts）が形成された。フランスの緑の党の政治綱領は，「自立」，「連帯」，「エコロジー」の3つの原理から成っており，これらの原理は「グローバルに考え，ローカルに行動する」というスローガンを強化しようとしたものであり，個々の特殊的な行動とグローバルな集合的な行動を，地域的・国家的・国際的なコンテキストのなかで結びつけようとするものである。緑の党の具体的な政策としては，核エネルギーに反対し，原発施設の凍結を要求しているが，その他にも，分権化と地方の人口減少対策を強調し，弾力的な労働時間と週35時間制の導入を要求していた。さらに漸進的な軍縮，フランスの核実験停止，第三世界に対する収奪の停止などを求めていた。

フランスの緑の党は1995年に，ドミニク・ヴォワネを大統領選挙の候補者に立てたが，3.3％の得票率を獲得したにすぎなかった。同年の秋に，緑の党は現実主義的な路線を取り，社会党との協力関係を築き始めた。当時の社会党としても，1993年の総選挙で深刻な敗北を喫していたためにイメージの刷新が必要であり，それを緑の党との同盟によって実現しようとしていた。1997年の総選挙では左派勢力と緑の党が勝利し，緑の党からは初めて8名の国会議員が誕生し，ヴォワネは環境大臣として入閣した。緑の党は，地方レベルでも多くの議員を当選させ，いくつかの地方政府に参加している[6]。

他方，1980年代になると，スウェーデン，ノルウェー，フィンランド，デンマークといったスカンジナビア諸国でも，緑の党が形成された。スウェーデンの緑の党（Miljöaritiet de Gröna）は1981年に結成されたが，それは環境保護論者に支えられながら草の根レベルから形成された政党で，それまでの既成政党がもっていなかった「新しい政治」を基礎にしたものであった。スウェーデンの緑の党は，1982年と1984年の総選挙に候補者を立てたが議席を獲得できず，1988年の総選挙で5.5％の得票を得て20議席獲得した。1991年の総選挙では，3.4％しか獲得できず，議席獲得に必要な4％をクリアできなかったために，それま

での議席を失った。しかし，1994年には5％獲得して議席を獲得し，1995年には欧州議会選挙で17.2％獲得した。そして1998年の総選挙では，スウェーデンの緑の党は，4.5％獲得して社会民主党との連立政権に参加した。

ノルウェーでは1970-80年代にいくつかの環境リストが組織化され，そのなかには「緑の党」あるいは「環境リスト」と名乗ったものもあった。1987年に，学者グループがローカルのレベルで「緑の党」という名称でいくつかのリストを作成し，議席を獲得した。このローカルなレベルでの成功に刺激されて，1988年に全国的な規模の緑の党が結成された。その名称は，「環境政党・緑の党」(Milioepartiet De Groenne) である。1991年の地方選挙では多くの地方議会に進出したが，国政レベルでは議席を獲得するに至っていない。

またフィンランドの緑の党は，1983年に最初に選挙に参加し，2議席獲得した。1984年と1988年の地方議会選挙では，フィンランドの緑の党は大都市で議席を獲得し，1992年の地方議会選挙でも躍進した。フィンランドの緑の党の地方議会議員の55％は女性である。1999年の欧州議会選挙では，議席を2倍にし，2000年には初めて独自の大統領候補を立てた。1995年には「虹の連立」が形成され，社会民主党と保守党のほか，フィンランドの緑の党を含めた3つの小政党が加わる連立政権が誕生した[7]。連立政権は原発問題については明らかな立場をとっていなかったが，2002年にフィンランド議会が新たな原発の建設についての決定をおこなったことに対して緑の党が反対したために，緑の党は連立から離脱することになった。フィンランドの緑の党は，2003年の選挙では新たに3議席獲得し，14議席とした。デンマークの緑の党 (De Grønne) は，1983年に結成され，1987年，1988年，1990年の国民議会選挙に候補者を立てたが，2％条項を突破することができず，議席を獲得できなかった。

他方，ベネルクス諸国の緑の党に目を向けると，ベルギーは西欧諸国のなかで最初に緑の党が国民議会に進出した国である。ベルギーには，フランドル語圏の GROEN （以前の AGALEV）とワロン語圏の ECOLO という2つの「緑の党」がある。GROEN は1979年の欧州議会選挙では2.3％獲得し，1981年の国民議会選挙では3.4％の得票率で2議席した。さらに1984年の欧州議会選挙で

は7.1％の得票率を得ている。GROEN の政党としての指導的な原理は，民主主義，エコロジー，社会的公正，平和主義であり，その意味では言葉の狭い意味での「環境政党」ではないという立場をとっている[8]。他方，ECOLO は1980年に設立され，1981年の国民議会選挙で5％の得票率で5議席獲得した。1989年の欧州議会選挙では16.7％，1999年の欧州議会選挙では22.7％の得票率を得た。1999年の国民議会選挙では，ECOLO はブリュッセル地域では第2の政党（18.3％）に，そしてワロン地域では第3の政党（18.2％）になった。

ルクセンブルクの緑の党である DÉI GRÉNG は，結成以来，第4の政治勢力となっている。1984年の下院議員選挙では5.8％の得票率で2議席獲得し，同年の同州議会選挙では6.1％の得票率であったものの，議席は獲得しなかった[9]。しかし，1985年のルクセンブルクの緑の党は分裂するが，1995年には再び統合した。2004年の国民議会選挙では，得票率を2.5％伸ばし，それまでの5議席から7議席とした。

ベルギーやルクセンブルクの緑の党と比較して，オランダの緑の党の歴史はより複雑である[10]。オランダの緑の党である De Groenen が結成されたのは，1983年である。1984年まで，新しい社会運動の政治的争点に関しては急進党（PPR）と平和主義社会党（PSP）が主張していた。新しい社会運動の活動家たちのあいだには，これらの2つの政党への強い支持があったために，他の西欧諸国のように「オルタナティヴ・リスト」や緑の党は形成されなかった。しかし，1984年にオランダでの欧州議会選挙法が新しくなると，欧州議会で議席を獲得するのに必要な4％条項ができ，PPR，PSP，CPN（共産党），EVP（キリスト教左派政党）が連合して「緑の進歩連合」（GPA）を結成した。しかし，オランダの緑の党である De Groenen は，この連合に参加しなかった。したがって，オランダの緑の党は，ローカルなレベルでは若干の議席をもっているものの，全国レベルでの議席は獲得していない。この背景にはオランダでは労働党が新しい政治の争点を取り入れたことがある。

さて，オーストリアの緑の党についてみると，1982年に2つの緑の党が結成された。1つはオルタナティヴ・リスト（ALÖ）で，もう1つは「緑の連合」

（VGÖ）である。これらの2つの政党は，社会問題や環境問題に焦点を合わせた市民運動の支持を受けることができた一方，イデオロギーや政策では対立的な面をもっていた。「緑の連合」は右翼政党で，1983年の選挙では「ファシスト」候補を立てたということで問題となった政党であり，他方，オルタナティヴ・リストはドイツの緑の党に近い政党であった。それでも1986年の総選挙では連合して4.8％の得票率を得て，8議席獲得した。1999年の総選挙では，7.4％の得票率で14議席獲得した[11]。2001年の20回党大会でオーストリアの緑の党は，エコロジー，連帯，自律性，草の根民主主義，非暴力，フェミニズムという6つの原理を含む新しい綱領を採択した。

　他方，スイスの緑の党については，地方レベルで最初に緑の党が結成されたのは1970年代であり，1983年には地方レベルにとどまっていた緑の党の大部分が全国レベルで「スイスの緑の党」（GPS）を結成した。そして同年4月には，左派が「スイス緑・オルナタティヴ政党」（GAS）を結成し，2つの政党は1983年の選挙では独自の候補者を立てた。1987年の選挙ではそれぞれ，GPSが4.8％，GASが3.5％の得票率を得た。1999年の総選挙では，5％の得票率で9議席獲得した。2003年の総選挙で緑の党は，得票率では20年の歴史のなかで最高の7.4％を得て，5議席獲得したが，チューリッヒ州だけでもそのうちの2議席獲得した[12]。

　南欧諸国についてみると，これまで緑の党は弱い存在であったといえる。ギリシアの緑の党は，1989年に最初に議席を獲得した後，内部崩壊し，2002年に新たに出発し，2004年の欧州議会選挙では4万票を獲得した。ポルトガルの緑の党は1982年，スペインの緑の党は1984年にそれぞれ設立されたが，それらが共産党のフロントと見なされたために，その独立的な地位には疑問が存在した[13]。スペインの緑の党は，2000年の国民議会選挙で2議席獲得した一方で，地域的な分裂状況が存在するために全国的なレベルでの政党に発展しうるかどうかについては今後の課題となっている。

　ところで，現在，EUが東欧に拡大した結果，新たにEUに加盟した東欧諸国においても，緑の党が活動し始めている。ロシア東欧諸国では，1980年代に

表2 緑の党の選挙結果と議席割合 (1978-2000年)

オーストリア						
選挙年	1983	1986	1990	1994	1995	1999
選挙結果 (%)	3.2	4.8	6.8	7.3	4.8	7.4
国民議会における緑の党の議席数	0	8	10	13	9	14
国民議会における総議席数	—	183	183	183	183	183
ベルギー						
選挙年	1978	1981	1985	1987	1991	1995
選挙結果 (%)	0.8	4.5	6.2	7.1	10.0	8.4
国民議会における緑の党の議席数	0	4	9	9	17	11
国民議会における総議席数	—	212	212	212	212	150
フィンランド						
選挙年	1979	1983	1987	1991	1995	1999
選挙結果 (%)	0.1	1.4	4.0	6.8	6.5	7.3
国民議会における緑の党の議席数	0	2		10	9	11
国民議会における総議席数	—	200	200	200	200	200
フランス						
選挙年	1978	1981	1986	1988	1993	1997
選挙結果 (%)	2.1	1.1	1.2	0.4	10.4	6.3
国民議会における緑の党の割合	0	0	0	0	0	7
国民議会における総議席数	—	—	—	—	—	577
ドイツ						
選挙年	1980	1983	1987	1990	1994	1998
選挙結果 (%)	1.5	5.6	8.3	5.1	7.3	6.7
国民議会における緑の党の割合	0	28	44	8	49	47
国民議会における総議席数	—	520	519	662	672	669
ギリシア						
選挙年		1989	1990			
選挙結果 (%)		0.6	0.8			
国民議会における緑の党の割合		1	1			
国民議会における総議席数		300	300			
イタリア						
選挙年		1987	1992	1994	1996	(2001)
選挙結果 (%)		2.5	2.8	2.7	2.5	(2.2)
国民議会における緑の党の割合		13	16	11	21	(17)
国民議会における総議席数		630	630	630	630	(630)
アイルランド						
選挙年		1987	1989	1992	1997	
選挙結果 (%)		0.4	1.5	1.4	2.8	
国民議会における緑の党の割合		0	1	1	2	
国民議会における総議席数		—	166	166	166	
オランダ (1)						
選挙年		1989	1994	1998		

選挙結果（%）		4.1	3.5	7.3		
国民議会における緑の党の割合		6	5	11		
国民議会における総議席数		150	150	150		
スウェーデン						
選挙年	1982	1985	1988	1991	1994	1998
選挙結果（%）	1.7	1.5	5.5	3.4	5.0	4.5
国民議会における緑の党の割合	0	0	20	0	18	16
国民議会における総議席数	－	－	349	－	349	349
スイス						
選挙年		1983	1987	1991	1995	1999
選挙結果（%）		6.4	7.7	7.4	6.5	5.0
国民議会における緑の党の割合		6	11	15	8	9
国民議会における総議席数		200	200	200	200	200

出所：F. Müller-Rommel and T.Poguntke (eds.), *Green Parties*, pp.15-16.

は共産主義体制下で環境保護運動が重要な位置を占めつつあったにもかかわらず，ポスト共産主義時代には緑の党はそれほど大きな勢力とはならなかった。ロシアの緑の党は，1995年には1.39%の得票率を得るという一時的なうねりがあり，ウクライナでも1998年に緑の党が150万票獲得したが，その存在感を示すことはできなかった。けれども，国民のあいだに環境問題が再認識され，さらに地域的な運動に支えられ，政党としての支持基盤が確立するようになれば，政治勢力としても大きな影響力をもつ可能性がある[14]。

このように，ヨーロッパ諸国の緑の党は，EUの拡大にともなって西欧，南欧，東欧へとその政治的勢力を拡大している。欧州議会選挙は基本的には各国の選挙制度にもとづいておこなわれている。欧州議会にはすでにいくつかのクロスナショナルな会派が存在し，そのなかで緑の党の会派も形成されている。1984年には「レインボーグループ」が形成され，それを構成していた最大のサブグループが「緑・オルタナティヴ欧州連合」（GRAEL）であった。GRAELは，「グローバルに考え，ローカルに行動する」というよく知られたスローガンを掲げ，環境汚染や軍拡競争といったトランスナショナルな問題に反対する立場を表明していた。

2．「欧州緑の党」の形成——緑の党のリージョナル化——

　すでに触れたように，EU諸国の緑の党のあいだでも，ヨーロッパのレベルでの緑の党の連合組織の必要性が認識されていた。1984年に，ベルギー，オランダ，ルクセンブルク，イギリス，フランス，ドイツ，スウェーデン，スイス各国の緑の党は，「欧州緑の党連絡会」(European Coordination of Green Parties) を設立していた。しかし冷戦終結後，緑の党は新しい共同組織の設立の必要性を認識し，1993年にフィンランドのヘルシンキで「欧州緑の党連絡会」に代わって「欧州緑の党連合」(European Federation of Green Parties = EFGP) を設立したのである。「欧州緑の党連合」は，現在，ヨーロッパの30カ国，33の緑の党によって構成されている[15]。

　西欧諸国の緑の党のほとんどは，1980年代以降に国民的な支持を得て成長してきたが，ポスト共産主義時代の旧ソ連・中東欧諸国の緑の党が成立したのは，近年になってからである。旧ソ連および中東欧諸国のなかで「欧州緑の党連合」に参加しているのは，チェコ，スロバキア，ハンガリー，ブルガリア，ルーマニア，エストニア，ラトビア，ウクライナ，グルジア，そしてロシアの緑の党である。これらの諸国の緑の党は，西欧諸国の緑の党とは異なって，広範な国民的な支持も影響力も獲得していない。しかしグルジアの緑の党は例外で，与党「グルジア市民同盟」との連合に参加して環境副大臣を出し，環境政策の面で影響力を発揮している。このように旧ソ連・中東欧諸国の緑の党も参加している「欧州緑の党連合」は，連合加盟の各国緑の党のあいだの意思疎通を図り，ヨーロッパ全体のエコロジー的・社会的改革をめざしている。

　さらに2004年2月に，「欧州緑の党連合」はローマで開催された第4回大会で，新たに「欧州緑の党」(European Green Party = EGP) を設立した。「欧州緑の党」は，「欧州緑の党連合」が各国の緑の党の連合体であるのとは対照的に，最初のヨーロッパ全体の政党組織である。これによって新しい組織は，「欧州緑の党／欧州緑の党連合」(European Green Party / European Federation of Green Parties）となった[16]。「欧州緑の党」の意思決定機関は，連合の執行機関である委員会（9名で構成される），加盟政党の代議員で構成される代議員会（各国緑の党から1～3名），そして3年に1度開催され連合の政策を採択する党大会であり，事務局はブリュッセルに置かれている。このようにヨーロッパというリージョナルなレベルでクロスナショナルな単一の緑の党が成立したことで，ヨーロッパの政治状況に大きな変化をもたらす可能性があるといわれている。

「欧州緑の党連合」は，2003年にルクセンブルクで開催された16回協議会で規約を採択し[17]，2004年の第4回大会で「指導原理」（guiding principles）とされるEFGPの政治綱領を正式に採択した[18]。欧州緑の党の党規約は，24条から成り，第1条で「欧州緑の党」あるいは連合を国際的非営利組織としている。第2条で，連合は，EU諸国あるいは非EU諸国からの参加が可能であるような弾力的な構造をもつものとされ，党大会で策定された共通の政策を実施するために加盟政党間の緊密で永続的な協力関係を確保するものとされている。党規約はまた，11条で党大会（Congress），12条で代議員会（Council），13条で委員会（Committee）に関して規定している。

党大会は代議員会の拡大会合という面をもち，3年ごとに開催される。党大会は，連合加盟のすべての党の代議員，および連合のメンバーである緑の党の欧州議会議員である代議員から構成される。代議員会は連合加盟の各政党の代議員によって構成されるが，加盟政党は最低限1名の代議員をもち，2000人以上の党員をもつか，最新の国政選挙あるいは欧州議会選挙で20万票以上獲得した政党は2名の代議員をもつ。また2万人以上の党員をもち，最新の国政選挙あるいは欧州議会選挙で200万票以上獲得した政党は，3人目の追加票をもつことができる。委員会は9名から成り，スポークスパーソンは男女1名ずつ，事務総長1名，会計係1名，そして委員会メンバー5名である。委員会は，連合の恒久的な政治的代表，代議員会の決定の執行，事務局活動に責任をもち，代議委員会の決定と連合の政治綱領にもとづいて連合の政治的な声明書を作成する権限をもつ。委員会のメンバーは3年ごとに代議委員会で選出され，3選は禁止となっている。

このように党規約が党組織に関する規定であるのに対して，党の政策的な面については政治綱領である「指導原理」に規定されている。「指導原理」の大きな柱としては，前文，Ⅰ「持続可能な開発」，Ⅱ「共通の安全保障」，Ⅲ「新しい市民権」となっている。さらにⅠ「持続可能な開発」については，1序，2グローバル経済，3ヨーロッパ経済，4経済のグリーン化，5経済部門の転換，6欧州連合の拡大，またⅡ「共通の安全保障」については，1平和は分割できない，2平和は組織化されるべきである，3新しい欧州安全保障システム，4軍縮，5民主的な権利の保障，6平和構築における市民社会の役割，7国連改革，そしてⅢ「新しい市民権」については，1序，2人権，3民主主義的権利，という構成になっている。その「指導原理」の前文には以下のように書かれている。

「過去の世紀のいわゆる進歩は，われわれの地球での生活基盤を深刻な脅威にさらすような状況に置いた。技術的発展がしばらくのあいだ環境破壊を遅らせるかもしれないが，現在支配的な物質的成長というイデオロギーの根本的な変革なしには，文明のエコロジー的・社会的な崩壊を防ぐことはできない。…ヨーロッパの緑の運動は，新しい段階に到達した。過去数十年間，緑の党が取り組んできた多くの問題は市民の日常生活の言葉，メディア，そしてヨーロッパ全体の政党に浸透していった。緑の党は，現在，ローカル，ナショナル，ヨーロッパのレベルで政策決定に影響を与えることが可能になっている。このことは，大陸のさまざまな地域の緑の党のあいだで，とりわけ西欧と東欧の緑の党のさまざまな伝統のあいだで，目標，解決方法，アプローチを新たなレベルで調整することを必要としている。」[19]

つぎに，Ⅰ「持続可能な開発」では，「緑の党の政策が持続可能な利用にもとづき，無制限な消費にはもとづかない」とし，「少数の人びとの欲望を満たすのではなく，万人のニーズを満たすものとして，競争ではなく共同を支持する」としている。そしてグリーン経済の目標は，エコロジカルな持続可能性，公平，社会正義，自己信頼であり，これらの目標に到達するためにはリージョナル経済とローカル経済の強化が必要であるとする。さらに，こうしたリージ

ョナル経済とローカル経済の強化だけでなく，権力と資源の公正な配分が人間の基本的な欲求を充足するために必要であり，すべての市民が個人的・社会的発展のための十分な機会をもつことを保証するとしている。このように「欧州緑の党」が問題にしているのは，持続可能な開発の実現がヨーロッパ地域のグリーン経済と，権力および資源の公正な配分を必要としているという点である。

またグローバル経済に関しては，「欧州緑の党」は，「ヨーロッパも特定の責任を負っている地球的な連帯にもとづくエコロジカルな世界経済」を提起し，グローバル経済の管理に関しては，そのための前提条件として必要なことはエコロジカルな資源の多様性の保護と，大気，海洋，飲料水，熱帯林や温帯林といったグローバル・コモンズの保護であるとしている。また経済部門の転換による経済のグリーン化に関しては，エネルギー節約，再生エネルギー，再利用，リサイクル，公共輸送，農業，林業，自然保護，研究開発などの領域で環境にやさしい新しい活動を進めることであるとしている。

さらにⅡ「共通の安全保障」では，安全保障に関しては，軍事的な観点から定義することはできないとして，「欧州緑の党」は，社会的・経済的・エコロジー的・心理的・文化的な側面を考慮に入れた安全保障の概念から出発するとしている。これは「人間の安全保障」という観点であり，ここから軍事的な紛争の回避，戦争原因の除去，平和的な紛争解決に取り組むとしている。このように，「平和は分割できない」と「平和は組織化されるべきである」という認識にたって，環境の問題と平和の問題を戦略的にリンクさせようとしている。また軍縮については，緑のヨーロッパでは核兵器の役割が存在しないとし，ヨーロッパが軍事的技術，核技術，その他の抑圧的な技術を非ヨーロッパ諸国に輸出しないことを強調している。

そのほか，多国間の人権条約が国内法に適用され，民主主義や人権に関する国家を超えた法的レジームに従うこと，平和構築におけるNGOに代表される市民社会の役割，そして国連の改革を取り上げている。最後にⅢ「新しい市民権」については，環境との関連で興味深いのは，「何人も環境破壊に直面した

表3 欧州議会における各国緑の党の得票率と議席数

国／政党	1979 %	1979 議席数	1984 %	1984 議席数	1989 %	1989 議席数	1994 %	1994 議席数	1999 %	1999 議席数	2004 %	2004 議席数
オーストリア／Die Grünen							1**		9.3	2	12.9	2
ベルギー／Agalev	2.0	0	4.3	1	7.6	1	6.6	1	12.3	2	7.99	1
ベルギー／Ecolo	1.4	0	3.9	1	6.3	2	4.9	1	22.7	3	9.84	1
キプロス／Cyprus GP											0.9	0
チェコ／Strana Zelenych											3.16	0
デンマーク／De Gronne					18.9*	0	10.3*	0		0	0	0
エストニア／Estonian GP											2.3	0
フィンランド／Vihreä Liitto							1**		13.4	2	10.4	1
フランス／Les Verts	4.4	0	3.4	0	10.6	9	3	0	9.8	9	8.4	6
ドイツ／B-90/Grün.	3.2	0	8.2	7	8.4	8	10.1	12	6.4	7	11.9	13
ギリシア／Ecologist Greens					1.1	0	0.3	0		0	0.7	0
ハンガリー／Zöld Demokratak											−	0
アイルランド／Comhaont. Gl.			0.5	0	3.7	0	7.9	2	6.7	2	4.3	0
イタリア／Fed. D. Verdi					3.8	3	3.2	3	1.8	2	2.5	2
ラトビア／Latvijas Zala											4.26**	0
ルクセンブルク／Dèi Grèng	1.0	0	6.1	0	10.4	0	10.9	1	10.7	1	15.02	1
マルタ／Alternatt. Dem.											9.33	0
オランダ／De Groenen			1.3	0			2.4	0		0		0
オランダ／GroenLinks			5.6	2	7.0	2	3.8	1	11.9	4	7.4	2
ポルトガル／Os Verdes					14.9*	1	11.2*	0		0	9.1**	0
スロバキア／Strana Zelenych											16.9**	0
スペイン／Los Verdes			0.6	0	1.1	0		0	1.4	0	1.7	1

スウェーデン/ Milj.d.Gröna							1**	9.5	2	5.9	1
イギリス/ The Green Party	0.1	0	0.1	0	14.9	0	3.2	0	5.5	2	6.06	2
イギリス/ Scottish GP									5.8	0	6.65	0
Total		0		11		26		21		36		33

出所：www.europeangreens.org　　　　　　　　　　　　＊ 連合　　＊＊ 1995年に任命。

場合には市民的不服従の権利を有する」という規定である。また民主主義的な権利に関しては，ローカル，リージョナル，ナショナル，そして国際的なレベルでの選挙において比例代表制が実施されるべきであると規定している。小選挙区制の国では議員を当選させることが困難であるということから，このように「欧州緑の党」は比例代表制を主張している。そして「新しい市民権」の最後のところでは，少数者の権利の尊重を規定している。

「欧州緑の党」と欧州議会との関連についてみると，1994-1999年のあいだに誕生した27人の欧州議会議員が緑の党グループを形成しているが，この緑の党グループと「欧州緑の党連合」はきわめて近い関係にある。というのは，「欧州緑の党連合」の規約の第6条で，以下のように規定されているからである。

「欧州議会の緑の党のグループのメンバーは，それらが連合の加盟政党に所属しているかぎにおいて，自動的に連合の個々のメンバーの資格ももつものとみなされるからである。個々の緑の党の欧州議会の議員は，規則に従って，連合へ寄付を行うことができる。連合のメンバーではない政党に所属する欧州議会の緑の党のメンバーは，代議委員会によって追認される委員会の全会一致でそのメンバー資格を認められた場合には，連合のメンバーになることができる。」[20]

この「規約」の第6条の規定では，欧州議会のメンバーと連合加盟の政党のメンバーはほぼ一致しているか，あるいは連合に所属しない欧州議会議員であっても，連合の委員会で承認された場合には，連合のメンバーすなわち欧州緑の党のメンバーになることができるのである。このようにヨーロッパレベルでは，欧州緑の党はEUという政治的枠組を超えた存在としての一体化した政治

活動を展開しつつある。

3．グローバル・グリーンズ——緑の党のグローバル化——

2001年4月に，オーストラリアのキャンベラでグローバル・グリーンズの会議が開かれた。この会議には，世界の70カ国から800名の参加者があり，20カ国以上の緑の党のメンバーが参加した。そこでグローバル・グリーンズ連絡会（GGC）が設立されると同時に，グローバル・グリーンズ・ネットワーク（GGN）が創立された。この会議ではまた，グローバル・グリーンズ憲章が採択され，グローバル・グリーンズの諸原則と活動方針が規定された[21]。

グローバル・グリーンズは，緑の党や政治運動のインターナショナルなネットワークであり，インターネットを利用したウェブサイトが世界中の緑の党やその地域連合体のあいだのコミュニケーションを深める役割を果たしている。緑の連合体は，ヨーロッパのみならず，アジア太平洋，アフリカ，アメリカと4つの連合によって構成されている。すなわち緑の連合体は，33の緑の党が加盟する「欧州緑の党連合」，14の緑の党が参加する「アジア太平洋緑のネットワーク」（オーストラリア，日本，モンゴル，ニューカレドニア，ニュージーランド，ネパール，パプア・ニューギニア，パキスタン，ポリネシア，韓国，スリランカ，台湾，バヌアツ），15の緑の党が加盟する「アフリカ緑の党連合」（ベニン，ブルキナファソ，カメルーン，ギニア，ギニアビサウ，コートジボワール，ケニア，マリ，モーリシャス，モロッコ，ニジェール，ナイジェリア，セネガル，ソマリア，南アフリカ），そして10の緑の党が加盟する「アメリカ緑の党連合」（ブラジル，カナダ，チリ，コロンビア，ドミニカ，メキシコ，ニカラグア，ペルー，アメリカ，ウルグアイ）から構成される[22]。

これらの緑の地域連合がグローバル・グリーンズの緑の連合を構成し，世界の緑の党のあいだでグローバル・グリーンズ憲章を促進するためのネットワークを形成している。

ところで，正式のGGNの歴史は1990年代にさかのぼる。1990年と1992年の

期間に，世界中から集まった緑の党の人々が第1回の世界的な緑の会合を1992年のリオでの地球サミットに合わせて開催することを計画していた。その指導的な役割を果たした組織が，欧州議会の緑の党グループとホスト国ブラジルの緑の党であり，同時に「欧州緑の党連絡会」，メキシコ緑の党，そしてアメリカ緑の党の国際作業グループも重要な役割を担っていた。リオの会合では，各大陸の2名から構成されるグローバル・グリーンズ運営委員会（Global Green Steering Committee）が設立された。1993年に，グローバル・グリーンズ運営委員会はメキシコシティで会合を開き，グローバル・グリーンズ行程表，グローバル・グリーンズ・ニューズレター，グローバル・グリーンズ・ディレクトリーを含むGGNを設立することを正式に承認した[23]。

グローバル・グリーンズ行程表は，カリフォルニアの緑の党のM・フェインステインによってまとめられたもので，グローバル・グリーンズの正式の設立に至るスケジュールを示したものである。グローバル・グリーンズ・ニューズレターは，同じくカリフォルニアの緑の党のK・スミスが取りまとめたもので，世界的なレベルでの初めての緑の党に関連するニュースの正式の交換の場となった。これは2年間続いた。グローバル・グリーンズ・ディレクトリーは，欧州議会の緑の党グループのメンバーであるF・ラバとM・フェインステインによって作成されたもので，第1版は，1994年のグローバル・グリーンズ運営委員会で配布されるように作成された。

1999年に，GGNの「第2波」が始まり，それが最終的に2年後のオーストラリアのキャンベラでのGGNの設立に導いた。1999年6月に，アメリカのコネチカット州でアメリカ緑の党の全国大会が開催されたが，そのときに国際緑の党のインフォーマルな会合が開かれた。そのときに，アメリカ緑の党国際委員会の共同司会者であったJ・ローゼンブリンクがグローバル・グリーンズのネットワーク化の必要性を訴え，いまこそ国別の緑の党のグローバルなネットワークを形成するときであると主張した。この会合にはメキシコの緑の党のメンバーも参加しており，そして1999年9月にメキシコのオアハカで開催された「グリーン・ミレニアム」に集まった人々のあいだでも同意された。ここで

は，J・ローゼンブリンク，M・フェインステイン，K・スミスたちが,「グローバル・グリーンズ・ネットワーク」の設立を求める宣言の草稿を作成した。

このメキシコのオアハカでの「グリーン・ミレニアム」には，オーストラリアの緑の党のメンバーであったC・ミルンが参加しており，この設立への動きがあまりに速いテンポで進んでいることを表明し，GGNの構成メンバーの基準を確立するためにはグローバル・グリーンズ憲章が最初に承認されるべきであると主張した。1999年の時点では，憲章はまだ草稿段階にあり，承認されるのは2001年になってからであった。こうしてGGN設立の表舞台がメキシコのオアハカからオーストラリアのキャンベラにシフトするに従い，ヨーロッパ，アフリカ，アメリカ，そしてオーストラリアの代表者から構成されるグローバル・グリーンズの準拠集団の役割が大きくなっていった。

こうして2001年4月に，オーストラリアのキャンベラで開催された会議で，GGCとGGNの設立決議が採択され[24]，両組織が正式に設立されるとともに，グローバル・グリーンズ憲章も採択された。設立決議は，グローバル・グリーンズの組織について規定されたものであり，以下の8項目から構成されている。

1. 世界の緑の政党はキャンベラにおいて直ちに，グローバル・グリーンズ連絡会と広いグローバル・グリーンズ・ネットワークの設立を検討し始めた。
2. グローバル・グリーンズ連絡会の目的は，メンバー間のコミュニケーションと行動を促進し，それに焦点を合わせることになり，それによって，世界のすべての緑の政党は，持続的な基盤のもとで，グローバルな利害をもつ争点について緑の政党がもつ課題や提案に関する知識を共有する。
3. グローバル・グリーンズ連絡会は，おもにe-メイルを利用して，設立され，それは最初に，2001年のグローバル・グリーンズのレファレンス・グループであろう。グローバル・グリーンズ連絡会は，各連合から選出される3名の代表者によって構成される。

4．グローバル・グリーンズ連絡会のすべての決定と，グローバル・グリーンズのすべての地位は，グローバル・グリーンズ連絡会のメンバーによって全会一致で承認されなければならない。
 5．グローバル・グリーンズ連絡会の主要な目的は，世界的な規模で政党に提起されるべきである実行できるグローバル行動を明らかにすることである。
 6．グローバル・グリーンズ連絡会のもう1つの目的は，直接的に関連する連合と協力して，すべての緑の党や運動が電子コミュニケーションへ包括的にアクセスできるようにグローバル・グリーンズ・ネットワークを促進することに直ちに取り組むことである。
 7．グローバル・グリーンズ・ネットワークは，直接的に関連する連合と協力して連携をもつ緑の政党や運動からの2～3名の代表者から構成される。グローバル・グリーンズ・ネットワークの目的は，とくに電子メカニズムを利用して，健全な議論を展開することである。
 8．グローバル・グリーンは2006年までに再び会議を開催することに同意する。

　このキャンベラでの大会では，同時にグローバル・グリーンズ憲章が採択された。憲章は，前文，諸原則，政治的行動の3つから成り，「グローバル・グリーンズは緑の政党と政治運動の国際的ネットワークである」というタイトルになっている。まず序文には，以下のように書かれている。
　「私たちは，地球市民とグローバル・グリーンズのメンバーとして，この地球の生命力，多様性，美しさに依存していることを意識し，そしてそれらを損なうことなく，もしくは改善して，次世代へ引き継いでいく責任があるという点で一致した。私たちは，経済成長しなければならないのだというドグマや，地球の許容限界を考慮しない天然資源の過剰利用または浪費に基づく，人間による生産および消費にみる支配的傾向が，環境を悪化させ，多数の生物種を絶滅させていることを理解する。

私たちは，不公正，人種差別，貧困，無知，腐敗，犯罪や暴力，武力紛争，および短期間での最大限の利潤追求が，広範囲で人類の苦しみを引き起こしていることを認識する。
　先進諸国が自己の経済的・政治的目標の追求を通じて，環境破壊と人間の尊厳の剥奪をもたらしてきたことを認める。私たちは，世界中の多くの民族や国民が，何世紀にもわたって植民地化や開発によって国土を不毛にされ，豊かな国民が国土を不毛にされた国民に負わせたエコロジー的な負債を生み出していることを理解する。
　私たちは，豊かさと貧しさとの格差をなくすように働きかけるとともに，あらゆる個人が，社会的・経済的・政治的および文化的生活のすべての面にわたり，平等な権利に基づく市民権を構築する。男女間の平等なくして，いかなる真の民主主義にも到達することは不可能である。私たちは，人間の尊厳と文化遺産のもつ価値に配慮する。私たちは，先住民の権利およびその共有財産に対する彼らの貢献，さらにすべての少数民族および被抑圧民族の文化，宗教，経済的・文化的生活に関する権利を認める。
　私たちは，栄養のある食物，快適な居住空間，健康，教育，公正な労働，言論の自由，クリーンな空気，飲料水，そして損なわれない自然環境，といった人権の保障を確実なものにするためには，競争よりも協同がその前提条件になると確信する。……」[25]
　そしてこの前文では，持続可能性という包括的概念を促進することを決議し，世界中の緑の党や緑の運動として，諸原則の実践とそれに向けたグローバルな協力体制を構築することを宣言している。諸原則として挙げているのは，エコロジーの知識，社会正義，参加民主主義，非暴力，持続可能性，多様性の尊重である。また政治的な行動としては，1民主主義，2公正，3気候変動とエネルギー，4生物多様性，5持続可能性の諸原則に基づく経済的グローバル化の抑制，6人権，7食料と水，8維持可能な計画，9平和と安全保障，10グローバルに行動すること，これらが規定されている。
　とりわけ，9平和と安全保障については，「紛争管理と平和維持のための地

球規模組織としての国連の役割の強化を支持する」としている一方,「予防策がなく,構造的で大規模な人権侵害や大量虐殺がおこなわれている状況下では,武力行使は,さらなる人権侵害を防ぐための唯一の手段である場合にのみ,国連の権限の下で実施されるという条件で正当化されることもあり得る」としている。グローバル・グリーンズ憲章はこのように環境問題と平和・安全保障問題をリンクさせ,それに向けたグローバルな行動を提唱している。

こうしてグローバル・グリーンズ憲章は,世界中の緑の党の協同を促進し,参加政党が協議し啓発し合い,それぞれが緑の勢力のグローバルな立場に平等に影響を与える権限をもつことを主張する。またグローバル・グリーンズは,コミュニティ組織や市民社会組織との連携強化を謳い,地球環境,社会権・人権,民主主義の尊重が世界中の経済組織に浸透すべきであるという考え方も提唱している。

ところで,2001年のキャンベラでの会議開催後,ドイツのベルリンでグローバル・グリーンの会議が開催された。これは2002年にベルリンで開催された欧州緑の党連合の大会後に,GGCとGGNのメンバーがドイツの90年連合／緑の党の本部で開いたものである。ここでは「GGNの前文と目的宣言」が承認された。このなかでは,GGNが緑の党と運動のあいだの世界的規模での効果的なコミュニケーションの手段として設立されるとして,GGNの課題として以下の3項目が挙げられている。

1. 政党間の協同関係を強化するうえで緑の党の連合体とともに活動すること。
2. グローバル・グリーンズ憲章を促進し,既存のメンバー政党や新しいメンバー政党のなかで理解を深めること。
3. 活動面ではGGCと協同して,しかも建設的な精神のもとで行うこと。

このようにグローバル・グリーンズは,GGNやGGCといった国際的なネットワーク組織を作り上げながら,しかもアフリカ,アメリカ,アジア太平洋,アメリカといった緑の党の連合と協同関係をもちながら,グローバルな領

域で活動を進めている。いまだ緩やかな連合体とはいえ，緑の政党のグローバル化といってよいものであろう。

おわりに

　1970年以降，新しい社会運動の流れのなかで環境保護運動が形成され，それがドイツの緑の党のように政党組織へと発展し，連合政権に参加していったものもある。ヨーロッパの緑の党の議会外活動の期間はかなり異なっている。フランスとスウェーデンの緑の党は，6年間の議会外活動の経験をもち，次いでルクセンブルクの5年，オーストリア，ベルギー，ドイツの3年，アイルランドの2年となっている。またスイス，ギリシア，オランダ，フィンランドの緑の党は，国政選挙に参加した最初の年に議席を獲得した[26]。

　国民議会での緑の党の議席保有期間に関しては，パターンはやや異なっている。ミュラーロンメルの研究によると，1978-2000年の期間，ベルギーの緑の党がもっとも長い議席保有期間をもち（19年），次いでフィンランド，スイス，ドイツ（17年），ルクセンブルク（16年），オーストリア（14年），イタリア（13年），オランダとアイルランド（11年），スウェーデン（9年），ギリシア（4年），フランス（3年）となっている[27]。さらに緑の党の政権参加という点では，フィンランドの緑の党は1995年，イタリアの緑の党は1996年，フランスの緑の党は1997年，ドイツの緑の党は1998年，そしてベルギーの緑の党は1999年であった。このように西欧諸国の緑の党はその政治的影響力の点では，政策決定にも大きな影響力を及ぼしてきた。

　そして2004年には，ロシア・東欧諸国も含めたヨーロッパ全体で，単一の「欧州緑の党」がスタートした。こうした緑の政治のリージョナル化は，ヨーロッパだけでなく，アフリカ，アジア太平洋，アメリカにも拡大しつつある。それぞれの地域では，緑の党の連合が形成されている。こうした連合組織に支えられて2001年に，オーストラリアのキャンベラでグローバル・グリーンズが成立され，緑の党あるいは緑の政治のグローバル化はその勢いを増しつつあ

る。環境政治には，環境ガバナンスと環境運動という2つの側面があるが，環境ガバナンスのレベルではヨーロッパなどリージョナルな枠組，そしてグローバルな環境ガバナンスの枠組はすでに形成されている。その反面，環境政治の運動的な側面のリージョナル化とグローバル化は今後さらに発展することが期待される。

1）新しい政治と緑の党に関しては，星野智『現代国家と世界システム』（同文舘，1992年）の第9章「新しい政治とシステムへの挑戦」を参照されたい。
2）R・イングルハート『静かなる革命』三宅一郎他訳，東洋経済新報社，1978年参照。
3）J・マコーミック『地球環境運動全史』石弘之・山口裕司訳，岩波書店，1998年，193頁以下参照。
4）B.Doherty, *Ideas and Actions in the Green Movement*, Routledge, 2002, p.101. 90年連合／緑の党の結成当時のメンバー数は，緑の党が37000人，90年連合が3000人であった。これについては，D.Rechardson and C.Rootes (eds.), *The Green Challenge*, Routledge, 1995, p.38. を参照。
5）Ibid., p.108.
6）現在のフランスの緑の党の歴史及び政策に関しては，http://www.ruopeangreens.org/peopleandparties/members/france.html を参照。
7）F.Müller-Rommel and T.Poguntke (eds.), Green Parties, Frank Cass, 2002, p.18.
8）ベルギーの Groen (Agalev) と Ecolo に関しては，F.Müller-Rommel and T.Poguntke (eds.), *Green Parties*, pp.112-132 および F.Müller-Rommel (ed.), *New Politics in Western Europe*, Westview Press, 1989. pp.39-53を参照。
9）ルクセンブルクの緑の党に関しては，Francis Jacobs (ed.), Western European Political Parties, A Comprehensive Guide, Longman, 1989 および http://www.europeangreens.org/peopleandparties/menbers/luxembourg.html を参照。
10）F.Müller-Rommel, Unharmonious Family : Green Parties in Western Europe, in : E. Kolinsky (ed.), *The Greens in West Germany*, Oxford, 1989, p.15.
11）オーストリアの緑の党に関しては，http://europeangreens.org/peopleandparties/members/austria.html を参照。
12）スイスの緑の党に関しては，http://europeangreens.org/peopleandparties/members/switzerland.html を参照。
13）B.Doherty (2002), p.91.
14）東欧諸国の緑の党に関しては，G.Jordan, The Greens in Eastern Europe, in : *Labor*

Focus on Eastern Europe, No.61, 1998を参照。

15) 30カ国とは，オーストリア，ベルギー，ブルガリア，キプロス，チェコ，デンマーク，エストニア，フィンランド，フランス，グルジア，ドイツ，ギリシア，ハンガリー，アイルランド，イタリア，ラトビア，ルクセンブルク，マルタ，オランダ，ノルウェー，ポーランド，ポルトガル，ルーマニア，ロシア，スロバキア，スペイン，スウェーデン，スイス，ウクライナ，イギリスである。なお，ベルギー，オランダ，イギリスの3カ国については，2つの緑の党が参加しており，緑の党の合計は33になる。

16)「ヨーロッパ緑の党／ヨーロッパ緑の党連合」(European Green Party/European Federation of Green Parties) に関しては，www.europeangreens.org を参照。

17) "European Federation of Green Parties""The European Greens"STATUTES, www.europeangreens.org を参照。

18) EFGP POLITICAL PROGRAMME also known as GUIDING PRINCIPLE, www.europeangreens.org を参照。

19) GUIDING PRINCIPLE, p.1.

20) "The European Greens"STATUTES, p.6.

21) グローバル・グリーンの歴史に関しては，J・ローゼンブリンクの「グローバル・グリーン・ネットワーク小史」(グローバル・グリーンのホームページ http://www.globalgreens.info/) を参照した。

22) 世界の緑の党の参加に関しては，グローバル・グリーンのホームページ http://www.globalgreens.info/ を参照。

23) すでに触れたように，GGNが実際に設立されるのは2001年，オーストラリアのキャンベラにおいてである。

24) Global Greens Coordination and Network Founding Resolution, Canberra, Australlia, April 16th, 2001 (http://www.globalgreens.info/).

25) The Global Green Charter (http://www.globalgreens.info/).

26) F.Muller-Rommel and T.Poguntke (eds.), Green Parties, p.4.

27) Ibid., p.5.

第 II 部

第II部

第5章
地球環境政策と環境 NGO

はじめに

　1972年にストックホルムで開催された人間環境会議には，400以上の NGO が参加し，NGO 会議が開催され，各国政府代表者の意見を要約した日刊紙である「ECO」が配布された。1992年6月にブラジルのリオデジャネイロで開催された国連環境開発会議（UNCED）には，178カ国の政府の参加をはるかに上回る数の1400以上の NGO が公式の代表者となって参加した[1]。

　その意味では，リオの地球サミットは政府と NGO との関係における分岐点ともなった。地球サミットに参加した NGO は，各国政府にロビー活動を行っただけでなく，独自の NGO フォーラムを開催し，多くの会合を通じて市民社会における主要な環境団体とのあいだに新しい関係を築き上げたからである。

　S・チャーノヴィッツによれば，このように NGO が国際的な政策決定に積極的にかかわるようになった理由については，以下の4つの点が挙げられる。第1に，世界経済の統合とグローバルな諸問題への認識の深まりが国内政策に影響を与えるような政府間交渉を促したことであり，第2に，世界政治における冷戦の終結と超大国の分極化である。第3に，CNN インターナショナルのような世界的な規模のメディアの出現によって NGO が自らの見解を公表することができるようになったこと，そして第4に，民主主義的な規範の拡大が国際組織の透明性についての期待と，それら組織が公的参加を提供する機会についての期待を高めたことである[2]。

　本章では，このように NGO がグローバルに台頭し，環境ガバナンスあるい

は環境レジームにおける重要なアクターとして，その参加の領域を拡大している点を念頭に置きながら，地球環境ガバナンスと地球環境レジームにおける環境 NGO の役割，NGO の環境レジームへの参加についての法制度的な位置づけについて考えてみたい。

1. 地球環境ガバナンスにおける環境 NGO の台頭

　1992年の地球サミット以降の国連会議では，国連の会議への NGO の参加が増加傾向を示し，たとえば1993年の世界人権会議には NGO の代表者は総会での演説に招請された。また NGO は1993年から1994年にかけての砂漠化防止の交渉に参加し，1996年の第2回国連人間居住会議（ハビタットⅡ）では，NGO に対して政府代表団に推薦される機会が与えられた。さらに1996年の気候変動枠組条約の第2回締約国会議では，500の NGO の代表者がオブザーバーとして議論に参加した[3]。

　1993年，国連の経済社会理事会（ECOSOC）は，NGO の協議資格に関する制度の再検討を開始し，1996年には，経済社会理事会決議1996／31を採択し，1968年に作成された NGO 協議制度を改定した。新しい規定では，第1に，国内的，地域的（リージョナル）および下位地域的（サブ・リージョナル）NGO が協議的地位を申請できるようになったこと，第2に，「世界のすべての地域の NGO による公正で，均衡がとれ，効果的かつ純粋な参加を達成するために，できるかぎり，あらゆる地域からの NGO の参加を確保する」という目標，これらが基本原理とされた[4]。

　さて，1992年のリオの地球サミットでは，環境 NGO の協力的で建設的な努力の結果，アジェンダ21に示されているように，政府に対して，環境 NGO が持続可能な開発を進めるうえで多様な経験と専門的な知識を有している点を大いに認識させることができた。そのことがアジェンダ21のなかで，明確に表明されている。アジェンダ21の第27章では，NGO が地球環境ガバナンスにおけるパートナーとして位置づけられている。

「参加民主主義の形成及び実行には，非政府組織が重要な役割を果たす。彼らの信頼性は彼らが社会において果たす責任のある建設的な役割にある。草の根運動と同様に，公式及び非公式の組織はアジェンダ21実行のパートナーとして認識されるべきである。社会の内で果たされている非政府組織の独立した役割は，真の参加を求める性格がある。それゆえ独立性は非政府組織の主たる特性であり，真の参加のための前提条件である。……

アジェンダ21のこれまでの節に述べられた集団を代表する非営利組織を含む非政府組織は，アジェンダ21全体を通じて目指しているように，環境に優しく社会的に責任のある持続的な開発の実行と再検討にとって特に重要な分野における，十分に確立した多様な経験，専門知識及び能力を有している。従って，非政府組織の共同体は，これらの共通の目標を達成するための努力を支持することを可能にし，強化する地球規模のネットワークを提供する。

非政府組織の最大限の貢献が実現することを保証するために，国際機関，中央及び地方政府並びに非政府組織の間で最大限に可能な意思疎通と協力が，アジェンダ21を遂行するよう信託された組織及び設計された事業において推進されるべきである。非政府組織はまた，持続可能な開発の実現における実行者としての有効性を強化するために，非政府組織同士の協力と意思疎通を育む必要がある。」[5]

リオの地球サミット以来，NGOの環境政策形成へのかかわりは，すべてのレベルで急速に発展した。これは，ある意味では，アジェンダ21のなかに政府間組織の役割が義務づけられていたように，NGOとの関係を再構成し，政府間組織の政策計画，意思決定，実施，評価に貢献できる回路を提供したためであろう[6]。

またNGOの国際環境政策形成へのインプットとその影響力という問題は，NGOによるメディアの利用，専門的な情報の活用，ロビー活動など，そのかかわりの多様化と洗練化によって可能となった。これは基本的にはNGOの会員増加による収入に支えられ，その利用可能な財政的な資源は，国連環境計画（UNEP）のそれを超えていたといっても過言ではない[7]。

環境 NGO のなかで1980年代後半から1990年代前半にかけて会員が急増したのは，グリーンピースや FoE といった国際的に活動する環境 NGO であった。FoE は，シエラ・クラブから離脱した組織として1969年にアメリカで設立され，その創始者であった D・ブラウアーは最初から国際組織になることを志向していたこともあって，その後 FoE インターナショナルに発展していった。そして FoE インターナショナルは，政府間海事協議機構（IMCO）での協議資格と国際捕鯨委員会（IWC）のオブザーバー資格を獲得した。

イギリスでは，FoE の会員は1985年から1993年のあいだに7.3倍に増え，オ

表4　4カ国（ドイツ・オランダ、イギリス、アメリカ）の環境運動組織の会員数

ドイツ（1997年）	オランダ（2000年）
グリーンピース　520,000人の支持者 BUND　365,000人の会員（2000年） WWF　185,000人のサポーター BBU　(Bundesverband Bürgerinitiativen Umwelschutz) 約100,000人の個人，220の団体 DNR　(Deutscher Naturschuzring) 108の団体（すべてが環境保護団体ではない）に所属する520万人の個人 NABU　(Naturschutzbund) 200,000人の会員（1994年）	グリーンピース　618,000人 Natuurmonumenten　950,000人 WWF　730,000人 Milieudefensie（FoE）　32,500人 Dutch Society for Bird Protection　122,600人
イギリス（1997年）	アメリカ（1998年）
グリーンピース　21,5000人の支持者 FoE　11,4000人の会員（地方団体の会員は一部除外） WWF　241,000人の会員 Wildlif Trust　310,000の会員 CPRE　(Campaign to Protect Rural England) 45,000人の会員 RSPB　(Royal Society for the Protection of the Birds) 100万人の会員 Woodland Trust　11,5000人の会員 National Trust　248万9000人の会員（イングランドとウェールズ）	グリーンピース　350,000人の支持者 Environmental Defense　250,000人 WWF　120万人の会員 シエラ・クラブ　550,000人の会員 オーデュボン協会　575,000人の会員 Wilderness Society　350,000人の会員 Natural Resources Defense Fund　400,000人の会員 Nature Conservancy　828,000人の会員

出所：B.Doherty, *Ideas and Actions in the Green Movement*, p.124.

ランダでは，グリーンピースの会員は1985年の7万人から1989年の83万人に急増した。アメリカでは，10の大きな環境団体の会員が1979年の100万人から1990年の700万人に増えた。しかし，その後1990年代初頭に，景気後退のなかで会費収入が減少したために，グリーンピースやFoEといった国際環境NGOの会員は大幅に減少した[8]。イギリスのFoEは，1993年にスタッフを20％削減し，グリーンピース・オーストラリアは1994年に，74名のスタッフのうち30名を削減し，140名の時間給のスタッフを100名に減らした。グリーンピース・USAは，1990年代初めに60万人の会員が大量に減少し，その後も減少し続けたために，多くの地域事務所の閉鎖に追い込まれ，プロジェクトからの撤退を余儀なくされた[9]。

世界自然保護基金（WWF）のような環境保護団体や動物愛護団体も会員を増加させたが，増加率はそれほど高くはなかった。WWFは1961年に世界自然保護連合（IUCN）を支援するために設立されたNGOで，現在では世界中に5百万人のサポーターと470万スイスフランの資金を有している。しかし，イギリスでは会費収入は25％を占めているにすぎず，重要な資金源となっているのはキャラクターグッズである。イギリスのWWFのカタログは1200万世帯に届けられているといわれており，それが資金源となっている。オーストラリア自然保護基金（ACF）は，収入の約45％を寄付によっており，それには会費収入の2倍以上にあたる遺産収入が含まれている[10]。WWFインターナショナルは，国連の経済社会理事会に参加する資格である一般協議資格をもっている。

グリーンピースは，環境保護団体のなかでも「批判・行動」型の環境NGOといわれており，1971年にカナダのバンクーバーで数人のクエーカー教徒と，シエラ・クラブのブリティッシュコロンビア州支部の元メンバーによって設立された。アムステルダムに本部を置くグリーンピース・インターナショナルは，150カ国以上に250万人の会員と約3000万ドルの資金を有しているといわれている。グリーンピース・インターナショナルも国連の経済社会理事会において一般協議資格を得ている。グリーンピースが比較的短期間のあいだに多くの会員と資金を集めた理由は，その方法にあるといわれている。

グリーンピースが市民を引きつける方法は，映像を利用したキャンペーンとダイレクトメールにある。グリーンピース USA は，他の環境保護団体のどれよりも一貫して市民の感情に訴えるというやり方で自らを宣伝することに成功しているといわれている。グリーンピースが行う反捕鯨活動や核実験反対運動を映像によって世界に発信し，それを世界中の市民に伝えることが，ダイレクトメールの返信率を高めているといわれている。そればかりではなく，グリーンピースの映像によるキャンペーンは大衆を動員することを通じて政治過程にも一定の影響を与えている[11]。

2．環境 NGO と地球環境政策の形成

すでにみてきたように，環境 NGO は，豊富な資金や資源，キャンペーン活動などを有効に活用して，グローバルなレベルでの環境政策やレジーム形成に影響力を及ぼすようになったのである。しかも，インターネットの発展は，こうした NGO の活動をグローバルに相互連関したネットワークの形成に向かわせた。1990年代初頭以来，NGO の個々の影響力や資源はインターネットを基盤とする科学技術の発展によって形成された「NGO ネットワーク」を出現させることになった。その顕著な事例は，気候行動ネットワーク（CAN）や農薬行動ネットワーク（PAN），地球環境国際議員連盟（GLOBE）などである。

気候行動ネットワークは，1989年に設立された環境 NGO のグローバル・ネットワークであり，2007年現在，365の NGO が参加している。その活動は，人間が引き起こした気候変動を環境的に持続可能なレベルにまで抑制しようとする政府や個人の行動を促進することを目標にしており，CAN のメンバーはこの目標を，情報交換の調整や国際的・地域的・国内的な気候問題に関するNGO の戦略によって達成することをめざしている[12]。CAN は，世界に7つ（アフリカ，中東欧，欧州，ラテンアメリカ，北アメリカ，南アメリカ，東南アジア）の地域事務所をもっている。気候行動ネットワークは，気候変動枠組条約の第8回締約国会議では，「危険な気候変動を防止するために」という提言ペー

パーをまとめ，第9回締約国会議では，ロシア連邦に対し議定書を批准するよう呼びかけ，第10回締約国会議では，国連機関同士での相互作用や協力が適切な適応体制を築くには不可欠である点を強調した[13]。

　農薬行動ネットワーク（PAN）は，1982年に設立され，現在のところ600以上のNGOが参加しているネットワークで，有害農薬を環境に優しい代替物に代える活動を90カ国以上で行っている。また地球環境国際議員連盟（GLOBE）は，先進諸国の議会，EU議会，米国議会，日本の国会の議員の有志が地球環境問題に関する立法者の協力のためのネットワークを設立するという趣旨で，1989年に設立された国際ネットワークである。現在，GLOBEインターナショナルは，7つの地域GLOBEから構成されている。GLOBEジャパン自身の主張によれば，ロンドン条約において，関係機関を通じて放射性廃棄物の海洋投棄禁止を推進し決議に至らしめたとしている。またバーゼル条約においては，OECD諸国からOECD諸国以外の国ぐにへの廃棄物輸出禁止の決議を促したとしている[14]。

　このようにCANやPANといった環境NGOのグローバルなネットワークは，環境NGOの各々の立場を調整したり，環境NGOがより効果的に機能を果たすための支援活動を行ったりしているが，もとより地球環境ガバナンスや地球環境レジームにおいても，一定の役割を果たしている。

　ガレス・ポーターとジャネット・ブラウンは，NGOが以下の5つの方法で地球環境レジームの形成に影響を与えているとした[15]。第1に，新しい問題を特定し，または古い問題を新たな取り上げることにより地球環境のアジェンダに影響を与えること，第2に，新しい提案をしたり，消費者のボイコット運動やキャンペーンを遂行したり，提訴するなどして，ある問題に対し自国の政府がより進んだ立場をとるように働きかけたり圧力をかけること，第3に，会議の前に条約全体のテキストの原案を提案すること，第4に，国際交渉へのロビー活動を展開すること，そして第5に，条約の施行状況をモニターし，事務局や締約国に報告することである。

　またP・ニューウェルも同様に，NGOとその活動の役割についての分析を

可能にするような政策過程あるいは政策循環モデルのアプローチを理論化し，国際レジーム形成における3つの主要な段階を区別した[16]。第1の段階は，アジェンダ設定であり，問題と性質と範囲を明らかにし，国際的な規制の必要性を規定する政策過程の段階である。第2は，交渉とバーゲイニングの段階で，これは伝統的には主権国家が参加する過程とみなされてきた。第3の段階は，実施過程で，国際的なレベルで合意された規制が国際的に実施される過程である。これら3つの段階に加えて，さらに第4の段階を追加する傾向があり，それは国家が国際的な義務に従うことを保証する執行の過程である。

しかし，実際問題として，はたしてNGOは国際環境レジームの形成において重要な役割を果たしているのだろうか。ほとんどの国際制度や締約国会議においては，会合のアジェンダ設定やその公式の採用は主権国家の手に委ねられているといってよい[17]。1992年の気候変動枠組条約の手続規則は，事務局がアジェンダの草稿を提案することを求めており，それを締約国が修正するという手順になっている。この点に関して，手続規則の「規則9」は，以下のように規定している。「事務局は，締約国会議議長の同意を得て各セッションの暫定的なアジェンダを立案するものとする」。[18]

このようにNGOは一般に，会合のアジェンダに関して提案する法的権利をもっていないけれども，実際的にはインフォーマルな権力を行使する可能性をもっている。インフォーマルな権力行使という意味では，アジェンダ設定過程は，環境問題に対処するために設定された国際会議の範囲外で起こるといってもよいだろう[19]。環境問題に関しては，それが科学者共同体の内部での争点が一般大衆の十分な関心の対象になっていない場合には，NGOによる活動はしばしば，国内の政策決定者と国際的な政策決定者に対して注意を喚起する。NGOはこの環境問題に関する対外的な説明の過程で重要な役割を演じている。すなわち，NGOは複雑な科学的問題を一般大衆が理解できる言葉に変換し，国家による行動や国際的共同体による行動の「必要性」を喚起しているのである。

環境NGOが環境レジームのアジェンダ設定に影響を与えた事例として，

1989年10月にスイスのローザンヌで開催されたワシントン条約の第7回締約国会議で決定されたアフリカ象の象牙取引禁止という問題に対するWWFとコンサーベーション・インターナショナル（Conservation International）の役割が挙げられる。これらの環境NGOは，象牙の商取引に関するレポートを作成し，ワシントン条約の締約国にそれを回覧したとされる[20]。他方，IUCNとWWFは締約国会議に先立って，象牙取引を行っている国ぐに対して，象牙取引を直ちに停止する宣言を発するように促していた[21]。というのも，締約国会議での象牙取引禁止措置を見越して，密猟が増える可能性があったからである。アメリカは1989年の6月にすべての象牙の輸入禁止を宣言し，その後，フランスやドイツなどEC各国も同様の措置をとった。

またグローバルな生物多様性条約の必要性に関しては，地域協定や特定種の協定を成立させていたが，国際自然保護連合（IUCN）が生物多様性の減少をレジーム形成のための交渉の根本的な理由にあげるまで明確な政策的な対応が存在しなかった[22]。生物多様性条約の形成は，実質的にIUCNの提言を契機として，多くの団体が政策的あるいは科学的な勧告を行ったことから進められた。1988年から正式の交渉が開始され，UNEPが専門家グループの会合を招集し，1990年にUNEPの理事会が生物多様性の保護と持続的な利用のための新しい国際法的な手段を準備するために，「専門家によるアドホック作業グループ」を作った。こうして生物多様性条約の草稿が準備され，1991年2月の「政府間交渉会議」で審議されることになった[23]。

3．環境NGOのパートナーシップとロビイング活動

環境NGOはさらに，国連環境計画（UNEP）などの国連機関，国連環境開発会議（UNCED）などの国際会議，また環境レジームあるいは多国間環境協定（MEAs）などとのあいだに，パートナーシップを形成している。環境レジームあるいは多国間環境協定（MEAs）には，NGOの特定の地位についての規定をもつものもある。

これは環境レジームと環境NGOとのパートナーシップの問題ということができるが，すでにみてきたように，1992年のリオ会議で採択されたアジェンダ21のなかで，その強化が目標に掲げられていたものである。さらに，2002年に開催された「持続可能な開発に関する世界首脳会議」（ヨハネスブルク・サミット）前の総会決議のなかで，国連総会は，「一方では南北の政府間での，他方では政府と他の主要な団体との間のグローバルな責任とパートナーシップ」[24]を促進するとした。

　さて，ラムサール条約の締約国は，1999年にコスタリカで開催された第7回締約国会議で，「国際機関とのパートナーシップ」という決議を採択し，「国際的なNGOパートナー」という専門的なカテゴリーを採用した。この地位が与えられているNGOは，現在のところ，バードライフ・インターナショナル，IUCN，国際湿地保全連合（WI），世界自然保護基金（WWF）の4つのNGOである[25]。これらのNGOは，通常のNGOの扱いとは対照的に，永続的なオブザーバーとしての地位，会合への無条件かつ無制限に参加できるという地位を保持する[26]。

　ラムサール条約はまた，国際自然保護連盟（IUCN）に対して，少なくとも暫定的な基礎にもとづいて，一定の義務を遂行する権限を与えた。ラムサール条約第8条第1項には，以下のように規定されている。「自然及び天然資源の保全に関する国際同盟は，他の機関又は政府がすべての締約国の3分の2以上の多数による議決で指定される時まで，この条約に規定する事務局の任務を行う」[27]。

　このように，ラムサール条約の事務局は，実質的にIUCNという国際環境NGOによって運営されている。1990年代初期まで，この条約は財政支援のためのメカニズムを含まないものであり，基本的な制度的な体制はNGOを各国政府からの自発的な寄付によって支えられてきた。現在のところ，この条約は，IUCNとIWRB（国際水禽調査局，現在の国際湿地保全連合）によって共同で運営される形になっている[28]。

　また，環境条約において環境NGOとのパートナーシップという考え方を取

り入れているのは，世界遺産条約である。1992年，世界遺産条約の事務局長は，締約国に対して，世界遺産を保護するという課題を実現するために，「NGOと草の根組織とのパートナーシップを確立する」[29]ように求めた。この条約のなかでは，「パートナー」という用語は使用されていないが，「顧問（アドバイザリー）」という用語が使用されている。世界遺産条約におけるNGOとの長期的で継続的な関係の構築は，1996年に，「取り決め事項」として公式化されたが，それはNGOのそれぞれの役割，要件，責任を明確化して定義したものである。

世界遺産条約第8条第3項は以下のように規定している。「世界遺産委員会の会議には，文化財の保存及び修復の研究のための国際センター（ローマ・センター）の代表1人，記念物及び遺跡に関する国際会議（ICOMOS）の代表1人及び自然及び天然資源の保全に関する国際同盟（IUCN）の代表1人が，顧問の資格で出席することができるものとし，国際連合教育科学文化機関の総会の通常会期の間に開催される締約国会議における締約国の要請により，同様の目的を有する他の政府機関又は非政府機関の代表も，顧問の資格で出席することができる」[30]。

締約国会議のなかで「顧問」の資格で出席するNGOは，専門的な知識とその活動の独立性を活かした任務を与えられているが，このように会議にNGOが招請されることは，条約のなかでその特定の地位を認めようとするものでは必ずしもない。あくまで，「締約国の要請」によって出席することが可能なのであり，その点では「顧問」の立場はきわめて限定されているといえる。他の環境NGOで「顧問」の資格を獲得したのはWWFであり，すべての会議にオブザーバーとして出席する権利が認められた。

ワシントン条約もパートナーシップという考え方を採用している。ワシントン条約の『2005年の戦略的なヴィジョン』[31]では，その目標として，野生動植物の国際取引がますます持続可能な水準で行われるようにするために条約の実施を改善することが掲げられ，その目的の1つとして「国内のNGOと国際NGOとの意思疎通と共同の強化」ということが挙げられている。

さらに、バーゼル条約の第6回締約国会議で採択された決議Ⅵ／32である「環境NGOと産業・ビジネス部門とのパートナーシップ」は、締約国が事務局に対して、産業・ビジネス界と環境NGOとの共同のための作業プログラムの作成を求めている。そして決議はまた、環境NGOを含めた市民社会、産業・ビジネス部門が財政的にバーゼル条約のパートナーシップ・プログラムを支援し、それらが地域的・国内的・国際的な各水準での具体的活動にかかわるように促進するよう求めている。そして環境NGOに関しては、以下のように記している。「バーゼル条約が潜在的に関連するアジェンダをもつ組織（すなわち貧困削減、経済的・社会的開発、健康増進あるいは職業・健康・安全の問題にかかわるNGOs）との戦略的な連合を発展させることに成功すべきであるとすれば、伝統的な環境NGOsを越えて未来を描く必要がある。」[32]決議は少なくとも、このような性格をもった環境NGOをパートナーシップの条件としている。

ところで、環境NGOは、環境レジーム形成においてロビー活動も展開する。地球環境政策に影響を与えるNGOの能力は、NGO自身がどのような「財」（専門知識と公衆への圧力）を提供するかにかかっていると同時に、政策決定者と重要な資料にどの程度アクセスすることができるのかにかかっている。多くのロビー活動は国内で行われるが、とりわけ環境レジーム形成に向けての交渉が行われ最終的に合意に到達しうる国際会議は、環境NGOによるロビー活動の主要な領域の1つである。

プリンセンとフィンガーは、UNCEDプロセスを通じてNGOは2つの方法で影響力を行使したとしている[33]。影響力行使の1つの形態はNGOによるロビー活動であり、もう1つの形態は政府代表団へのNGOの参加である。準備委員会でのロビー活動あるいは準備委員会の合間のロビー活動には、総会あるいは3つの作業グループにおける声明の作成、具体的な提案の草稿作り、政府代表者への影響力の行使、準備委員会での政府代表団への指示、作業当事国のメンバーになることなど、多岐の項目が含まれる。原理的には、交渉の場はNGOには開かれていないために、多くのロビー活動はロビーやコーヒーラウンジで

続けられる。プリンセントフィンガーによれば，たとえば生物多様性のトピックについては，世界資源研究所（WRI），IUCN，WWF，アメリカの主要な環境NGOなどが参加し，気候変動に関しては，WRIや気候行動ネットワーク（CAN）などが参加した。

　UNCEDの交渉に直接的に影響力を行使できるNGOの第2の戦略は，政府代表団への参加である。UNCEDの準備委員会と次の準備委員会のあいだに，そして最終的にはリオでの会議に，多くの政府が実際的に非政府部門の代表者を政府代表団のメンバーとして任命した。かれらは，ビジネス界と産業界，研究所，あるいは環境NGOを代表していた。UNCEDプロセスのあいだでも環境NGOを政府代表に入れた国は増えたが，それはリオ会議でもっとも多かった。これらの国ぐにには，ノルウェー，スウェーデン，イギリス，デンマーク，フィンランド，カナダ，ニュージーランド，アメリカ，オーストラリア，オランダ，CIS，インド，スイス，フランスが含まれている[34]。政府代表団の一員としての環境NGOは，準備委員会の開催中，自国の報告書に影響を与え，そしてロビー活動を行うなど，積極的な活動を行っていた。

4．環境NGOによる地球環境政策の実施と執行の過程

　環境NGOはロビー活動に加えて，環境レジームの実施と執行を促す活動も行っている。これは広い意味でニューウェルのいう地球環境政策の実施と強制の過程ということができる。これは地球環境政策の実施とともに，国家が国際的な義務に従うことを保証する過程でもある。この事例としては，WWFとIUCNによる野生生物の取引をモニターする国際機関であるトラフィック（TRAFFIC）・インターナショナルの活動が挙げられる[35]。トラフィック・インターナショナルは1976年に設立され，本部が置かれているイギリスのケンブリッジを中心とする世界的規模でのネットワークに発展した。現在，アフリカ，アジア，アメリカ，ヨーロッパ，オセアニアに地域事務所が置かれている。トラフィックは，WWFとIUCNがパートナー組織となっているが，ワシ

ントン条約（CITES）事務局と緊密に共同している。

　トラフィック・インターナショナルの2003年のレポート『インドにおける国内の彫刻産業と取引管理についての評価』[36]は，インドでは象牙の使用と取引の禁止が広く受け入れられているにもかかわらず，2000年と2001年には象牙の使用と取引が行われていたと結論づけた。そしてトラフィック・インターナショナルは，この報告書のなかで，インド政府は調査を行い，象の密猟と象牙の取引に関する現行法を実施するように促している。この事例は，象牙の国際取引に関するものではなく国内取引に関するものであるが，インドの国内法で禁止されている象牙の取引に対して勧告したものである。

　それに対して，エジプトにおける象牙取引の事例では，トラフィック・インターナショナルは，エジプトに対してワシントン条約の決議を履行する旨を勧告している。トラフィック・インターナショナルは，2005年のレポート『オアシスはない：2005年のエジプトでの象牙取引』[37]のなかで，未加工の象牙が依然として不法にエジプトに輸入されていること，こうした象牙の船積みはコンゴ民主共和国と南スーダンで行われ，スーダンを経由してエジプトに運ばれていること，エジプト国内に130あまりの象牙製品の小売店があること，小売店で販売されている象牙製品の品数が2005年には１万709であったこと，これらの点を報告している。

　エジプトは1978年に，ワシントン条約に第41番目の締約国として加入している。ワシントン条約第８条第１項は，締約国に対して以下の措置をとることを義務づけている。「締約国は，この条約を実施するため及びこの条約に違反して行われる標本の取引を防止するため，適当な措置をとる。この措置には，次のことを含む。(a) 違反に係る標本の取引若しくは所持又はこれらの双方について処罰すること。(b) 違反に係る標本の没収又はその輸出国への返送に関する規定を設けること」。[38]トラフィック・インターナショナルのレポートは，エジプトがワシントン条約に加入して20年以上も経っているにもかかわらず，当局が条約上の義務を履行せず，国内の法制化によって条約の締約国としての立場を強化していない点を指摘している。

他方では，トラフィック・インターナショナルは，エジプトが1999年以来，国内の象牙取引は減少傾向にあるにもかかわらず，小売段階での現行の取引規模が依然として保護という観点から重大であるとしながら，エジプトは，ワシントン条約の決議10・10「象の標本取引」（第10回ワシントン条約締約国会議での決議，第12回締約国会議で改正）に従っていないとして，同決議への履行を勧告している[39]。同決議は，「象の標本の取引」に関するものであるが，国内の象牙取引の規制に関しても規定しており，以下の内容である。

「管轄域内にまだ構造化，組織化または規制されていない象牙彫刻業界がある締約国および象牙輸入国と特定された締約国に対して，以下のための包括的な国内の法律，規制および措置を採用するよう勧告する。

a) 未加工，半加工もしくは加工象牙製品を扱う全輸入者，製造者，卸売業者，小売業者を登録または許可する。

b) 自国への輸入が違法な場合は象牙を購入すべきではないことを，観光客その他の外国人に伝えるために，特に小売店において，全国的な普及措置を講じる。

c) 管理当局その他の適当な政府機関が，その国の象牙の流れを特に次のような手段により監視できるようにするための記録および検査手続きを導入する」[40]。

このように，トラフィック・インターナショナルは，国際環境NGOによる共同プログラムとして，ワシントン条約事務局と協力して条約の履行を監視し勧告を行っている。

5．環境レジームへのNGOの参加──その法制度的な側面──

環境条約あるいは多国間環境協定へのNGOの参加については，ますますそのフォーマルな参加の機会を増大させている。環境条約のなかでのNGOの参加に関する規定は，条約ごとに異なっているにしても，一般的には，すでに触れたように，オブザーバーの資格での出席が認められつつある。

1985年のオゾン層保護のためのウィーン条約以降，環境条約における NGO のオブザーバー資格については，ほぼ同様の規定がなされている。ウィーン条約第6条第5項には以下のように規定されている。「国際連合，その専門機関及び国際原子力機関並びにこの条約の締約国でない国は，締約国会議の会合にオブザーバーを出席させることができる。オゾン層保護に関連のある分野において認められた団体又は機関（国内若しくは国際の又は政府若しくは非政府のいずれであるかを問わない）であって，締約国会議の会合にオブザーバーを出席させることを希望する旨事務局に通報したものは，当該会合に出席する締約国の3分の1以上が反対しない限り，オブザーバーを出席させることを認められる。オブザーバーの出席及び参加は，締約国会議が採択する手続規則の適用を受ける」。[41]

ここでの NGO のオブザーバーとしての出席のための要件は，第1に，条約によって規定されている主題（ここではオゾン層保護）にもとづいて資格が与えられるということである。そのためには，NGO が条約に関連する問題に関心をもつ広い支持者を代表していることを前提としている。第2に，出席のための資格認定には，締約国の3分の1以上の国からの反対がないということが条件となる。この規定は，すべての NGO あるいは個々の NGO の排除を前提にしているということができる[42]。第3に，NGO は事務局に対してオブザーバーの地位を申し出ることが要求される。最後に，この条文はもちろん NGO だけを対象にしているのではなくて，政府の代表を含むハイブリッドな団体だけでなく，環境組織や企業組織も含んでいるということである。

それに対して，初期の環境条約ともいえる1973年のワシントン条約では，上記のウィーン条約のような標準的な条文とは対照的に，第11条第7項は，「専門的な能力を有する」機関または団体がオブザーバーとしての出席を認められると規定している。この機関または団体は，「政府間又は非政府のもののいずれであるかを問わず国際機関又は国際団体及び国内の政府機関又は政府団体」，そして「国内非政府機関又は非政府団体であって，その所在する国によりこの条約の目的に沿うものであると認められたもの」[43]をいう。そしてワシ

ントン条約第11条第7項（b）は，NGOは「出席することが認められた場合には，出席する権利を有するが，投票する権利は有しない」と規定している。

しかし，2000年にナイロビで開催されたワシントン条約の第11回締約国会議での決議のなかで，NGOの締約国会議への登録の要件が新たに規定された。締約国会議でのオブザーバーの登録に関する決議11・125は，「事務局に対して締約国会議への出席を希望する旨通知し，また条約第11条第7項（a）に従って国際機関あるいは国際団体であると認められることを希望するいかなる団体あるいは機関も，事務局によって登録される」[44]としつつ，そのための条件を2つ挙げている。その条件の1つは，「野生動植物の保護，保存または管理について専門的な能力を有し」ていること，もう1つは，「法的役割と国際的な性格，活動の領域とプログラムをもつ当然の資格のある組織」であることである。前者は条約の第11条第7項の規定の繰り返しであるが，後者の要件はNGOの参加要件に関する新しい規定ということができる。

環境NGOが締約国会議にオブザーバーとして参加する機会が拡大したということは，参加者が占める空間的な問題と，財政的コストという現実的な問題を生み出したが，これはとくに自由な資格認定の規則をもつ環境条約にとっていえることであった[45]。オブザーバーが増えれば会議場を広くしなければならず，参加者が増えれば配布するための資料のコストがかかるのは，どの会議でも同じであろう。こうした問題に対処するため，ワシントン条約締約国会議へ参加するオブザーバーから登録料を徴収することになった[46]。しかし，こうした要件がアフリカのような開発途上地域から参加する環境NGOにとっては大きな負担となり，参加を遠ざける結果につながった。そこで，第5回締約国会議で採択された決議は，このような特定の締約国の事情を配慮して，一定のオブザーバーからは徴収しないという裁量を事務局に与えることになった[47]。国際捕鯨委員会（IWC）もまた同様に，オブザーバー参加の団体に登録料の支払いを求めている。

ところで，1998年に採択されたオーフス条約（環境問題における情報へのアクセス，意思決定への公衆の参加及び司法へのアクセスに関する条約）は，前文で，公

衆，個々の市民，そして NGO の活動について以下にように規定している。

「環境の分野においては，改善された情報へのアクセスと意思決定への公衆の参加は，決定の質と履行を強化し，環境問題に対する公衆の認識に貢献し，公衆にその関心を表明する機会を与え，及び，公的機関によるそのような関心の正当な考慮を可能にすることを認識し，それによって，意思決定における説明責任と透明性を促進し，及び，環境に関する決定についての公衆の支持を強化することを目指し，……

公衆には，環境上の意思決定における参加の手続きに意識をもち，それらへの自由なアクセスを有し，及び，それらの利用のしかたを知ることが，必要であることもまた認識し，個々の市民，非政府組織及び私的部門が，環境保護において果たしうるそれぞれの役割の重要性をいっそう認識し，……以下のように合意した」。[48]

ここには NGO，市民および公衆が環境保護の分野で果たす役割の重要性を認識し，環境問題における情報へのアクセス，意思決定への公衆の参加および司法へのアクセスの権利を保障する旨が謳われている。また条文では，「利害関係のある公衆」という用語も使われているが，それは「環境上の意思決定により影響を受けるもしくはそのおそれのある，又は，その意思決定に利益を有する公衆」をいい，それには「環境保護を推進しかつ国内法のもとでの要件を満たす非政府組織」[49]すなわち，環境 NGO も含まれる。

オーフス条約の当事者の会合への NGO の参加については，第10条第5項は，以下のように規定しているが，この NGO の参加に関する規定は，ワシントン条約の規定とほぼ同じ内容である。「この条約の関係する分野において適格性があり，当事者の会合に代表として出席する希望を欧州経済委員会の事務局に通告する非政府組織には，当該会合に出席する当事者の少なくとも3分の1の反対がない限り，オブザーバーとして参加する資格が与えられる」。[50]

ところで，気候変動レジーム（気候変動枠組条約と京都議定書）への NGO の参加は，1992年の UNCED（地球サミット）以来，「共有された遺産」というべきものとなってきた。UNCED は，持続可能な開発の戦略を発展させるために

責任のあるプロセスのなかに市民社会の主要な団体の代表者を引き入れることを強調してきた。NGO 共同体，政府と国際公務員によって開発されてきた手法は，UNCED のあいだに進化し，気候変動に関するレジーム交渉のなかで洗練されてきた。

　すでに触れたように，気候変動レジームの推進については，世界的に豊富な資金を背景に積極的な役割を果たしてきたのは，グリーンピース，FoE，WWF などであり，またそれらの環境 NGO は，気候行動ネットワーク（CAN）を設立して活動してきた。一般に，締約国会議への NGO の参加は，締約国と事務局の双方からすれば，強い影響を及ぼすものとみなされている[51]。NGO は，交渉のなかではその進展に批判的であるとしても，気候変動へのグローバルな対応の本質的な部分として気候変動枠組条約と京都議定書を支持する立場をとっているといってよい。

　他方，NGO は気候変動レジームのなかにおいても，1991年に条約の交渉が始まったとき以来，公式にオブザーバーとして認定されてきた。さらに気候変動枠組条約のなかでは，第7条第6項で NGO のオブザーバー参加について規定されている。

　「国際連合，その専門機関，国際原子力機関及びこれらの国際機関の加盟国又はオブザーバーであってこの条約の締約国でないものは，締約国会議の会合にオブザーバーとして出席することができる。この条約の対象としている事項について認められた団体又は機関〔国内若しくは国際の又は政府若しくは民間のもののいずれであるかを問わない〕であって，締約国会議の会合にオブザーバーとして出席することを希望する旨事務局に通報したものは，当該会合に出席する締約国の3分の1以上が反対しない限り，オブザーバーとして出席することを認められる。オブザーバーの出席については，締約国会議が採択する手続規則に従う」[52]。

　締約国会議で認定された NGO だけが会合へ出席が認められるが，認定された NGO に対しては事務局から会合の日時と開催地が通知される。NGO はこの通知の手続きにしたがって，NGO の連絡先を通じて，代表者の名前を事務

局に連絡する。NGOの連絡先が変わった場合は，代表者の名前をスムーズに登録するために，そのことを事務局に連絡しなければならない。会合での登録のときに，これらの代表者に会場への入場が許可されるバッジが支給される[53]。会議へのNGO代表者の出席については，締約国会議で採択された手続規則の規則7と規則30が適用される。そのうち規則7は，以下のように規定している。

「1. この条約の対象としている事項について認められた団体又は機関であって，締約国会議の会合にオブザーバーとして出席することを希望する旨事務局に通報したものは，当該会合に出席する締約国の3分の1以上が反対しない限り，オブザーバーとして出席することを認められる。

2. これらオブザーバーは，議長の招請にもとづいて，当該会合に出席する締約国の3分の1以上が反対しない限り，それらが代表する団体又は機関に直接かかわる事項について会合に投票権なしに参加することができる。」[54]

手続規則7の前段部分は，気候変動枠組条約第7条第6項の規定を踏襲したもので，オブザーバーとしての出席を認めているものであるが，後段部分はNGOが参加できるけれども投票権がないという規定である。また規則30は，「締約国会議は，締約国会議が別段の決定を行わない限り，公開で開催されるものとする」こと，NGOなどの「補足的な団体の会合は，締約国が別段の決定を行わない限り，非公式に開催されるものとする」[55]ことを規定している。

NGOにとって，政府代表団員と面と向かって直に会う機会は，会議の進行過程に影響を与えるもっとも重要なチャネルとみられている。会議場への自由な出入りによって，NGOは廊下で政府代表団員と自由に会話を交わすことができる。1991年から1994年にかけての気候変動枠組条約の交渉の間，オブザーバーは自由に政府代表団にアプローチすることできた。これによってNGOは，政府代表団員のそばに着席して，「リアルタイム」でアドバイスを提供したり，調停を提案したりすることができたのである。このようなNGOによるロビイング活動は，たとえ政府代表団員が不快感を示したとしても，政府間交渉会議（INC）や条約の公式の規則でも禁止されておらず，インフォーマルな

慣例によって広く許容されている[56]。

　NGOはしばしば自らの見解を文書で表明することによって交渉過程に加わることを求めたり，彼らの見解や分析を含んだ大量の資料を持ち込んだりする。またロビイング活動や立案の提示に直接必要な短い文書を準備し配布するNGOも存在する。政府代表団員は，それらのなかに交渉に持ち込むために役に立つものを見出す場合もある[57]。NGOは彼らの資料を会議場での政府代表団の机の上に直接配布することは許されていないけれども，一般的に政府代表団員に直接手渡しすることは自由にできる。気候行動ネットワーク（CAN）のメンバーによって刊行された数ページのECOというニューズレターは，前日の交渉に関する定期的な解説や当日のためのアドバイスや激励文を提供した[58]。

　NGOの会議への参加形態は，もちろんロビイング活動だけにとどまらない。すでに触れたように，NGO出身者が政府代表団に加わる場合もあれば，自国出のNGOを市民社会の代表として政府代表団に加えている場合もある。またNGOを専門的な助言者として政府代表団に加えている国もある。

　ところで，オブザーバーとしてのNGOの参加については，京都議定書第13条第8項にも，気候変動枠組条約と同様の規定が設けられており[59]，締約国会議と締約国会合（COP/MOP）は締約国の別段の決定がない限り，同じ手続規則に従うものとされる。京都議定書においては，新たに2つの制度が発足した。1つは，2001年11月に発足したCDM理事会（CDM—EB）で，京都議定書第12条のCDM事業に関する実質的な管理・監督機関である。もう1つは，2005年の京都議定書第1回締約国会合で設立された共同実施監督委員会（JISC）で，京都議定書第6条の共同実施に関する監督委員会である。これらの2つの新制度における会合については，それぞれCDM理事会や監督委員会が「別段の決定をしない場合には」，締約国が認定したオブザーバーやステークホルダーは出席することができる[60]。

おわりに

　一般に，国際社会では，各々の国家が自らの国益を最大化するように行動するのに対して，環境 NGO は地球益をめざしているといわれている。少なくとも，環境 NGO は1980年代以降，グローバルなレベルで持続可能な社会の実現に向けて重要な役割を果たしてきたといってよい。それは，いいかえれば，環境 NGO がトランスナショナルな市民社会のなかで行動してきたということでもある。他方，環境 NGO は自らの環境的な価値を実現するために，政府と関係をもってきたことも事実である。1992年にアメリカの環境 NGO から24名のスタッフがクリントン政権に参加した。またオーストラリアでは，持続可能な開発に関する政府委員会は環境 NGO の代表者を委員に加えていた。

　しかし，環境 NGO が政策決定過程に組み込まれることは，それ自身の理念や政策との対立を起こしやすい。クリントン政権に参加した環境 NGO のスタッフは，ゴア副大統領が新しい焼却炉の建設を認めた後，他の環境団体からの批判にさらされた。またオーストラリアの持続可能な開発に関する政府委員会に参加した環境 NGO の代表者は，政府に対して京都議定書の合意事項を遵守させることができなかった。そしてオーストラリアの FoE がこのことで政府に対して批判的になると，政府委員会からはずすという脅しを受けた[61]。FoEのような環境 NGO は，政府との交渉への参加を拒否しないだろうが，かといって批判的な権利を犠牲にすることもないだろう。しかしながら，環境 NGO がナショナルな政策決定過程のなかに組み込まれるにつれて，批判的な立場を失いがちになることは否めないだろう。

　このことは，国際的な環境政策過程にも当てはまるのだろうか。すでにみてきたように，環境 NGO は地球環境レジームの形成と推進においてますますその活動領域を拡大してきた。現在の状況では，国際環境レジームにおいては，環境 NGO は，オブザーバー資格での参加しか認められていないとはいえ，環境政策過程の正式なアクターである。したがって，環境 NGO が環境政策過程

に組み込まれるにともない，そして他のアクターとのパートナーシップの体制のなかに組み込まれていくにともない，その批判的な立場を失う可能性があるかもしれない。しかし，地球環境政策の形成においては国益や地域的な利害（EUなど）を超えた地球益を追求する姿勢を保持し続けるだろう。

1) Princen, T and Finger, M (eds.), *Environmental NGOs in World Politics*, Routledge, 1994, p.186ff. プリンセンとフィンガーは，第2回準備委員会がスタートしてから数回にわたってNGOが公認され，第4回準備委員会の終わりの時点では，UNCEDに正式認可されたNGOの総数は，1420であったとしている（Princen and Finger, p. 200）。なお，ストックホルム会議とリオの地球サミットにおけるNGOの影響に関しては，Willetts, P, From Stockholm to Rio and beyond: the impact of the environmental movement on the United Nations consultative arrangement for NGOs, in: Taylor, P, (ed.), *Review of International Studies*, Cambridge University Press, 1996. を参照されたい。

2) S.Charnovitz, Two Centuries of Participation: NGOs and International Governance, in *Michigan Journal of International Law*, Vol.18.No.2, 1997, p.265-6.

3) Ibid., p.266.

4) Ibid., p.267. なお，経済社会理事会でのNGO協議制度の改定に関しては，馬橋憲男『国連とNGO』有信堂，1999年，139頁以下を参照した。なお，同氏「国連と環境NGO」（臼井久和・高瀬幹雄編『環境問題と地球社会』有信堂，2002年）も参看されたい。

5) 『アジェンダ21』環境庁・外務省監訳，海外環境協力センター，1993年，359頁。

第27章「非政府組織の役割強化」では，目標として，他のアクターとのパートナーシップを掲げている。「27.5. 社会，各国政府，国際機関は，非政府組織が環境上適正で持続可能な開発の過程において，責任を持って，かつ効果的に協力する彼らのパートナーシップの役割を果たすことができるような仕組を構築すべきである。27.6. 社会的パートナーとしての非政府組織の役割を強化する観点から，国連のシステム及び政府は，非政府組織と協力しつつ，政策立案・決定から実行に至るまでのすべてのレベルで，これらの組織の関与の公式な手続き及びメカニズムを再検討するプロセスを開始すべきである。27.7. 1995年までに，環境上適正で持続可能な開発の実現においてそれぞれの役割を認識し，強化するために，すべての政府と非政府組織，及びその自ら組織したネットワークの間で，国家レベルの相互に生産的な対話が確立されるべきである。27.8. 政府と国際機関

は，すべてのレベルにおいて，アジェンダ21の実施を再検討するために計画された公的メカニズム及び公式な手続きの概念形成，実現及び評価に当たり，非政府組織の参加を促進し，認めるべきである。」（同上，360頁）なお，リオ宣言とアジェンダ21における非国家アクターに関しては，P.Sands, *Principle of International Environmental Law*, Cambridge University Press, 2 nded. 2003, pp.112-120を参看されたい。

6) この点に関しては，F.Yamin, NGOs and International Environmental Law : A Critical Evaluation of their Roles and Responsibilities, in : *Review of European Community and international Environmental Law*, Vol.10, No.2, 2001, pp.149-162. を参照。

7) P.W.Birnie and A.E.Boyle, *International Law and Environment*, Oxford, 1992, 2 nd. ed. 2003を参照。

8) B. Doherty, *Ideas and Actions in the Green Movement*, Routledge, 2002, p.123.

9) Doherty (2002), p.133.

10) Doherty (2002), p.125.

11) A. Kellow, Norm, Interest and Environmental NGOs : The Limits of Cosmopolitanism, in : *Environmental Politics*, Vol.9, No.3, p.6.

12) 気候行動ネットワークの活動に関しては，CANのホームページ参照。http://www.climatenetwork.org./about-can

13) 日本の環境NGOで，気候行動ネットワーク（CAN）に参加しているのは，環境エネルギー政策研究所（ISEP），「環境・持続社会」研究センター（JACSEC），気候ネットワーク，FoE JAPAN, WWFジャパン，地球環境と大気汚染を考える全国市民会議（CASA），グリーンピース・ジャパン，である。

14) この点に関しては，GLOBEジャパンのホームページ参照。http://www4.osk.3web.ne.jp/~globejp/GLOBE/GLOBE_RESULT.htm

15) G・ポーター／J・ブラウン『入門地球環境政治』細田衛士監訳，有斐閣，1998年，66頁。

16) P.Newell, *Climate for Change : Non-State Actor and the Global Politics of the Greenhouse*, Cambridge University Press, 2000. なお，環境政策の形成を6つの段階的な政策過程モデルで分析しているのは，たとえば，M.E.Kraft, *Environmental Policy and Politics*, 3 rd ed., Longeman, 2004である。クラフトは，アジェンダ設定，政策作成，政策正統化，政策実施，政策評価，政策変更という6つの段階に分けている（pp.66-74）。

17) Yamin (2001), p.153.

18) UNFCCC, Rules of Procedure, Rule9.

19) Yamin (2001), p.153.

20) G・ポーター／J・ブラウン前掲訳書，66頁。

第 5 章　地球環境政策と環境 NGO

21) T.Princen and M.Finger, *Environmental NGOs in World Politics*, Routledge, 1994, p. 127.
22) Yamin (2001), p.153.
23) Bernstein et al., A brief History of the Convention on Biological Diversity, in : *Earth Negosiations Bulltin*, 1993.
24) UN General Assembly Resolution　56/226, World Summit on Sustainable Development, http : //www.un.org/Depts/resguide/r56.htm を参照。なお，ヨハネスブルク・サミット(WSSD)におけるパートナーシップについては，Charlotte Streck, The World Summit on Sustainable Development : Partnerships as Tools in Environmental Governance, in : *Yearbook of International Environmental Law*, Vol. 13, Oxford University Press, 2002, pp. 63-95を参看されたい。
25) Resolution Ⅶ.3 on partnerships with international organizations, 7th Meeting of the Convention on Wetlands, 10-18 May 1999. ラムサール条約第 7 回締約国会議で採択された決議Ⅶ.3については，環境庁の「ラムサール条約第七回締約国会議の記録」を参照されたい。また，この点に関しては，西井正弘編『地球環境条約』有斐閣，2005年，74頁参照。
26) *Particpation of Non-Govermental Organisations in International Environmental Governance : Legal Basis and Practical Experience*, Ecologic-Institute for International and European Environmental Policy, Final Report June 2002, p. 60.
27) 地球環境法研究会編『地球環境条約集（第四版）』中央法規，2003年，170頁。因みに，もとより，ここでの「自然及び天然資源の保全に関する国際同盟」とは，国際自然保護連合（IUCN）のことである。
28) *Particpation of Non-Govermental Organisations in International Environmental Governance : Legal Basis and Practical Experience*, p.61. なお，事務局については，前掲西井編『地球環境条約集』66頁参照。
29) UNESCO. 1992. 16th Session of the World Heritage Committee. WHC-92/CONF. 002/Dec 14, 1992. 4.
30) 前掲『地球環境条約集』，173頁。ここでの顧問の資格については，世界遺産条約の手続規則の「規則 6」（Rules of Procedure, last revised by the World Heritage Committeeat sixth exordinary session, Paris, March 2003）でも，同第 8 条第 3 項が引用されている。
31) Strategic Vision through 2005. Objective 4. 1, Annex 1 from the 12th COP, 2002. http : //www.cites.org/eng/dec/valid12/annex1.shtml
32) Ⅵ/32. Partnership with Environmental Non-Govermental Organizations and with the Industry and Business Sectors. Annex, p. 7. UNEP/CHW/OEWG/ 2 /10. Sep 22.2003.
33) T.Princen and M.Finger, *Environmental NGOs in World Politics*, p.207. なお，

UNCED プロセスにおける環境 NGO の役割に関しては，毛里聡子『NGO と環境ガバナンス』築地書館，1999年を参照されたい。
34) T. Princen and M. Finger, *Environmental NGOs in World Politics*, p.208.
35) トラフィックに関しては，ホームページ（http://www.traffic.org/about/abt/htm）を参照した。
36) *An Asessment of the Domestic Ivory Carving Industry and Trade Controls in India*, prepared by TRAFFIC India, Feb. 2003.
37) Esmond Martin and Tom Milliken, *NO OASIS : the Egyptian Ivory trade in* 2005, June, 2005, p.iii–iv.
38) 前掲『地球環境条約集』，181頁。因みに，「標本」とは第一条の定義に示されているように，「動物にあっては，付属書Ⅰ若しくは付属書Ⅱに掲げる種の個体の部分若しくは派生物であって容易に識別することができるもの」である。
39) *NO OASIS : the Egyptian Ivory trade in* 2005, p.21.
40) 第10回ワシントン条約締約国会議でのこの決議文については，トラフィックイーストアジアジャパンのホームページに掲載されている訳文を参照した。http://www.trafficj.org/aboutcites/cop10restop.htm.
41) 前掲『地球環境条約集』，452頁。
42) *Particpation of Non-Govermental Organisations in International Environmental Governance : Legal Basis and Practical Experience*, p.56.
43) 前掲『地球環境条約集』，182頁。
44) CITES Decision 11.125. http://www.cites.org/eng/cop/11/other/Decisions.pdf
45) *Particpation of Non-Govermental Organisations in International Environmental Governance : Legal Basis and Practical Experience*, p.57.
46) ワシントン条約第10回締約国会議の決議10.1によれば，すべてのオブザーバー参加の団体に対して，参加料として600スイスフランを徴収するとしている（CITES Resolution Conf. 10. 1 (Rev.CoP12) Financing and budgeting of the Secretariat and of meetings of the Conference of the Parties）。なお，NGO の代表者は600スイスフランであるが，それ以外の追加的な参加者に対しては，1人当たり資料なしで300スイスフランを徴収するとしている。これに関しては，CITES Notification No. 1999/90（http://www.cites.org/eng/notif/1999/090.shtml）を参照した。
47) *Particpation of Non-Govermental Organisations in International Environmental Governance : Legal Basis and Practical Experience*, p.58.
48) 前掲『地球環境条約集』，99頁。
49) 同上，100頁。
50) 同上，105頁。
51) *Particpation of Non-Govermental Organisations in International Environmental Gov-*

第 5 章　地球環境政策と環境 NGO　115

　　　 ernance : Legal Basis and Practical Experience, p.122.
52) 前掲『地球環境条約集』, 480頁。
53) 2000年にハーグで開催された第 6 回締約国会議（COP 6）の第16セッションでは重大な違反事件が起こった。それは，COP 6 への公式な出席を認められていない環境活動家や抵抗者が偽物のバッジをつけて会議場に入ろうとしたという事件であった。これについては, *Particpation of Non-Govermental Organisations in International Environmental Governance : Legal Basis and Practical Experience*, p.130を参照されたい。
54) UNFCCC/CP/1996/2, Rules of Procedure, Rule 7.
55) UNFCCC/CP/1996/2, Rules of Procedure, Rule 30.
56) *Particpation of Non-Govermental Organisations in International Environmental Governance : Legal Basis and Practical Experience*, p.132.
57) *Particpation of Non-Govermental Organisations in International Environmental Governance : Legal Basis and Practical Experience*, p.133.
58) *Particpation of Non-Govermental Organisations in International Environmental Governance : Legal Basis and Practical Experience*, p.133.
59) 因みに，京都議定書第13条第 8 項は，以下のように規定されている。「国際連合，その専門機関，国際原子力機関及びこれらの国際機関の加盟国又はオブザーバーであって，条約の締約国でないものは，この議定書の締約国の会合としての役割を果たす締約国会議の会合にオブザーバーとして出席することができる。この議定書の対象とされている事項について認められた団体又は機関（国内若しくは国際の又は政府若しくは民間のもののいずれであるかを問わない。）であって，この議定書の締約国の会合としての役割を果たす締約国会議の会合にオブザーバーとして出席することを希望する旨事務局に通報したものは，当該会合に出席する締約国の 3 分の 1 以上が反対しない限り，オブザーバーとして出席することを認められる。オブザーバーの出席については，5 の手続規則に従う。」（前掲『地球環境条約集』, 492頁）
60) CDM 理事会（CDM—EB）へのオブザーバー参加を認めているのは，UNFCCC Decision 17／CP 7 の第16節である。また共同実施監督委員会（JISC）へのオブザーバー参加を認めているのは，UNFCCC Decision 16／CP 7 の18節である。これらについては, *Particpation of Non-Govermental Organisations in International Environmental Governance : Legal Basis and Practical Experience*, p.136を参照。
61) Doherty (2002), p.136.

第6章
ドイツの環境政治と環境政策

はじめに

　ドイツでは，シュバルツバルトやケルン大聖堂の酸性雨被害，ライン川汚染，廃棄物処理などの環境問題に悩まされてきたが，1990年に統一されると，旧東ドイツの環境汚染の実態もつぎつぎと明るみに出されてきた。1980年代には酸性雨対策やライン川汚染への対応がなされるとともに，1986年にこれまでの環境行政を統合した形で，環境・自然保護・原子力安全省が新設されるなど，環境政策への積極的な取り組みがみられた。こうして，環境保護と経済政策とのあいだにはもはやトレードオフ関係は存在しないという見解も生まれた。そして1980年代後半に，先進諸国で世界的に地球環境問題への取り組みが進展するなかで，ドイツも90年代に入って「環境影響評価法」の施行（1990年），「包装廃棄物抑制に関する政令」（1991年），循環型社会をめざす「循環経済・廃棄物法」（1994年）を制定する一方，温室効果ガスの抑制など地球環境問題への積極的な取り組みを進めてきた。

　しかし他方において，1980年代から本格化した世界経済のグローバリゼーションという流れのなかで，産業界はドイツの経済成長にとって環境保護が障害となるという議論を復活し，環境に関しても規制緩和を求めた。こうして，エコロジーとエコノミー，環境政策と経済政策の新たな対立という問題が浮上したのである。こうしたなかで，環境政策の手段をめぐる議論が80年代から活発化し，これまでの環境政策の規制的手段から経済的手段への転換という問題が注目されてきた。環境税をめぐってはすでに政党レベルだけでなく，環境保護

団体や経済団体のあいだでも議論が進められてきたが，1998年の連邦議会選挙でSPDと90年連合・緑の党の連立政権が成立してから，法制化に向けて本格的な検討が進められ，1999年4月から環境税が導入された。本章では，こうしたドイツの環境政策の流れを考察するにあたっての予備的作業として，1960年代以降の環境政策の流れと，環境政策と政治行政システムとの関係について検討したい。

1．環境政策の展開

（1）環境政策の確立期（1969-74年）

ドイツにおいて環境問題は1950～60年代には政治的論議の中心には置かれていなかった。この時期には，環境問題がなかったわけではなかったが，日本のように深刻な産業公害の発生と公害裁判そして住民運動の活性化という一連の動きはドイツではみられなかった。そして1965年と1969年の連邦議会選挙においても，環境問題は争点にならなかった。60年代後半は，経済危機に見舞われたドイツが67年の「経済安定成長法」の制定によって根拠づけられた「協調行動」に示されるネオ・コーポラティズム的な政策が展開された時期でもあり，依然として環境問題よりも経済問題が優先していた[1]。その当時行われた環境に関する世論調査によれば，1969年にはドイツ人の95％が「環境」という概念について十分認識しておらず，したがって選挙においても争点とはならなかった[2]。1年後の2回目の世論調査でも，ドイツ国民の60％がそれを十分に認識していなかったが，1971年に行われた3回目の世論調査では，国民の90％以上が「環境政策」という言葉になじむようになったという，これまでとは完全に異なった結果が出た。

こうしたなかで，SPDとFDPの連立政権が誕生した1969年以降，環境保護が政治的な争点になり始めた。1969年の連邦議会選挙でもSPDとFDPの綱領においては，環境問題はほとんど重要な位置を占めていなかったが，同年10月の政府声明では，環境問題の克服が連邦政府の将来的な重点政策として位置づ

けられた[3]。ドイツでは60年代に環境問題が大きな政治的テーマになってはいなかったとはいえ、実際には水質汚濁や大気汚染などは進んでおり、こうした環境問題への対応が政治的テーマになりうる背景はすでにでき上がっていたといってよい。1968年には、ユネスコは早くも「人間とバイオ空間」というテーマでシンポジウムを開催する一方、各国の自然科学者、技術者、政治家からなる「ローマ・クラブ」が誕生した。さらに欧州評議会は1970年を自然保護の年として宣言し、そして1972年にはストックホルムで国連人間環境会議が開催された。その意味で、1969年という年は国際的には環境問題への関心が高まりつつあった時期でもあった。

けれども、W・ブラント首相が選挙運動でも取り上げなかった環境問題というテーマが突然と出てきた点については明らかでない。FDPが政府内だけでなく党内でも有権者に対して改革の特色を打ち出すために、環境というテーマを受け入れたという推測は早くから出ていたらしい。内務大臣に就任したゲンシャーが環境問題に対して責任のある地位を占めるようになったことは、SPDが推進していた東方政策に対抗して、FDPとして環境問題を改革政党の政策的な基軸に据えようとするための絶好の機会を得たわけである[4]。

連邦政府は国連人間環境会議の準備過程で、1970年に「直接的行動プログラム」を作成し、翌年には「連邦政府の環境プラグラム」を策定した。それ以後、政府内の変化にかかわりなく、連邦政府の環境政策は、環境の予防的な保護という原理、因果的責任（汚染者負担の原則）、そして協力の原理に沿って進められた。また環境プログラムの策定に先だって連邦政府内の組織的な再編成が行われ、それまで連邦保健省に属していた水利事業、大気汚染管理、騒音緩和に関する部局を連邦内務省に移された。さらに1972年に基本法74条第24項が追加される形で改正され、連邦政府はごみの除去、大気の清浄維持および騒音防止の領域に立法権限を拡大した[5]。しかし、水資源、自然保護ならびに景観管理の領域に関しては、連邦参議院に最小限の立法化の権限しか与えられなかった（第75条第3・4項）。

こうした組織の再編成や法体系の整備によって、連邦政府は比較的短期間の

あいだに一定の環境法を策定し，結果的に政府の環境プログラムに含まれる優先順位の高い計画を実現することができた。それらには，航空機騒音に関する保護法（1971年），連邦廃棄物処理法（1972年），連邦排出物規制法（1974年）などが含まれる[6]。このような環境法の整備とならんで，環境政策を担当する制度に関しても，1971年の環境問題専門家委員会の設置，1974年の連邦環境庁の設置がなされた。

環境問題専門家委員会は，学識者から構成されるもので，独自の案件を設定できるとともに，連邦環境庁からの諮問に回答している。その委員会のモデルとなったのは，経済専門家委員会であり，両委員会ともに連邦予算によって支えられているとはいえ，政府と組織化された利益からは独立した機関として機能している。1971年に設立されて以降，環境問題専門家委員会は，エネルギー，環境，廃棄物処理，化学物質に関する幅広いテーマに関する報告書を公刊してきた。さらに委員会は，議会の委員会に資料や情報を提供するが，その役割は少ない職員と非常勤のメンバーという性格に制約されているとはいえ，その報告書のいくつかは法令や規制措置で使われた資料となっており，現行の立法や規制に関する独自の助言は影響力を有している[7]。

他方，連邦環境庁は技術者や科学者などの専門職員から構成され，科学的研究やデータ収集を行い，環境省の政策作成を補助している。経済学者や他の社会学者は周辺的な役割しか演じておらず，政策分析は中心的な活動となってはいない。その作業の多くは，独自の政策提案のための技術的な資料の準備である。たとえば，連邦環境庁は1991年に，水源の許可，大規模事故の管理，自動車の燃料補給，輸送自動車の燃料，フロンガス生産の禁止，スモッグの削減といった領域での規制の作成や修正に関する作業を行った[8]。

（2）環境政策の停滞期（1974-78年）

1973年の石油危機とそれによる景気後退は，経済復興を政策的に優先させ，結果的に環境政策における停滞と防御的な行動の始まりを特徴づけた。この意味で，1974年から78年のあいだの時期は，環境政策の「氷河期」（Eiszeit）とも

よばれている。経済団体や労働組合，そして政治的なロビイストや行政も，環境保護を経済成長にとっての障害とみなすようになった。このような環境保護から経済優先への政策的な転換は，ブラント首相から経済志向的なシュミット首相への，そして"環境大臣"と自認していたゲンシャー内務大臣からマイホッファー内務大臣への交代によって特徴づけられた[9]。それはまさに，改革政治の終焉と社民－自民連立政権の危機管理の開始を意味していた。

　この時期のドイツの政治的・社会的な雰囲気は，1978年にいたるまで，悪化した経済状況だけでなく，原発建設に対する実力行使をともなう運動によって揺り動かされていた。このような事態は，二重の仕方で環境保護にとってマイナスに働いた。すなわち，それらは一方では国内治安の所轄官庁である内務省の役割に関心を向けさせるとともに，他方では政治的な領域においては環境保護運動などの市民運動に対するネガティヴな雰囲気を作り出したのである。こうしたなかで，すべての政党にあって，とりわけ環境政党を自認していた自民党にあっては，環境派が防御的な位置に追いやられ，経済的利益の代弁者が発言権を強める結果となった[10]。

　そして，環境政策の決定的な転換点となったのは，1975年にギムニッヒ宮殿で開催された会議であった。そこでは，シュミット首相をはじめ政府代表者，経営者団体，労働組合の代表者が集まり，これまでの環境政策の継続に関して同意する一方，企業に課されていた環境保護上の義務という投資を妨害するような作用の抑制に関しても合意に達した[11]。すなわち，産業界と労働組合はともに，エネルギー供給が脅かされるような「巨大な投資の停滞」が制限的な環境政策によって生じ，経済的なパフォーマンス能力への過剰な要求によってさらに職場が脅かされると主張したのである。

　1975年と76年に，連邦議会と連邦参議院は，洗剤法，連邦水道法の修正，廃水課徴金法，そして連邦自然保護法の4つの法案を通過させたが，これらの法案についての政府内の準備はすでに1974年春までに完了していた。とりわけ廃水課徴金法は，河川など公共水域への廃液の直接的な放出に対する課徴金であり，その金額は放出量と有害性によって決定されるものであった。これは環境

政策の経済的な手法にもとづくものであった。しかし，課徴金の額，発効日，徴収の仕方に関しては相当の譲歩が行われた。

(3) 環境政策の強化の時期 (1979-89年)

　環境政策の「氷河期」のあいだの環境問題に関する行政や議会の消極的な姿勢は，1978年ころには環境政策の復活と強化の方向へと転換した。この段階は，市民運動や環境グループの幅広いネットワークによって特徴づけられ，それらは環境保護を唱える人びとが政府の環境政策の怠慢を痛感するという状況のなかで活性化した。新しい環境保護団体が設立されるとともに，自然保護という伝統的な考え方にとらわれていた既存の団体は環境保護という広い視野に立った志向性をもつようになった[12]。

　この時期には，政党においても同様の路線がとられるようになった。1980年1月にカールスルーエで連邦政党として結成された緑の党は，同年の連邦議会選挙では影響力を拡大することができなかったけれども，環境問題（森林の死滅，原発）と平和問題は重要な政治的な案件であり続けるとともに，緑の政治のための結集点を提供した。緑の党はまたシュミット首相の保守的な経済政策の結果としてSPDから離れた支持者を獲得した。1980年と1983年のあいだに，緑の党は州議会選挙では新しい勢力となり，地方議会に進出していった。そして1983年の連邦議会選挙で5％条項を突破する5.6％の得票率を得て連邦議会への初めての進出を果たした。

　既成政党においても，環境保護が党の綱領上の活動方針となった。1979年12月，CDUは新しい環境プログラムを提案する一方，CSUも1980年4月に「1980年代の環境政策」という党の文書のなかで環境保護の構想を発表した。FDPは1981年にケルンの党大会で「エコロジー的な行動プログラム」を採択した。SPDは1981年5月に「エコロジー的な指針」という文書を発表した[13]。こうして既成政党は，少なくとも綱領の一部に環境問題を取り入れるという競争に直面することになった。これはいうまでもなく緑の党がもたらした波及効果であった。

ドイツでは1980年代に酸性雨による森林破壊が問題化し，汚染物質の排出抑制のための措置が求められていた。1982年にSPDのシュミット政権を引き継いだCDU / CSUとFDPの連立政権は，環境法の改正に着手し，1983年に「大規模燃焼施設に関する政令」を制定した。この政令は発電所などの大規模燃焼施設において，固体，液体，気体の各燃料ごとに窒素酸化物や硫黄酸化物等の排出基準を定めるものである。この政令の意義について，フッケはつぎのように述べている。「これまで広く捉えられてきた所有権保護という点から環境に負荷を与える工場にたいして改善要求を強く求めることは法的に困難であり，したがってこうした強制は個々のケースに限られていたが，新しい規制の枠内のなかで，政令に該当するすべての施設がかなり厳しい大気清浄要求を守らねばならないという拘束的な期限が設定された」。[14)]

　大気汚染の発生源は，工場や発電所施設などの固定発生源と自動車に分けられているが，前者のうちとくに二酸化硫黄の排出はこの時期に大幅に減少した。たとえば1980年に旧西ドイツで320万トンであったものが1990年には94万トンに減少したが，これは化石燃料を使用する発電所施設に脱硫装置をつけたためであった。一方，旧東ドイツでは，1980年代の後半に毎年520万トンの二酸化硫黄を排出していたのが1990年には276万トンと徐々に減少したが，こうした高い数値が出たのは褐炭の使用と効果的でない装置の使用のためであった[15)]。こうして酸性雨の原因になっていた二酸化硫黄の排出は，かなり減少した。

　このような成功にもかかわらず，コール首相は1986年6月5日に「環境・自然保護・原子力安全省」が設立することによって，環境政策に対する連邦内務省の権限を移した。このような決定がなされた理由は，同年4月26日のチェルノブイリ原発事故に対して内務省が十分な対策をとらなかったことへの国民的な批判が高まったからであった。いずれにせよ，新しい環境省が新設されたことで，これまで内務省，食料・農林省などさまざまな省にまたがっていた環境政策に関する所管事項が統合された[16)]。しかし，予防的な環境政策を形成し実施するうえで重要な権限は他の省に残された。たとえば，植物保護薬関係法は

農業省の所管,危険物質関係法は労働社会省の所管,エネルギー政策は経済相の所管のままになった。その点では,環境省には環境に関連する他の領域への権限が与えられなかっただけでなく,他の省庁の決定に対する拒否権も与えられなかったのである[17]。

(4) 環境政策の後退期？（1990-94年）

旧東ドイツの編入によるドイツ再統一の過程で,連邦議会においても多額の資金調達をどのようにするのかという問題が大きな議論の的となった。そのような資金調達の問題が浮上したために,1990年12月の連邦議会選挙では環境問題はせいぜいのところ「付随的な問題」にすぎなくなっていた。加えて,旧東ドイツ地域での工業地帯の汚染や大気汚染など環境問題も深刻であった。したがって実際問題として,ドイツ再統一のための経済負担と環境保護のための追加的な支出は,ドイツ政府にとっては大きな課題となった。こうした問題に対して,環境専門家委員会は1994年に,「ドイツの経済的な立場に関する議論のなかで部分的には明らかに環境政策の縮小が求められている」と報告している[18]。この時期,CDU/CSUとFDPの連立協定に記されている環境政策に関する措置の半分も実現されなかったのである。

この点に関しては,連邦政府の温暖化政策にも現れており,温室効果ガスの原因となる二酸化炭素の排出を2005年までに25％削減する（1987年の水準で）という政府の最初の重要な決定は,1990年6月の水準に変更された。同時に,二酸化炭素削減のための省庁間の作業グループが作られたにもかかわらず,議会は包括的な措置を講じなかった。実際に議会を通過した措置は,たとえば新築の建物に要求される熱エネルギーを削減する内容が規定されている新熱防御法のように,伝統的な行政政策の範囲内にとどまるものであった[19]。

1994年10月の連邦議会選挙のさいに公式に合意したCDU/CSUとFDPとのあいだの連立協定は,環境問題を副次的な問題として扱っているにすぎない。そのなかで言及されているのは,「エコロジカルな市場経済」がさらに拡大されるべきであるという点であるが,この内容に関しては詳細に論じられていな

い。さらに，環境大臣テプファーの教育大臣への移動，女性・青少年大臣であったメルケルの環境大臣就任は，一般には，コール政権が環境的な近代化への消極的な姿勢を示している証拠であるとみられた。

しかし他面において，1991年に施行された「包装廃棄物政令」(1998年改正)や1994年に公布され1996年に施行された「循環経済・廃棄物法」はむしろ，ドイツの環境政策の推進の延長線上に位置づけられるものであるということができる。これらの政令や法令が制定された背景には，ドイツにおける深刻なごみ問題と埋立地不足問題があった。1990年の廃棄物は，農業廃棄物も含めて，全体で2億4300万トンであった[20]。そのうち，家庭ごみは2796万トン，産業廃棄物は8190万トンなどであり，焼却処理よりも埋立てを基調としているドイツでは，その埋立地問題というのが焦眉の問題となっていた。

「包装廃棄物政令」は，包装廃棄物の削減を図るための法令であり，企業にたいして包装の回収・再利用・リサイクル，容器の預託金制度を義務づけることで包装廃棄物を削減することを目的にするもので，この目的を達成するために包装容器の回収・分別・再利用を担うデュアルシステム・ドイチェランド（DSD社）が設立された。また「循環経済・廃棄物法」は，その目的として「天然資源の保護のために循環経済を促進し，かつ廃棄物の環境に適合した処分を確保すること」を掲げており，「廃棄物の発生抑制」，「廃棄物の再利用」，「廃棄物の処分」を義務づけるものである[21]。

2．環境政策と政治・行政・法システム

(1) 基本法と環境政策

ドイツにおける環境政策を考える場合に，政治行政システムや法システムとの関係について検討しなければならないことはいうまでもない。環境政策は多くの場合，法において具体的な形態をとっているが，ドイツでは連邦政府と各州のあいだの立法的権限の配分，各州の連邦政府の立法過程への編入，そして各州による連邦法の実施という点に示されている[22]。

連邦と州の立法上の権限は基本法によって規定されており，それは専属的立法と競合的立法に分けられている。基本法第72条は，連邦と州との競合的立法の範囲について，第1項では「州は，連邦がその立法権を行使しない場合および場合においてのみ立法権限を有する」と規定し，第2項では連邦はこの競合的立法の範囲を規定している。そして第73条は連邦の専属的立法権，そして第74条と第75条は競合的立法権の対象を規定している。専属的立法権に関して，第71条は，「州は，連邦法律において明示的に授権された場合およびその場合においてのみ，立法権限を有する」と規定している。

基本法はまた，第30条で「国家の権能の行使および国家の任務の遂行は，この基本法が別段の定めをなさず，または，許さないかぎり，州が行うべき事項である」とし，そして第32条では「外交関係の処理は，連邦が行うべき事項である」と規定していることから，連邦が唯一立法権を有しているのは「外交」の領域である[23]。こうして「対外的な環境政策」は，基本的には連邦によって行われるのに対して，国内の環境政策に関する主要な権限は競合的立法のなかにある。他方において，連邦はドイツ連邦共和国の領土内での，あるいは第72条2項の「法の統一または経済の統一を維持すること」，「連邦領土内での均一な生活関係の統一を維持すること」が一国的な規模での解決を要求するかぎりにおいては，このような領域での法を制定する権限をもっている。この「生活関係の統一」に関する規定は，一国的な規模での統一的な立法を制定するための一種の「一般条項」に発展していった。このことは，基本法が第74条で33項目にわたる競合的立法の対象を規定しているという点にあらわれている。1972年には，24項目として「廃棄物管理，大気汚染防止および騒音防止」に関する規定が追加された。

こうした点からみると，環境政策の場合に重要な領域は，鉱業部門，工業部門，エネルギー部門を含む通商および産業，工場設備の安全性，放射能保護，放射性物質の処理を含む核エネルギーの平和利用，道路と自動車，そしてごみ処理，大気汚染管理，騒音除去などであり，これらの領域は「生活関係の統一の維持」あるいは「平等な生活条件の維持」という観点からみて連邦に立法上

の権限が帰属するものとされる。もちろん，これらの領域の関する権限が連邦に帰属するとはいっても，それらに対応する主要な問題に対して各州にまったく行動の余地が与えられないということを意味しない。たとえば，一国的な規模でのごみ処理の規制は，1972年以来連邦が行っていたにもかかわらず，すべての州はそれぞれごみ処理法を制定し，これらの法はいつくかの点で州ごとに異なっている[24]。

　ドイツの連邦主義の特徴は，各州が連邦政府の立法過程に関与しているということであり，この関与は州政府の議員によって構成される連邦参議院を通じて実現される。議席の配分は各州の人口にもとづいて行われ（各州は3議席，最大で7議席），連邦参議院はすべての連邦法の作成にかかわる。けれども，連邦参議院の承認を必要とする法とそうでない法とが区別されるが，憲法修正に関するすべての法は連邦参議院の承認を必要とする。この点からみると，環境保護に関するすべての法は，連邦参議院の承認を必要とする。連邦参議院がその承認を拒否した法案に関しては，連邦議会は調停委員会の召集を要求することができ，委員会によって妥協をみた法案はふたたび連邦議会と連邦参議院によって承認されねばならない。

　かりに州政府の多くが野党によって占められているならば，連邦参議院は連邦政府と連邦議会にとっては法案の可決に関して問題となる。この点は，1980年代以降に実際に起こっており，連邦政府はCDU／CSUとFDPによって構成されたが，州はSPDによって多数を占められていた。このことは，環境政策に関しても，政党間の妥協にもとづいて実施されるということを意味している。また連邦政府と州政府との対立は，政党の布置関係にもとづくだけでなく，州政府はしばしば連邦政府に反対して連合するということを意味しているのである[25]。

　ところで，基本法は1972年以来，環境保護に関する法制定の権限を連邦に与えたが，しかし，論争になってきたのはこれがどの程度連邦に認められているのか，そしてどのくらいこの権限が拡大したのか，という点である[26]。このことは国家目標としての環境保護という問題ともかかわっている。公法の領域に

おける一般的な見解は，人間存在の自然的基礎の保護が国家の責任の問題であり，それは基本法第2条第1項にある「各人は…その人格の自由な発展を目的とする権利を有する」という規定，第2項の「各人は，生命，身体を害されない権利を有する」という規定から演繹的に導かれるものである。しかしながら，国家が環境保護を引き受ける一般的で包括的な義務をもっているという主張は，必ずしも多くの法学者によって支持されるものではなかった[27]。社会保障および社会的公正を配慮する国の義務は，基本法第20条によって社会的目標として規定されているが，環境保護に関しては規定されていない。このことが20年間にわたる論争の背景をなしていた。この点に関して，D・ムルスヴィークはつぎのように説明している。

「社会保障および社会的公正を配慮する国の義務は，基本法第20条における社会的国家目標によって規律されており，そこから，『成長配慮』の目標が，従って，経済成長に向けた経済政策を推進する国の義務が導出される。しかしこのことは，環境保護が方向的に逆向きの国家目標として基本法において『保障』されていない場合には，環境を犠牲にしても行われる。経済的利益とエコロジー的利益とが衝突した場合，基本法に環境保護規定が欠けている限り，つねに経済的利益が勝利する，というのである。圧倒的多数の法学者はこの見解に与しなかった。彼らは改正しなくとも環境を効果的に保護することができる，と考えた。環境の国家目標規定は環境の効果的保護のために必要ではない。環境保護に必要なすべての法律は，こうした国家目標規定がなくとも制定することができる」[28]。

しかしながら，政党レベルでは長いあいだこの問題に関する基本法の改正をめぐって議論が積み重ねられてきた。基本法20条改正についての提案は，1981年に連邦政府によって設立された専門家委員会によって作成されたものであるが，緑の党だけでなくSPD政権下の州の反対によって連邦参議院を通過できなかった。というのは，憲法改正を決定する連邦議会と連邦参議院においては3分の2の多数が必要であったからである。しかし，CDU/CSUとSPDとのあいだの粘り強い交渉の結果，両者の妥協の帰結としてその提案が両院を通過

し，基本法20条が改正された。SPDは，1989年のベルリン綱領のなかで，「生活の基盤としての自然の保護は，基本法に国家目標として掲げられるべきである」という立場をとっており，エコロジー的に不可欠なものが経済の原則とならねばならないという観点から，「経済のエコロジー的な革新」を掲げていた。これに対して，この提案の基本的な要素を実現したCDU／CSUの立場は，つぎのようなものである。

「環境保護の国民的目的は，立法者の政治的決定によって国家の他の目的，公的利益そして個人の権利と調和されねばならず，行政機関や裁判所によるそのつどの根拠にもとづいてはならない。環境保護は第一次的な争点あるいは重要な争点になってはならないが，つねに経済成長や職業の創出といった他の目的との関連で検討されなければならない。そしてこのことは，行政機関や司法機関が個々のケースに応じて国民的な環境保護という目的と直接的に結びつけられる場合に保証されうるのである」[29]。

その条項は，基本法20a条として基本法に挿入された。それは，「国は，将来の世代に対する責任においても，自然的生命基盤および動物を，憲法適合的秩序の枠内で立法を通じて，また，法律および法の基準に従って執行権および裁判を通じて保護する」と規定している。この基本法改正以後，立法者には憲法を通じて生存の自然的基盤の保護を保障することが課せられた。しかし，立法者がどのようにこの国家的目的を実現するのか，そしていつ実現するのかについては，政治的な処理に任された。

（2）環境省の新設と環境政策

1986年に連邦環境・自然・核安全省が新設されるまで環境政策は連邦内務省の所管に属していたが，内務大臣に対する信頼の喪失は1986年のチェルノブイリ原発事故によって頂点に達した[30]。環境省の新設の基本的な利点は，環境政策が統合された観点から展開されるようになったということだけにとどまらず，環境問題に関する対立点が政治化されるようになったことである。つまり，環境問題をめぐる省庁の対立構造が選挙過程に持ち込まれる構図が生まれ

たからである。

　たとえば連邦食料・農林省などの省庁は，社会内で対立する諸利益の代表者としてさまざまな意見について議論するよりも，それらを覆い隠しがちであるだけでなく内部的な処理に委ねていた。しかし，環境保護という利益の実現に成功することによって好評を得ることができる立場にある大臣は，原理的には，選挙過程における他の大臣との競争関係のなかで，法律案の作成を担当しているスタッフの政策立案能力を高める。したがって，そのことは概して，「汚染者」の利益を同時に代表するような省の決定権力から環境的な利益を守ために重大な競争関係を背負うというケースでは有効であることが明らかになったのである。

　しかしながら，いわゆる「汚染者ヒエラルヒー」から引き離されている唯一の領域は自然保護であるが，これを例にとると，環境省の設置にともなう不利な点が証明される。すなわち，環境省の設置後まもなく，環境省内部の保護派は他の省庁の「汚染者」による計画過程や決定過程から排除されていることに不満を抱いた。食料・農林省による環境についての決定は，以前の情報の流れが遮られたあとは，「外部から」ほとんど影響を受けることがなくなったのである。これは環境省が他の省庁から自立すると同時に他の省庁も相対的に自立したことに由来するマイナスの側面であるということができる。

　環境省が他の省庁の決定過程から意図的に排除されていることの重大な原因となっているのは，環境省の責任範囲がきわめて限定されているからである[31]。とくに国民のあいだで論議されている環境問題に関しては，環境省の事実上の権限は弱い。また運輸省はドイツにおけるアウトバーンの速度制限の導入に権限をもつことになったが，同様にこのことは環境保護団体が長いあいだ要求してきた高速道路料金の導入にもあてはまる。こうした料金を課すことで，交通機関によって引き起こされている「環境コスト」が実際の汚染者によって支払われうる。いわゆる「環境税」の導入をめぐる長期的な論争は，財務省と大蔵省と経済相の権限をめぐって展開されている。この場合，環境省は「請願者」としてのみ行動できるだけである[32]。

さらに，環境省の不安定な立場は，それが強力なロビーをもっていないという状況によって深刻化しているようである。他の省庁と比較してみても，ドイツ農業団体だけでなく，商業団体や産業団体は省庁との長期的かつ緊密な関係をもっているが，環境団体は環境省の実際的な顧客とはなっていない。今日では，環境省と環境団体との関係は，共同関係よりも緊張関係によって特徴づけられている[33]。環境団体の代表者は省庁の官僚機構を共同プレイヤーというよりも対立者とみており，かれらにとって，行政はトップからボトムへと環境政策を発するために設計された「閉鎖システム」に映っている。それとは反対に，行政官僚機構は，しばしば，環境団体が権限のなく妥協を知らないうえに，非現実的で実現できそうにない要求を支持するという点であまりに「急進的」と考えている。その結果，環境団体は環境省によって潜在的な同盟者とはみなされていないということである。

　しかし，現在，両者の関係に新しい転換の兆候がみられるようである。たとえば，国際的な環境保護団体であるグリーンピース・インターナショナルの支部グリーンピース・ドイツは，環境ロビイストが産業との対話を求めているという記事が『ツァイト』誌（1995年25号）に掲載され，そこでは「少しの行動と多くの説得」という新しい構想を進めているとする[34]。同様に，ドイツ環境自然保護連盟（BUND）は1993年に，環境税改革をめぐって対立状況にある連邦青年実業者連盟（BJU）のなかに同盟者を見いだした。1年後，環境税改革に対する第2の要求がドイツ環境自然保護連盟と16人の経営者によって共同で発表された。先の1993年の共同声明では，ドイツ環境自然保護連盟と連邦青年実業者連盟は，環境保護団体と雇用者連盟とのあいだの対立は消えかけていると断言したものの，この実際的な内容に関しては依然として論議され続けている。にもかかわらず，企業団体と環境団体はこれまでの対立点を少しずつ取り去っているようである[35]。そして1980年代後半には，環境保護を志向する経済政策が成長と雇用を阻害するという積極的な効果はもはや深刻に議論されなくなったという状況さえ生まれたのである。

　しかしながら，すでに触れたように，1990年代に入って環境政策をめぐる論

争は，ドイツ統一の資金調達をどのようにするのかという緊急問題によって背景に押しやられた。そしてそれ以降の景気後退は，グローバリゼーションの進展と相まって，「ドイツ企業の活動場所と生存能力」に関する幅広い論議を巻き起こし，その後，環境保護が経済成長の障害であるという主張が大々的に復活し，環境政策は防御的な立場に追いやられることになった。

1) B.M.Malunat, Die Umweltpolitik der Bundesrepublik Deutschland, in : *Aus Politik und Zeitgeschichte*, B.49, 1994, S.4.
2) H.Phele, Umweltpolitik, in : O. Gabriel and G.Holtmann（Hrsg.）, *Politisches System der Bundesrepublik Deutschland*, R.Ordenbourg Verlag, 1997, S.703.
3) ワイトナー前掲訳書，「資本主義工業国家における環境問題と国家の活動領域」（『公害研究』第20巻第3号，1991年），11頁。
4) Phele, a. a. O., S.703.
5) J.Hucke, Umweltpolitik : Die Entwicklung eines neuen Politikfeldes, in : K.v.Beyme/M.G.Schmidt（Hrsg.）, *Politik in der Bundesrepublik Deutschland*, Westdeutscher Verlag, 1990, S.383.
6) Phele, a. a. O., S. 704.これらの一連の法に関しては，東京海上火災保険株式会社編『環境リスクと環境法・欧州国際編』有斐閣，1996年を参照されたい。
7) S.Rose-Ackerman, *Controlling Environmental Policy*, Yale University Press, 1995, p.62.
8) Ibid., p.63. 1986年に環境省が新設されてから，環境省と連邦環境庁との共同関係はつねに円滑にいってはいないようである。連邦環境庁はしばしば自らの環境政策を強調するあまり，その職員は環境省によって推進されている構想を公的に批判することもある。
9) Hucke, a. a. O., S.386.
10) E.Muller, Sozial-liberale Umweltpolitik Von der Karriere eines neuen Politikb ereichs, in : *Aus Politik und Zeitgeschichte*, B.47-48, 1989, S.9.
11) Hucke, a. a. O., S.387.
12) Phele, a. a. O., S.705.
13) Muller, a. a. O. S.11.
14) J.Hucke, a. a. O. S.390.
15) J.Hewett（Ed.）, *European Environmental Almanac*, Earthscan Publications Ltd, London, 1995, p.159.
16) ドイツの連邦環境省はアメリカの行政機関よりも権限が弱い。1994年のアメリ

カの環境保護庁の予算額は67億ドルで，職員は1987年で14000人いたのに対して，ドイツ連邦環境省では1991年に予算額は約10億ドル，職員は850人であり，研究機関である連邦環境庁には600人の職員がいた（Rose-Ackerman, op. cit., p.33）。

17) Malunat, a. a. O., S.9.
18) Malunat, a. a. O., S.10.
19) Phele, a. a. O., S.708.
20) *European Environmental Almanac*, p.161.
21)「循環経済・廃棄物法」に関しては，前掲『環境リスクと環境法・国際欧州編』，後藤典弘「ドイツの『循環経済・廃棄物法（1994年）』」（『環境研究』No.79, 1995年所収），松村弓彦「ドイツ一九九四年循環型経済・廃棄物法」（国際比較環境法センター編『世界の環境法』国際比較センター，1996年），R・フェアハイエン『循環経済・廃棄物法の実態報告』中曽利雄・総編訳，株式会社エヌ・ティー・エス，1999年，などを参照されたい。
22) H.Pehle, Germany : Domestic Obstacles to an international Forrunner, in : M.S.Andersen/D.Liefferink (Eds.), *European Environmental Policy*, Manchester University Press, 1997, p.168. なお，ドイツ連邦共和国基本法については，高橋和之編『〔新版〕世界憲法集』（岩波書店，2007年）を参照した。
23) Phele, op. cit., p.168.
24) Ibid., p.169.
25) Ibid., p.170.
26) Ibid., p.171.
27) Ibid., p.172. Cf. B.Bock, *Umweltshutz im Spiegel von Verfassungsrecht und Verfassungspolitik*, Berlin, 1990. なお，D・ムルスヴィーク「国家目標としての環境保護」（ドイツ憲法判例研究会編『人間・科学技術・環境』信山社，1999年）を参照されたい。
28) ムルスヴィーク前掲訳書，257－8頁。
29) Phele, op. cit., p.172.
30) H. Weidner, Die Umweltpolitik der konservativ-liberalen Regirung, in : *Aus Politik und Zeitgeschichte*, B.47-8, 1989, S.18. なお，ワイトナーの前掲訳書を併せて参照されたい。内容的には，この2つの論文は重なっているところが多い。環境省に関しては，H.Phele, Das Bundesministerium fur Umwelt, Naturschutz und Reaktorsicherheit : *Ausgegrenzt statt integriert ?*, Deutscher Universitats Verlag, 1998を参照されたい。
31) Phele, op. cit., p.176.
32) Ibid., p.176.

33) Ibid., p.177.
34) Ibid., p.178.
35) Ibid., p.178.

第7章
ドイツにおける環境政策の発展

はじめに

　1990年代に入ってから，リオでの地球サミットに先立って，コール政権下にあったドイツは地球環境問題とりわけ温暖化防止に関して国際的に指導的な立場をとろうとした。早くも1990年6月には，連邦政府は，2005年までに1987年の水準から25％のCO2の削減を決定した。翌年には，連邦政府の最初のCO2削減計画が可決されたが，それはドイツ再統一のために25〜30％の削減を目標とするものであった。こうして1992年のリオでの地球サミットの段階では，ドイツは他のEU諸国よりもCO2の排出削減に関しては有利な立場にあった。また1994年に循環経済・廃棄物法が制定され，ドイツは循環型社会への道を着実に推し進めた。

　このようなキリスト教社会民主同盟（CDU）と自由民主党（FDP）の連立政権下での環境政策にもかかわらず，1990年代前半のドイツの環境政策は，ドイツ再統一による経済的・社会的なコストの問題に押されて足踏み状態が続いていた。とくに，1994年の連邦議会選挙後には，原子力エネルギー政策，自然保護，土地利用，化学物質の規制という政策分野においては目立った進展がみられなかったといってよい[1]。1990年代後半になると，他の西欧諸国では，環境税導入など環境政策の経済的手法の利用がますます進められていったが，ドイツではこのような弾力的な経済的手法は依然として採用されていなかった。

　しかし，1998年の連邦議会選挙で社会民主党（SPD）と90年連合／緑の党の連立政権が成立すると，ドイツの環境政策の面で大きな転換がみられた。連立

政権は，環境税の導入，原子力発電の段階的廃止など大胆な政策を打ち出したのである。ここでは，1998年に成立したSPDと90年連合／緑の党の連立政権が推進している環境政策を検討してみたい。

1. 連立政権のエネルギー政策

　1998年の連邦議会選挙の結果，SPDと90年連合／緑の党の連立政権が成立し，ドイツの環境政策は大きく転換した。連邦議会選挙では，SPDのシュレーダーは，運輸政策の面でテクノロジー的な近代化の推進と原子力エネルギーから段階的な撤退を掲げ，コール政権での失業対策の失敗を政治的な焦点とした。連邦議会選挙では，SPDが得票率40.9％，議席数298を獲得し，90年連合／緑の党が得票率6.7％，議席数47を獲得した（表5参照）。その結果，SPDと90年連合／緑の党は，連邦議会の669議席中，絶対多数の345議席を獲得し，戦後初めての「赤－緑」の連立政権を成立させた[2]。SPDと緑の党の連立与党は，環境面で優れた社会経済システムを構築するというプログラムをもって政権に就いたが，その取り組み方法として，失業問題に対処する方法を見出すことと同時に「緑の政治」を推進することを掲げた。連立政権で外務大臣，環境大臣，厚生大臣の3つの閣僚ポストを獲得した緑の党は，こうしたシュレー

表5　1998年の連邦議会選挙の結果

政　党	得票率（％）	議席数
社会民主党（SPD）	40.9	298
90年連合／緑の党	6.7	47
CDU/CSU	35.1	245
FDP	6.2	44
PDS	5.1	35
共和党	1.8	—
ドイツ民族同盟	1.2	—
その他	2.9	—
合計	100％	669

出所：David P.Conradt et al., *Power Shift in Germany*, 2000, p.114より作成。

ダーのSPDの政策のグリーン化を推し進める役割を担ったのである。

　SPDと90年連合／緑の党の連立政権が行った環境政策のドラスティックな転換は，原子力エネルギー利用の段階的な廃止と環境税の導入であった。原子力エネルギー利用の廃止と環境税の導入は，90年連合／緑の党にとってはもっとも重要な争点であり，それらは結党以来の政治的アジェンダにおいて高い位置を占めてきた。90年連合／緑の党は，SPDとの連立にあたって，これらの政治的アジェンダの立法化を具体的な目標に掲げたのである。SPDと90年連合／緑の党は，原子力エネルギー利用の段階的な廃止が法律によって規定されるべきであり，これによって原子力エネルギー利用の問題を解決することで一致した。

　ドイツは現在，稼働中の原発を19基もっており，それらは電力需要のほぼ30％を賄っている。1986年にチェルノブイリ事故が発生して以来，SPDは90年連合／緑の党とともに原子力発電には反対の立場を堅持してきた。原子力発電に対する連立政権の立場は，原子力発電には受け入れ不可能なリスクが伴うというものであった。こうして原子力エネルギーは温室効果ガスを排出しないという主張にもかかわらず，連立政権は原子力発電を段階的に廃止する計画を推進した。連立政権はまた，原子力発電がドイツのエネルギー源として維持されるかぎり，他の形態のエネルギーの研究と開発へのインセンティブが生まれないと主張した。環境保護団体のグリーンピースは，さまざまな科学技術に対する連邦政府と州政府の補助金は圧倒的に核分裂技術と核融合技術に振り向けられている点を示す研究を行った。それによれば，1956年（核分裂）と1974年（核融合）から1995年までに，核分裂と核融合に関しては研究費と補助金の支出のうち82％を受給していたのに対して，再生エネルギーとエネルギー削減技術の場合には9％だけ支給されていたにすぎなかった[3]。

　ところで，1998年10月に，SPDと90年連合／緑の党は，連立協定を締結した。その連立協定のタイトルは，「出発と再生：21世紀へのドイツの道」である。その前文では，今後4年間の連立政権は，経済的な安定化，社会的公正，エコロジー的近代化，外交政策的な信頼，国内の安全，そして人権の強化と女

性の同権をそのめざすべき政策的課題として掲げており，なかでも失業対策が新政権の最高の政策的目標とされ，ここにドイツの経済的・財政的・社会的問題を解決するための重要な鍵があるとしている[4]。1998年にドイツ全体で440万人に上る失業者を抱えていたが，それはコール前政権が残した困難な政治的な負の遺産であった。したがって連立協定では，まず第1に失業対策を最大の政策的な課題に掲げたのであった。

連立協定では，環境政策の面で，とくにエネルギー政策において大胆な政策的提案を行っている。新政権は，将来的に安定し環境に優しくコストに見合ったエネルギー供給を保証するとして，再生エネルギーとエネルギー省力化を優先している。また原子力エネルギーに関しては，以下のように規定している。「エネルギー供給の構造転換は科学技術的・エコロジー的・エネルギー経済的な要請を考慮しなくてはならない。計り知れぬ損害を伴うような大きな危険のために原子力にたいしてはもはや責任を負うことができない。したがって新政権は原子力の利用を可能な限り早急に廃止するあらゆる措置を講じるつもりである。」[5]

こうして連立協定において，原子力エネルギー利用の廃止が明確に打ち出されたのであった。連立政権はこのために，以下の3段階にわたる手続きについて合意した。これらの一連の手続きは100日以内に実行に移されるものとされた。

第1の段階は，100日プログラムの一部として，原子力法の改正を含む以下のような内容のものであった。すなわち，①原子力の促進目的の項目の削除，②1年以内に安全性の再審査を行うことを義務づけること，③危険性が疑わしいことが根拠づけられる場合に立証責任を明確化すること，④廃棄物処理を直接的な最終貯蔵に限定すること，⑤1998年における原子力法の追加条項の撤廃（EU法の転換を例外として），⑥補償の引き上げ，である。

第2段階では，新連邦政府は，新しいエネルギー政策，原子力エネルギーと廃棄物処理問題の決着への道に関して合意を形成するために，エネルギー供給会社とのあいだで協議することになる。新連邦政府はこのために時間的枠組を

政権成立後1年以内とする。

　そして第3段階として，連立政権はこの期間が終了した後，原子力エネルギー利用の廃止によって補償なしに規制される法律を立法化する。そのために経営許可には時間的に期限が付けられる。廃棄物処理については，連立政権は，これまでの放射性廃棄物処理の概念は内容的に破綻したものであり，事実上の基礎をもたない点で一致した。放射性廃棄物という負の遺産のために国家的な廃棄物処理計画を作り上げることが必要とされた。具体的には，放射性廃棄物を最終貯蔵場に貯蔵し，その開設を2030年とすることで合意した[6]。

　以上の3段階にわたる手続きのうち，第2段階においては，エネルギー供給会社とのあいだで協議が行われるものとされたが，シュレーダー首相とエネルギー供給会社との最初の会合は，1999年1月に開催された[7]。会合後の記者会見で，シュレーダー首相は，原子力発電所の寿命は一概に確定することはできないと述べた。その後も交渉が進められた結果，2000年6月に，連邦政府と電力会社のあいだで原子力発電所の閉鎖を含めた合意が成立した。まず原子力発電所の寿命に関しては，各発電所について32年の規定寿命にもとづいて2000年1月1日からの残余年数が計算される。安全性に関しては，残余年数のあいだ従来の安全性基準が保証される。そして廃棄物処理に関しては，エネルギー供給会社はできるかぎり早急に原子力発電所の立地場所か，あるいはその近くに中間貯蔵施設を建設するものとされた[8]。

　そして2001年9月に連邦議会によって可決された原子力エネルギーの廃止に関する法律，すなわち「電力の商業用生産のための原子力エネルギー利用の廃止に関する法律」は，以下の3つの主要な柱から成る[9]。第1に，新規の商業用原子力発電所の建設の禁止と，稼働開始時から32年経過した既存の原子力発電所の残余稼働年数の制限，第2に，個々の原子力発電に関しては最大限許容される残余発電量，第3に，使用済核燃料の再処理の禁止ならびに放射性廃棄物の処理の最終貯蔵施設への限定，である。これによってドイツの原子力発電所は，稼働開始時から32年，今後平均12年弱で閉鎖されることになる。また2005年以降には，放射性燃料の再処理のために移送することが禁止される。

さらに2000年3月に、「再生エネルギー法」が制定された。この法律の目的は、地球温暖化を防止し環境を保護するために持続可能なエネルギー供給の発展を推進し、再生エネルギー資源の割合を実質的に高めることを実現することである[10]。そのために、2010年までに全エネルギー消費の割合を少なくとも2倍に引き上げることが必要であるとしている。ドイツでは、再生エネルギー利用はこれまで進められてきており、その割合も明らかに上昇している。とりわけ風力、太陽光、バイオマスが再生エネルギー資源として利用されている。一次エネルギー利用における再生エネルギーの割合は、1990年の0.9％から2000年の2.1％に上昇し、その電力利用に占める割合は、1990年の約3.4％から2000年の約6.25％に上昇している[11]。

こうした原子力エネルギーから再生エネルギーへの転換という連立政権の政策は、これまでの政権が打ち出せなかった有効なエネルギー政策ということができる。しかし他面において、連立政権を担う2つの政党のあいだでの見解の相違だけでなく、SPDと90年連合／緑の党の内部においても相違点が明らかになった。90年連合／緑の党は、当初より原子力発電の直接的な廃止を連合政権において達成されるべき主要な目標の1つに掲げていたのに対して、SPDは原発政策に関しては慎重な立場をとっていた。さらにトリッテン環境相は、原子力産業との妥協の必要性を感じていたシュレーダー首相に対して、早期の廃止を支持していた。

また90年連合／緑の党の内部においてもかなりの論争があった。党大会で支持された環境相は原子力発電所の25年以内の段階的な廃止を要求していたが、技術的な残余年数に達しつつあった古い原子力発電所の停止には党内にはまったく反対意見がなかったものの、新しい原子力発電所をどのくらい稼働させるかに関してはかなりの意見の相違がみられた。しかし、連立政権の一翼を担う政党としては、SPDとの共同歩調をとるという選択肢しかなく、結果的に段階的な廃止に同意した。その結果、90年連合／緑の党の内部では、たとえ遅くなっても廃止を支持する人々と、その選択が原子力産業への完全な屈服であると感じていた人々とのあいだに分裂が生じた[12]。SPDとの連立パートナーに

なることは，90年連合／緑の党にとっては注目すべき業績であったとはいえ，連立政権が成立してからの政策的な妥協は将来的に政党としてのアイデンティティを喪失させる危険性をも含んでいる。

　SPDと90年連合／緑の党の連立政権による原子力エネルギーの段階的な廃止は，おもに国内的な要因によるものであったといえる。しかし他方では，ドイツの原発廃止の決定は，EUにおける一般的な趨勢に対応していたということもできる。それまでに原子力発電所をもつ8カ国のうちの半数（ベルギー，オランダ，スウェーデン，そしてドイツ）がその段階的な廃止を決定していたからである。当時のEU15カ国のうち3カ国（フィンランド，フランス，イギリス）は原子力エネルギーに積極的な立場をとっていた。スペインはチェルノブイリ原発事故以後，新規の原子力発電所建設を停止していたし，デンマークやイタリアといった国々は，初期の段階から反対の姿勢をとっていた[13]。

　ところで，エネルギー政策の分野におけるSPDと90年連合／緑の党の連立政権の政策に関してみると，「再生エネルギー法」の制定は成功をおさめたということができる。これによって再生エネルギー・ブームが引き起こされ，電力市場における再生エネルギーの割合は，2001年末までに7.5％に増え，この部門の投資率も1.6％まで拡大した。また風力発電エネルギーは3倍となり，6万人の雇用を創出した。これらの分野における過去数年間の安定成長とともに，ドイツはこれらの再生エネルギーに関する科学技術の主要な輸出国ともなったのである。

　このようにドイツで原子力発電の廃止が実施可能となった背景には，ヨーロッパにおける電力の過剰，再生エネルギー生産増加計画，燃料電池のような新エネルギーの開発，そして熱・電気複合利用による電力生産という状況がある。しかし，ドイツが原子力発電の廃止によって温室効果ガスの削減目標を実現することは，将来的電力を原子力発電によって生産しているフランスに依存することを意味する。さらに，もう1つの大きな問題は，スウェーデンが国民投票で原発廃止を決定した後にエネルギー転換がうまくゆかずに決定が修正されたように，将来的にキリスト教民主社会同盟（CDU）が政権に就いたとき

にこの政策を転換しないかどうかである[14]。連立政権に突きつけられている課題は，今後新エネルギーおよび再生エネルギーをドイツの主要なエネルギー源として明確に位置づけるエコロジー的な近代化の政策をどう具体的に推し進めるのかという点であろう。

2．連立政権の環境税制改革

　1998年の連邦議会選挙の前哨戦において，とりわけ環境保護団体は環境税制改革を政治的な争点に掲げていたが，この段階では，90年連合／緑の党は，マグデブルクでの党大会で，石油税を1リッター当たり5マルクに段階的に引き上げて石油価格を上昇させるという決定を行っていた。キリスト教民主・社会同盟（CDU・CSU）と自由民主党の連立政府は，炭素税あるいはエネルギー税を導入するという提案を具体化していた。90年連合／緑の党にとっては，原子力エネルギーの廃止とならんで，エコロジー的・社会的な税制改革への取り組みが選挙戦での主要なテーマになっていた。それに対してSPDは，選挙プログラムのなかで環境税制改革の目的について公言していたが，選挙戦のテーマと掲げることには慎重であった。

　しかし，連邦議会選挙で勝利した後，SPDと90年連合／緑の党は1998年の連立協定のなかで，環境税制改革を3段階で進めるという点で一致した。連立協定のなかでは，環境税制改革に関して以下のよう記されている。「われわれは環境税制改革によって省エネルギー的で環境に優しい製品と新しい生産方法の開発と，消費者の環境意識にもとづく行動のための市場経済的な刺激をもたらす。環境税制改革は近代の科学技術政策と産業政策の市場経済的な手段である。それは構造転換を促進し，新たな職場を創出する。新連邦政府は，社会保険料が削減されるように配慮する。法的な賃金付随費用の削減による労働の負担軽減は新たな職場のためのわれわれの政策の支柱である。」[15]

　こうして環境税制改革は，1998年に成立した連合政権のもう1つの環境政策の柱となった[16]。1999年4月1日にその第1段階が開始された環境税制改革

は，エコロジー的な近代化を推し進めるSPDと90年連合／緑の党の連立政権の重要な政策的目標の1つであった。環境税制改革の基本的な理念は，環境に負荷を与えるエネルギー供給を抑え，社会保障のコストを毎年引き下げることで，主要な税負担を「労働要因」から「環境要因」にシフトさせることであった。エネルギー価格の上昇は，エネルギー消費を減少させるとともに資源の生産性一般を改善させるように設計されているし，また社会保障費負担の削減による低い労働コストは雇用の維持と創出のための条件を改善することを目的にしている[17]。この意味で，環境税制改革は環境負荷を低減し雇用を促進するという点で，「2重の配当」といわれている。

　こうして連立政権は，ドイツにおけるエコロジー的な近代化の主要な手段として環境税制改革を位置づけることで，同時に社会保障費負担を引き下げる目標を設定した。さらに，EUレベルでの環境税制改革と連動しながら，ガソリン，ディーゼル，暖房用石油，天然ガス，電力への課税を段階的に増やすような制度設計を行ったのである。このようにして，エネルギー・コストの緩やかな上昇が究極的には労働コストの減少につながるとされたのである。環境税からの収入の主要な部分は，一般の年金基金に組み入れられる。

　環境税制改革は1999年4月1日から第1段階が開始されたが，2003年の1月1日に開始される第5段階まで，一方においては環境税が引き上げられ，他方においては年金保険料が引き下げられる（表6参照）。ガソリンとディーゼルには毎年リットル当たり6ペニヒ課され，5年間で合計30ペニヒとなる。暖房用石油，天然ガス，液化ガス，電力については，第1段階でそれぞれ4ペニヒ，0.32ペニヒ，2.5ペニヒ，2ペニヒが課せられる（電力については1キロワット当たり）。これらの税収額は，第1段階が85億マルク，第2段階が172億マルク，第3段階が224億マルク，第4段階が143億ユーロ，そして第5段階が172億ユーロとなっており，最終的には560億ユーロになる予定である。他方，環境税に対して負担が軽減される年金保険については，第1段階では，割合を20.3%から19.5%へ，それ以後第2段階から第5段階までは，それぞれ19.3%，19.1%，19.0%，18.8%に引き下げられる。

表6 環境税制改革

課税対象	第1段階 1999/4/1	第2段階 2000/1/1	第3段階 2001/1/1	第4段階 2002/1/1	第5段階 2003/1/1
ガソリン	＋6ペニヒ／リットル	＋6ペニヒ／リットル	＋6ペニヒ／リットル	＋3セント／リットル	＋3セント／リットル
ディーゼル	＋6ペニヒ／リットル	＋6ペニヒ／リットル	＋6ペニヒ／リットル	＋3セント／リットル	＋3セント／リットル
暖房用石油	＋4ペニヒ／リットル	―	―	―	―
天然ガス	＋0.32ペニヒ／kWh				
液化ガス	＋2.5ペニヒ／kg				
電力	＋2ペニヒ／kWh	＋0.5ペニヒ／kWh	＋0.5ペニヒ／kWh	＋0.26セント／kWh	＋0.26セント／kWh
年金保険料軽減率	19.5%	19.3%	19.1%	19.1%	18.8%

出所：Kristin Kern et al. *Die Umweltpolik der rot-grünen Koalition*, 2003, S.18より作成。

　それに対して，水力，風力，太陽光，地熱など再生エネルギー資源からの電力は，課税免除となった。興味深いことに，石炭は汚染度が高いにもかかわらず課税対象にはならなかった。その理由は，石炭産業が伝統的にSPDの支持母体の1つであり，SPDや90年連合／緑の党の課税推進派の攻勢にうまく対処してきたからであった。また将来的にEU内部での環境税の調和化という計画があるために，アルミニウムや建設といったエネルギー集約的な産業への課税の一時的な除外もなされた。どの産業がエネルギー集約的であるかを決定するさいにもかなりの政治的駆け引きが展開された[18]。いずれにせよ環境税制改革の第1段階では，環境税が家計と輸送部門を圧迫したことは確実である。

　このような連立政権の環境税制改革がさまざまな受け止められ方をしたことは事実であり，環境税制改革は，90年連合／緑の党内部や環境保護団体内部の一定の人々が思い描こうとしたようには進展しなかった。環境NGOは，たとえばガソリン税は10年間にわたって毎年30ペニヒずつ引き上げられるべきであると主張したが，しかしフォルクスワーゲン社の取締役会のメンバーであったシュレーダー首相はこれに反対したといわれている[19]。最終的には，ガソリン

とディーゼルに関しては6ペニヒの課税となったものの，SPD内部の有名な環境保護主義者であったシュレヒヴィヒーホルシュタインの州首相は，このような環境税がまったく不十分であると批判した。

しかし，グローバルな視点からみた場合，環境税制改革は連立政権の顕著な業績の1つであるということができよう。環境税導入でエネルギー資源は高くなり，そのことが結果的にエネルギー保護と地球温暖化防止への貢献につながっている。新しい環境税制のいくつかの積極的な効果がすでに明らかになった面がある。たとえば，2000年と2001年を比較した場合，輸送部門におけるガソリン販売は減少しており，したがってCO_2排出抑制の効果が出ている。また公共輸送部門の利用や車の共同利用もやや増え，燃費の良い車の販売が増加していることにも，その効果が現れているということができる[20]。

他方，環境税制に対する批判は，その時間的な枠組をめぐるものである。すなわち，環境税制改革は，1999年の第1段階から2002年の第5段階までを射程に入れているものの，2003年以降の税収増加については停止状態になっているからである。国際環境NGOのFoE，グリーンピースやドイツ環境諮問委員会（SRU）は，連邦政府が2003年以降も環境税の引き上げを継続し，新税制がもたらす積極的で持続可能な効果を保持するように促している。したがって産業界に対する特定の規定や免除を再検討することが重要であるが，実はこの譲歩が税制改革の潜在力が実現されない重要な理由の1つとなっており，経済構造のエコロジー的な転換が阻害されているのである。さらに雇用と経済成長へのネガティブな効果に関する懸念に関しても，それが根拠のないものであることが証明された[21]。環境税は大きな税制改革のパッケージの一部であるので，家計に対しては追加的な負担を及ばさない。

このようなドイツの環境税制改革は，ヨーロッパ全体を見渡した場合，環境税をめぐるドイツの議論が他国に影響を与えたとしても，必ずしも国際的に先駆的な試みではない。たとえばオーストリアでは，環境税はドイツよりも早く導入された。1990年に，フィンランドは化石燃料に対する炭素税を導入し，翌1991年にはノルウェーとスウェーデンがそれに続き，1992年にはデンマークと

オランダが導入した。こうして北欧諸国はほぼ同時期に環境税を導入した。またベルギーは1993年，オーストリアとスロベニアは1996年に環境税あるいは炭素税を導入した。ドイツとオランダが導入したのは1999年であり，他のヨーロッパ諸国と比較してむしろ遅れた感がある。イギリスは2000年に気候変動税を導入した。

　こうしたなかで連立政権の課題は，今後とも環境税を継続するかどうかである。2002年の連立交渉では，90年連合／緑の党はSPDの意志に反対できず，2003年以降の環境税の無条件の継続を達成できなかった。2004年には，環境税の継続は経済的パフォーマンスと温室効果ガスの排出状況を再検討したうえで決定するというものである[22]。高い失業率によって生み出された社会保険基金の不足のために，連邦政府は2003年には基金の負担割合を19.5％まで引き上げざるをえなかった。これには連立パートナーの90年連合／緑の党も反対した。とはいえ追加的な環境税収入がなければ，社会保険負担率を引き上げざるをえないであろう。だが，このことは環境税制改革の理念である賃金付随コストの上昇をもたらし，「2重の配当」のうちの一方が損なわれることにつながる。また一時的なエネルギー価格の上昇は確かに，エネルギー消費を低下させる効果をもたらすとはいえ，時間の経過とともにその効用も限界に達し，消費が復活する可能性すら存在する。したがって，今後とも環境税制改革を継続するか否かが，連立政権の大きな課題であるといえる。

3．連立政権の温暖化防止政策

　SPDと90年連合／緑の党は，1998年の連立協定において2005年までに1990年の水準に比較してCO2排出を25％削減することで合意した[23]。その前年に京都で開催された第3回締約国会議でEUは温室効果ガスの排出を8％削減することが義務づけられた点からみると，ドイツの削減値は大幅な削減となっている。すでに触れたように，ドイツではコール政権が1990年に2005年までに1987年の水準から25％削減するという決定を行っており，したがって1998年の連立

協定はこうしたドイツの温暖化防止政策を継承したものといえる。

　SPDと90年連合／緑の党の連立政権は，この目標を実現するために2000年10月に「国家温暖化防止プログラム」を開始するという決定を行った[24]。この「国家温暖化防止プログラム」の目標の効果的な措置に関して，以下のように記されている。「有効な温暖化防止のためには国際的に調整された努力が必要である。1994年に発効した気候変動枠組条約と1997年に採択された京都議定書は，国際的に調整された措置のための強力な基礎である。工業諸国は高い水準の温室効果ガスを排出し，しかも技術的・経済的な対処の可能性をもっている点からみて，とくに温暖化防止への対処が求められている。こうした背景から連邦政府は国際的な水準での首尾一貫した行動が必要であると考える。」[25]

　こうした観点から，連立政権は「国家温暖化防止プログラム」のなかで，第1に，2005年までにCO_2を1990年の水準から25％削減すること，そして京都議定書に規定された6つの温室効果ガスの排出削減を2008年から2012年までの間に21％削減することを目標とした。この目標達成のために，連邦政府は科学技術的な目標とエネルギー政策に関連する目標を設定し，2010年までに再生エネルギーの割合を2倍にし，コジェネレーションの拡充とエネルギー生産性の向上を定めた。こうした連邦政府のエネルギー政策と連動した温暖化対策は，ドイツ経済界との協力関係がなくては進められないことはいうまでもない。

　連邦政府はドイツ経済が1999年までにCO_2削減を23％達成したことを歓迎した。1996年3月に出された「温暖化対策に関するドイツ経済界の声明」のなかで，2005年までにCO_2を20％削減することとされていたが，連邦政府はその声明に参加したドイツ経済団体とのあいだで，2005年までにCO_2を28％，そして2012年までに京都議定書に規定された6つの温室効果ガスを35％削減することで一致した[26]。そして連邦政府は2000年11月に正式に，ドイツ経済界とのあいだで温暖化防止に関する協定に調印した[27]。他方，この「国家温暖化防止プログラム」には，「エネルギー節減のための行政命令」の規定も盛られている。この行政命令は，新築の建造物のエネルギー消費を30％削減することを目標にするもので，建設分野におけるエネルギー消費の節減のための持続可能

な貢献をねらいとするものである[28]。

　ドイツでは，1990年と2002年のあいだに温室効果ガスは19.5％も減少した。温室効果ガスの排出に関しては毎年変動があり，1992年には5％減少し，1996年には2.5％増えている。このように排出傾向が多様なのは，旧東ドイツにおける産業の再編成や景気後退などの要因があり，たとえば旧東ドイツ産業の崩壊のために1987年から1993年までの6年間にドイツ全土でCO_2の排出は約15％減少していた。1990年から2001年までの他の温室効果ガスの排出に関してみると，メタンガスは48.4％減少，一酸化二窒素（N_2O）は31.5％減少，六フッ化硫黄（SF_6）は49.9％減少（1995-1998年），四塩化炭素（CH_4）は48.9％減少，クロロフルオロカーボン（HFC）は27.8％減少という結果になっている[29]。いずれにせよ1990年以来およそ10年間に温室効果ガスは20％近く減少したことによって，ドイツは1997年の京都議定書に規定されている排出目標を達成できそうな数少ない国の1つになったのである。

　しかし，他面において，連立政権の温暖化防止政策に対してはいくつかの批判が向けられている。1971年に設置された環境問題専門家会議（Der Rat von Sachverständigen für Umweltfragen）とドイツ経済研究所（Deutches Institut für Wirtschaftforschung）は，CO_2をもっとも多く排出する石炭産業への現行の補助金を強く批判した。それによると，石炭産業を保護するという現行の政策は，ドイツの国家温暖化防止プログラムとは相容れないものである。というのは，その国家温暖化防止プログラムはエネルギー供給システムの根本的な再検討を求め，理念的には化石燃料エネルギー資源の長期的な廃止に焦点を合わせているからである[30]。

　さらなる批判は国際環境NGOであるFoE（Friend of the Earch）によって表明された。FoEは環境問題専門家会議やグリーンピースとともに，2020年までに40％のCO_2を削減するという中期的な目標を国家温暖化防止戦略に組み入れることがドイツの長期的な発展にとって重要な課題であるという点で一致していた。これは温暖化防止の領域でのドイツの国際的な責任を果たすことにつながり，さらにはヨーロッパ規模で温暖化防止の目標を設定する機会を増大さ

せ，他のヨーロッパ諸国が共通の削減政策をより積極的に推進することを促す[31]。すでに触れたように SPD が石炭産業を支持母体の１つにしているために，化石燃料全体を削減するという政策に一貫性がないというのが，その批判の論点である。

連立政権の温暖化防止政策に対して環境保護団体がとくに強調しているのは，輸送部門における「環境に優しい移動性」（umweltfreundliches Mobilitätkonzept）という考え方と，建設部門における古い建築物の再生による排出削減措置に関するものである。環境 NGO によれば，これら輸送部門と建設部門は高い割合で CO_2 を排出しており，現在の計画では十分な配慮がなされていないというものである。とくに輸送部門で注目すべき点は，そこでの CO_2 排出割合が1990年の17％から2000年には21％に上昇したことである。しかし建設分野については，すでに触れたように，新築の建造物のエネルギー消費を30％削減する「エネルギー節減の行政命令」が出されている。

ところで，SPD と90年連合／緑の党は，2002年10月16日に結ばれた連立協定である「刷新・公正・持続可能性」のなかで，「ドイツは国際的な温暖化防止をさらに積極的に推し進めるという先駆的な役割を引き受けるつもりである」[32]とした。さらに連立協定は，EU が京都議定書の第２の義務段階に向けた国際的な温暖化防止の枠組のなかで，2020年までに1990年の水準から温室効果ガスを約30％削減する用意があると言明することを提案している。そしてドイツは，2020年まで温室効果ガスを40％削減するという目標を掲げた。連立政権内部では，環境的に負荷の高い補助金のあり方を修正するか廃止するかという点では一致しているものの，連立パートナーは2010年まで無煙炭部門の財政的支援を継続することに合意した[33]。

こうして連立政権の２期目に当たって，温暖化防止政策においては EU ならびに世界の先駆的な役割を果たそうとしている。また2002年の連立協定のタイトルにある「持続可能性」（Nachhaltigkeit）という戦略は，連立政権が推し進める「エコロジー的な近代化」戦略の主要な目標に組み入れられた。

おわりに

　SPDと90年連合／緑の党の連立政権がめざす環境政策のスローガンは，「エコロジー的近代化」戦略であるということができる。1998年と2002年の連立協定には，いずれにもこのスローガンが用いられている。1998年の連立協定では，「エコロジー的近代化」は，「自然の生活基盤を守り，多くの雇用を創出する大きなチャンス」を意味しているとしている。また2002年の連立協定でも，「エコロジー的近代化によって労働と環境が結びつく」としている。

　このようにSPDの環境政策の中心にある「エコロジー的近代化」戦略は，いってみれば環境保護を通じて労働側と企業側がともに利益を得ようとするプラス－サム・ゲームである。環境に優しく低リスクの社会システムを作り上げることで，企業側にとっては，エコロジー的な効率性の上昇とコスト削減，そして世界的な競争力の確保につながり，労働側にとっては，雇用機会が確保される。連立政権が推し進めた原子力エネルギーの廃止と環境税制改革は，そうした環境に優しく低リスクの社会システムを形成しようとするものであった。また再生エネルギー法は，化石燃料エネルギー依存型社会からの脱却をめざす政策であった。ドイツでは，再生エネルギー資源として，風力，バイオマス，太陽光発電，地熱発電が利用されつつあり，コジェネレーションの利用も増えている。

　こうした環境に配慮した社会システムへの転換を可能にしたのは，ドイツ国民の環境に対する意識もさることながら，「エコロジー的近代」政策を通じた政府と産業界との対話的な政治であろう。ドイツでは，1960年代後半から所得政策の分野で政府・労働組合・経営者団体による「協調行動」に示されるネオ・コーポラティズム的な政策決定類型がみられたが，SPDと90年連合／緑の党による連立政権の環境政策，とりわけ環境税制改革や温暖化防止における産業界との協定には，こうしたネオ・コーポラティズム的な政策決定の色合いがみられる。

1) Werner Reutter (ed.), *Germany on the Road to "Normacy"* : *Policies and Politics of the Red-Green Federal Government* (1998-2002), Macmillan, 2004, p.188.
2) 1998年の連邦議会選挙に関しては, David P.Conrad et al.(eds.), *Power Shift in Germany* : *The* 1998 *Election and the End of the Kohl Era*, Berghahn Books, 2000, p.30. を参照されたい。
3) Miranda A. Schreurs, *Environmental Politics in Japan, Germany, and the United State*, Cambridge University Press, 2002, p.232.
4) SPD und Bündnis 90/Die Grünen, *Aufbruch und Erneuerung-Deutschlands Weg ins* 21. *Jahrhundert*, 20. October 1998, S.1.
5) Ibid., S.16.
6) Ibid., S.17.
7) Volker Hartenstein, Der steinige Weg der Bundesregierung zum "harmonischen" Ausstieg Deutschland aus Atomenergie, in : *Neues Deutschland*, März 2000.
8) Danyel Reiche, Ein historischer Kompromiss? Die Vereinbarung über den Atomausstieg, in : *Blätter für deusche und internationale Politik*, 2000.
9) Kristine Kern, Stephanie Koenen, and Tina Löffelsend, *Die Umweltpolitik der rot-grünen Koalition—Strategien zwischen nationaler Pfadabhängigkeit und globaler Politikkonvergenz*, Wissenschaftszentrum Berlin für Sozialforschung, 2003, S.12. この原子力エネルギー利用を廃止する法律は, Gesetz zur geordneten Beendung der Kernenergienutzung zur gewerblichen Erzeugung von Electrizität であり, 2001年9月に連邦議会で可決され, 2002年4月に施行された。
10) ドイツの「再生エネルギー法」(Gesetze für den Vorrang Erneuerbaren Energien-Erneuerbare-Energien-Gesetz-) は, 全体で12条から成る法律である。2002年7月23日に, 7条の「風力電力への補償」が修正された。
11) Bundesministerium für Umwelt, Naturschutz und Reaktorsicherheit, *Entwicklung der Erneuerbaren Energien*, Januar 2000, S.7.
12) Miranda, op. cit., p.233.
13) Reutter, op. cit., p.192.
14) Miranda, op. cit., p.234.
15) SPD und Bündnis 90/Die Grünen, op. cit., S.11.
16) ドイツの環境税制改革に関しては, Stefan Bach, Christhart Bork, Michael Kohlhaas, Christian Lutz, Bernd Meyer, Barabara Praetorius, Heinz Welsch, *Die ökologische Steuerreform in Deutchland*, Physica-Verlag, 2001を参照。1999年の環境税制改革は,「環境税制改革への取り組みのための法律」(Gesetz zum Einstieg in die ökologische Steuerreform) と,「環境税制改革推進のための法律」(Gesetz zur Fortführung der ökologische Steuerreform) に基づいている。

17) Reutter, op. cit., p.193.
18) Miranda, op. cit., p.231.
19) Miranda, op. cit., p.231.
20) Reutter, op. cit., p.195.
21) Reutter, op. cit., p.196.
22) Reutter, op. cit., p.197.
23) SPD und Bündnis 90/Die Grünen, op. cit., S.13.
24) Naitonales Klimaschutzprogramm Beschluss der Bundesregierung von 18. Oktober 2000. ＜http : //www.bmu.de/de/1024/js/download/b_klimaschutzprogramm2000/＞
25) Ibid., S.7.
26) Ibid., S.11.
27) この協定は，Vereinbarung zwischen der Regierung der Bundesrepublik und der deutschen Wirtschaft zur Klimavorsorge である。協定の参加者には，政府側からはシュレーダー首相，トリッテン環境相，ミュラー経済相，産業界からはドイツ産業連盟（BDI）のヘンケル会長などが参加している。
28) この行政命令は，Energieeinsparverordnung で，2003年8月に施行された。
29) Federal Ministry for the Environment, Nature Conseravation and Nuclear Safety, Climate Change Policy in Germany, 2003, p.6.
30) Reutter, op. cit., p.198.
31) Reutter, op. cit., p.198.
32) SPD und Bündnis'90/Die Grünen, Erneuerung-Gerechtigkeit-Nachhaltigkeit. Für ein wirtschftlich starkes, soziales und ökologisches Deutchland. Für eine lebendige Demokatie, 2002, S.37.
33) Reutter, op. cit., p.199.

第8章
EUの環境政策過程
―リージョナル環境ガバナンスの制度的枠組―

はじめに

　地球環境問題をはじめとして多くの環境問題は本質的に国境を越える場合が多いために，個々の主権国家がそれらの問題に効果的に対処できないという状況にある。これまでオゾン層破壊，地球温暖化，酸性雨といった問題に対してはグローバルな対応がなされ，ライン川の汚染問題についてはヨーロッパのレベルでリージョナルな対応がなされてきた。とりわけEUは当初，単一市場の実現を主要な目的としてきたが，域内の経済的な統合を深めるにともなって環境問題が浮上し，その結果，共通した環境政策を必要とするようになっていった。なかでも単一欧州議定書は，環境政策をEUの基本的な柱の1つとし，その採択以来，EUは加盟国に対する環境政策を促し，さらにマーストリヒト条約はそれを実施するための強固な法システムを作り上げていった。

　その意味で，EUは，環境政策の面で強固なリージョナル・ガバナンスの制度的枠組を作り上げようとしている。このようなリージョナル環境ガバナンスが強まれば，国境を越える環境問題については加盟国レベルで対処するよりもEUレベルで対処する方がますます効果的になっていくにちがいない。これにともなって，環境政策の権限もしだいに加盟国からEUに漸進的に移行せざるをえないだろう。ここでは，このようにリージョナルな環境ガバナンスの枠組として法システムの統合を深化させつつあるEUの環境政策に関して，その制度的な枠組，法システム，政策過程について考察したい。

1. EUの環境政策の歴史的展開

(1) ローマ条約下の環境政策

　1957年のローマ条約によって成立したEECの政策のなかで環境政策が副次的な政策という意味合いしかもたなかったのは，条約のなかに環境に関する明確な規定が存在しなかったためである。EECの政策的な焦点はおもに共同市場の形成と経済成長の確保にあった。したがって，環境に関しては，条約の第2条に規定された「加盟国間の生活水準の向上」の拡大解釈を通じて，その保護がなされてきたにすぎない。条約の第2条に，「環境を重視した持続的で物価の上昇を伴わない成長」という規定が挿入されたのは，1992年のマーストリヒト条約においてである。

　環境に関する最初の指令は1959年の指令59／221で，それは「電離放射線から生じる危険性から労働者や一般人の健康を保護するための基準」を作るという目的で，欧州原子力共同体（EURATOM）設立条約の第30条を法的根拠にするものであった[1]。そのつぎに出された指令はECに統合された年の指令67／548で，有害物質の区別・包装・表示の調和化に関するものであり[2]，それは明らかに，共同市場の運営と関連していただけでなく，環境的な影響を配慮したものでもあった。

　この時代には，環境は欧州共同体設立条約第3条に掲げられている共通の政策の1つではなかったので，環境行動のための主要な法的基盤は，第94条（旧第100条）と第308条（旧第235条）であった。第94条は，理事会が「共同市場の確立もしくは運営に直接影響を及ぼす加盟国の法律・規則もしくは行政規則の接近のための指令を発する」ことができると規定している。また第308条は，「共同市場の運営に当たって，共同体の目的のいずれかを達成するため共同体の行動が必要と判断され」た場合には，理事会は，委員会の提案にもとづき，全会一致で適当な措置をとると規定していた[3]。こうして環境政策に関する条約上の規定がないために，ローマ条約の他の規定を援用するかたちで環境に関

する政策的な措置がとられた。しかし，1960年代末になると，先進諸国では環境問題への取り組みが世界的に進み，欧州共同体としても，環境政策への積極的な取り組みを開始することになる。

（2）ストックホルム以後の環境政策

1972年のストックホルムでの国連人間環境会議では，人類の共通の財産である「かけがえのない地球」を守るために国際的に協力して行うべき各種の「行動計画」が採択されたが，この会議はEUの環境政策上の大きな転換点になった。同年10月に，パリでEC首脳サミットが開催され，各参加国は，経済的拡大それ自体が目的ではなく，生活の質だけでなく生活水準の改善をもたらすべきであることについて合意した。それまでの共同体の環境政策は，加盟国間の貿易障壁を撤廃するために法を調和化させるための措置に付随したものであったが[4]，これを転機にして環境政策はECの政策の本質的な部分に付随するものに転換していった。その翌年の1973年には，そうした環境へのアプローチの具体化というべき3つの提案がなされた。それは，欧州委員会の総局III（産業政策）のなかに「環境と消費者保護」部門が設置されたこと，欧州議会のなかに環境委員会が設置されたこと，そして環境行動計画が策定されたことである。

1973年11月に採択された環境行動計画に関しては，第1次環境行動計画は1973年から1976年までとされた。そこでは行動計画の原則や目的が示されたが，それは包括的な政策表明であり，法的な拘束力はない。行動計画は共同体の環境政策の実施の必要性を謳っているものの，経済活動の調和的な発展や持続的で均衡のとれた拡大など，経済的な目的が前面に出ている点は否定しがたかった。1977年には，第2次環境行動計画（1977-81年）が採択され，環境政策の方向づけがなされた。環境行動計画はECに環境政策の領域における権限を与えなかったとはいえ，EUの環境政策の中心となっているいくつかの原則を確立した。たとえば，環境保護における予防の重視，科学的・技術的知識の考慮，汚染者負担，汚染管理の権限の配分にかかわる補完性の原則などである[5]。

この時期に環境政策の実施に関して問題となったのは，正当な法的根拠に関する点であった。環境政策の法的根拠として条約の旧第100条と旧第235条が拡大解釈されて援用されていたが，旧第100条の援用の根拠は，1973年の「洗剤の生物分解性に関する指令（73／404）」に関連した1980年3月の判決のなかで，欧州裁判所によって支持された。欧州裁判所が下した判決で重要なのは，条約の旧第100条と旧第235条にもとづく廃油に関する指令（75／439）に関連した1985年の判決であった。この判決では，自由貿易の原則は絶対的なものではなく，指令は共同体の本質的な目的の1つである環境保護の観点から考慮されねばならないと述べられている。これによって欧州裁判所は，環境保護が共同体の中心的な関心事の1つであり，旧第235条は共同体の環境政策のために法的根拠とすることができることを確認したのである[6]。

（3）単一欧州議定書以後の環境政策

　EUの環境政策は，正式な法的根拠をもたないまま旧第100条と旧第235条に依拠しながら発展してきた。しかし，1987年の単一欧州議定書（SEA）の成立により，EU条約のなかに環境に関する条項が挿入された。旧第130r条1項は，「環境に関する共同体の政策は以下の目的の追求に貢献する」とし，①環境の質を維持し，保護し，改善すること，②人間の健康を保護すること，③天然資源の慎重かつ合理的な活用，を規定している。単一欧州議定書の重要な目的は単一市場の完成に置かれていたが，マコーミックによれば，環境政策に関しては，以下の4つの重要な結果をもたらした[7]。

　第1に，単一欧州議定書はローマ条約に新しく7編「環境」を設けることで，それまでのEUの環境政策の法的基礎の欠如へ対応した。第130r条（現第174条）第1項では，共同体の環境政策の目的が規定され，第2項では，環境に関する共同体の政策は，未然防止の原則，予防的行動がとられるべきこと，環境破壊はまずその発生源において正されるべきこと，そして汚染者負担の原則にもとづくべきことが規定され，「環境保護の必要性は共同体の他の政策の構成要素の一つである」とされた。この当時，共同体の他の政策領域において

はこのような包括的な規定は存在せず，そのために新法を提案し，他の法や政策にたいする環境上の影響をチェックするうえで，欧州委員会の環境総局の権限が大いに増大することになった。

　第2に，単一欧州議定書において，閣僚理事会における特定多数決が環境上の提案にも拡大された。第189b条は，「理事会は欧州議会の意見を得た後，特定多数決で，共通の立場を採択する」[8]としている。1987年の単一欧州議定書以前のほとんどの環境立法は旧100条と旧235条にもとづきながら閣僚理事会での全会一致によって決まっていたために，1つの加盟国が立法を妨害できただけでなく，すべての加盟国間で一致にいたるには多くの時間が費やされた。しかしながら，特定多数決制の導入によって，1つの加盟国が提案を妨害することができないようになり，その結果，提案に消極的な加盟国も同意に到達するために努力せざるをえない状況が生まれた[9]。

　第3に，共同体の環境的な利益がより明確に表明されるにともなって，欧州委員会はもはやその法的正当性を旧第100条と旧第235条のあいだの不明確な部分に依拠しなくてすむようになった。そして，それまで欧州委員会の官僚機構のなかで相対的に小さな役割しか果たしていなかった環境総局の役割が，根本的に変化した。環境総局は立法的な提案の進展を推し進めることにいっそうかかわり，さらには環境問題に関連する他の機関との連携を図るようになった。そのため，他の総局も環境総局がかつてのように弱い存在でも周辺的な存在でもなく，欧州委員会の他の部局の活動に影響を与える決定を行っていることを評価するようになった[10]。

　最後に，環境政策における共同体の権限がより厳密に規定されるようになるとともに，効果的な政策の基盤としての客観的で信頼できる情報の重要性が新たに強調されるようになった。環境マネジメントにおける予防的アプローチの重要性は，現状の信頼できる評価やモニタリングの方法改善を含めて，より科学的で技術的な情報を必要とする。そうした観点から，欧州環境庁を設立する提案がなされた[11]。

(4) 欧州連合条約からアムステルダム条約へ

　1993年の欧州連合条約（マーストリヒト条約）の発効は，欧州の環境政策に多くの影響をもたらした。もっとも重要なのは，環境が条約のなかでEUの政策目標のひとつにリストアップされたことである[12]。第2条では，共同体が「調和的で均衡のとれた経済活動の発展，環境を重視した持続的で物価の上昇を伴わない成長」を促進することをその使命とするとしている。また第3条では，共同体の活動として規定されている20の主要な活動のうちのひとつとして，「環境の領域における政策」という規定が置かれた。

　さらに第130r条では，「環境に関する共同体の政策は以下の目的の追求に貢献する」として，「環境の質を維持し，保護し，改善すること」，「人間の健康を保護すること」，「天然資源の慎重，かつ，合理的な活用」，「地域的，あるいは世界的な環境問題に対処するための国際的水準の措置の促進」を規定している。そして130s条は，ほとんどの環境問題に関する事項を特定多数決で決定できる旨を規定しているが，同時にその例外として，環境税など「財政的性格をもつ規定」，「都市と農村の計画，廃棄物管理と一般的性格をもつ措置を除く土地利用，および水資源の管理に関する措置」，「ある加盟国による異なったエネルギー資源間の選択，およびそのエネルギー供給の全般的構造に深刻な影響を及ぼす措置」を規定しており，これらに関しては全会一致が原則とされる[13]。

　欧州連合条約が発効した1993年は，EUの第5次環境行動プログラム（1993-2000年）が開始された年でもあり，それはEUの環境政策の方向性に重要な変化をもたらした。第5次環境行動プログラムは，環境保護という問題領域を超えて，「持続可能な開発」あるいは「環境空間」という概念を新たに強調するにいたった。その結果，「持続可能な開発」は，アムステルダム条約の前文に盛られることになった。第5次環境行動プログラムの重要な原理は，「環境問題をさまざまな経済部門に統合し，政策目的を達成し，政策手法を拡大し，責任を確定すること」[14]である。こうした原理にもとづいて，第5次環境行動プログラムは，再利用やリサイクル，エネルギーの生産と消費の合理化，消費や

行動パターンの変更の必要性について強調している。それはまた，ヨーロッパ的な次元を超えた環境問題（気候変動，酸性雨，生物多様性，水質汚染，都市環境の破壊，海岸線の破壊，そして浪費）に焦点を当て，とくに産業，エネルギー，輸送，農業，観光事業の5つの部門を目標とした[15]。

（5）アムステルダム条約からニース条約へ

1999年5月1日，アムステルダム条約が発効し，欧州環境政策のさらに新たな発展を開始した。単一欧州議定書やマーストリヒト条約と比べて，条約上の修正は少ないとはいえ，いくつかの点で重要な修正が加えられた。もっとも重要な点は，アムステルダム条約では「持続可能な開発」の原理が条約の中心に躍り出たことである。第2条では，「共同体全体において調和的で均衡のとれた持続可能な経済活動を促進すること」が規定され，さらに「高水準の環境保護と環境の質の改善」[16]を促進することも盛られ，環境重視の方向が強く打ち出されている。さらに6条は環境保護に関して次のように規定した。「環境保護のための要件は第3条で定められた共同体の政策ならびに活動の定義および実行に，特に持続可能な発展を促進するという観点に立ち，取り組まなければならない。」[17]

つぎに，意思決定に関しては，まず，第175条1項では，「理事会は第251条（旧第189条）に規定された手続きに従い，経済社会委員会および地域委員会との協議した後」と規定され，協議に地域委員会が含まれることになり，このことがひとつの進展であった[18]。そして意思決定の手続きは，欧州議会と理事会との共同決定，すなわち欧州議会は絶対多数決によって，理事会は特定多数決によって双方の承認が必要とされる意思決定や，単なる協議に還元することで簡素化された。共同決定は，一般の環境立法（第175条1項）と環境行動プログラム（第175条3項）に適用される。

さて，2000年12月のニース条約では，環境上の蓄積された成果（アキコミュノテール）の変更はなされなかった。環境に関連する重要な原則はすでに存在し，現実的な課題となっているのは，環境保護に資する方法で既存の立法をい

かに推進するのかという点にある。ただし，おもな進展は，第175条2項に，「水資源の量的管理に影響を与え，あるいはそれらの資源の利用可能性に介入するような重要な措置」の場合には，全会一致で採択されることとされた点である。これはスペインが源流となっている河川から水資源のほとんどを確保しているポルトガルの強い要請で挿入されたものである。それ以外の条項は変更されていない[19]。

2．環境政策の制度的側面

(1) 欧州委員会

よく知られているように，欧州委員会は EU の行政執行機関であり，条約の特定の条項を執行するための規則を発令し，EU の予算を管理する機関でもある。委員会の構成は，2007年1月の EU 拡大の結果，現在は27人から成り，任期は5年である。もとより EU には単一の主権は存在しないが，欧州委員会は行政機関として，指令や規則などを通じて基本条約にもとづく意思決定をはかり，加盟国に対しては必要ならば欧州裁判所の判断を仰いでまで遵守させる権限をもっている。

共同体設立条約は第211条で，欧州委員会は，「本条約の規定および本条約に基づき共同体の諸機関が採択する措置の適用を確保し」，「本条約に明文の規定がある場合または委員会が必要と認める場合は，本条約の対象となる事項に関し勧告を出し，意見を表明し」，「本条約に定める条件に従い，独自の決定権を行使し，かつ，理事会および欧州議会によってとられる措置の形成に参画し」，「理事会が定める規定を実施するため，理事会から与えられた権限を行使する」と規定されている[20]。

欧州委員会は，「独自の決定権を行使」するうえで，新法の提案や起草に関して独占する地位を占めているだけでなく，政策的なアイデアを交換するための利害の仲介役やフォーラムとして，そして加盟国とさまざまな EU 制度との

あいだの仲介役として，中枢的な位置を占めていることはいうまでもない。しかし，欧州委員会への世論は一般的には批判的であることも事実である[21]。というのは，委員会が巨大かつ強力な権限をもつ機構であり，近寄りがたい存在であるという共通の認識に由来している。委員会の作業は一般の眼からみると外部で行われ，その職員は利害関係をもつ外部の者と密接に連携しているが，このことはとりわけ環境問題にも当てはまる。環境に関する新法を具体化する場合にも，利益集団，専門家，加盟国政府の閣僚が委員会と共同作業することができ，そのすべてが交渉と作業の精緻化の複雑な過程のなかで行われるからである。

しかし，委員会は実質的には政策の提出やそれへの影響に関して各国の官僚よりも権限をもっている一方で，新法の採択の最終的な決定は欧州議会と理事会に依存し，実施は加盟国に任されており，委員会は実施の権限をもっていない。そのかわりに，委員会は各国当局による政策実施を促進する。さらにその活動は条約の目標によって左右され制限されており，委員会はまた立法的な提案の具体化において他の諸機関や加盟国代表に対応しなければならない[22]。

欧州委員会の頂点に立っているのは，27人の委員であり，その各々は責任のある政策的な職務を与えられている。官房は委員会の政策作成において中心的な役割を果たしており，政策の調整を行い，委員会の内外で競合する利害を調整する。したがって委員会は部門別の利害や各国の利害によるロビー活動の重要な標的となっている。委員会の組織は23の総局から構成されているが，総局は機能的には各国の省庁組織と等価であり，EUの日常的な行政を遂行するために任命された官僚に活動場所を与えている。委員会スタッフの3分の2は専門職員であり，かれらはEUの政策への専門的な意見を提供するために各国の専門家と一緒に活動している[23]。環境政策にもっとも中心的にかかわるのは環境総局である。

（2）欧州理事会

欧州理事会は加盟国の元首や首脳と欧州委員会委員長によって構成される首

脳会議である。本質的に，欧州理事会はつねに政策の具体的内容にまで立ち入らないEUの制度であり続けてきたうえに，EUの目的に関する声明や宣言を発する制度でもある。欧州理事会は，環境政策に関してもそれに影響を与える声明や宣言を多く発してきた。1974年に設置が決定された機関ではあるものの，理事会の最初の実質的な貢献はそれ以前のことであった。1972年10月の政府首脳会合は，「経済成長はそれ自体が目的ではなくて，生活や生活水準の質の改善をもたらすべきであり，無形の価値や環境の保護に関心が払われるべきである」という宣言を発した。政府首脳会議はまた，1973年7月までにフォーマルな環境政策のための青写真を作るように共同体に要請し，その結果が第1次環境行動プログラムの作成であり，それ以後の環境政策の発展の基礎となった[24]。

欧州理事会は1970年代初頭には，世界的な経済，エネルギー危機，加盟国への関心の高まりを背景に，環境問題をアジェンダからやや遠ざける時期があった。しかし，1983年6月にドイツのシュトゥットガルトで開催された欧州理事会は，ヨーロッパの酸性雨への対応において重要な役割を果たしただけでなく，結果的に大気汚染への取り組みを強化するような声明を出した。そして2年後の1985年3月には，ブリュッセルで開催された首脳会議は，環境保護が経済成長や雇用創出の改善に役立ちうること，環境政策が共同体の経済政策・産業政策・農業政策・社会政策の一部になることを結論づけた。この結論は，2年後の単一欧州議定書の統合的な条項を作成する決定となり，それがEUの環境政策に重要な波及効果をもたらした[25]。

このように，欧州理事会サミットでの声明は，法や政策の発展，さらには政策過程におけるアジェンダ設定の役割を果たしてきたのである。

(3) 欧州連合理事会（閣僚理事会）

欧州連合理事会は各国加盟国を代表する閣僚によって構成される機関であり，会議には議題ごとに異なる閣僚が出席する。第202条で，理事会は，「本条約に定める目的の実現を確保するため，本条約の規定に従い」，「加盟国の一般

的経済政策の調整を確保し」,「決定権を行使し」,「理事会が採択する行為において,理事会が定める規定の実施権限を委員会に付与する」。そして第203条で,理事会は各加盟国政府の立場を明らかにする権限を与えられた閣僚級の各加盟国代表により構成される」と規定されている[26]。

理事会の議決に関しては,第205条で,「本条約に別段の定めがない」場合は,構成員の多数決によるほか,「理事会が特定多数決によって議決することを求められる場合」もあるとしている。特定多数決は,25カ国体制のもとでは,加盟国全体の124票のうち,88票で議決される。司法裁判所の裁判長,裁判官などは特定多数決によって（第210条）,そして事務局長や副事務局長の任命などは,全会一致で議決される（第207条）。

閣僚理事会は,加盟国の閣僚による主要な会合の場であり,加盟国の利害とEU全体の利害とが交錯する点でもある。そして同時に,第202条にあるように,理事会は決定権を行使する場でもある。委員会からの提案がなされると,それはEU加盟国の常駐代表部にコピーで渡され,さらにコメントをつけられて各国閣僚に渡される[27]。常駐代表部員には,環境問題担当の部員が1人か2人含まれている。理事会の会合は,常駐代表委員会（コレペール）によって組織され進められる。常駐代表委員会が提案を詳細に検討する前に,それは専門家から成る作業グループに送られる。作業グループは,各加盟国の常駐代表部員や本国からの出張者と欧州委員会の担当者から構成されるが,提案の最終的なポイントを議論し,最終的な理事会の決定の道筋をつける準備をする[28]。

（4）欧州議会

第189条で,「欧州議会は,共同体に結集する諸国民の代表により構成され,本条約により欧州議会に与えられた権限を行使する」とされ,欧州議会の議員数は上限が700とされた。議決に関しては,第198条で,「欧州議会は,本条約に別段の定めがない限り,投票数の絶対多数により議決を行う」と規定している[29]。欧州議会の権限の拡大についてはしばしば指摘されているが,とくに1987年の単一欧州議定書によって環境問題に関しては欧州議会と閣僚理事会の協力

関係が重要である。第95条第3項は,「委員会は,健康,安全,環境保護および消費者保護に関連して1項に定める提案をする場合には,科学的事実に基づくあらゆる新たな発展を特に考慮しつつ,高い水準の保護を基盤とする」と規定し,続いて,「欧州議会および理事会も,それぞれの権限内で,この目的の達成を模索する」としている[30]。

そして,マーストリヒト条約とアムステルダム条約によって欧州議会に与えられた新たな権限が,欧州議会を環境政策決定過程における重要なアクターとしてきたのである。しかし,欧州議会は新しい法の提案を行うという従来の立法上の明確な権限のひとつを欠いている。したがって,欧州議会は政策提案の作成にかかわるというよりもその修正にかかわるものとされる[31]。第251条は,「委員会は,欧州議会および理事会に提案を提出する」とし,「理事会が欧州議会の意見に含まれる修正をすべて承認した場合には,そのように修正された提案を採択することができる」とし,また「欧州議会が何らの修正案も提案しない場合には,理事会は,提案を採択することができる」としているが,この条項をみても明らかなように,欧州議会はおもに委員会からの提案に対して修正する権限しかもっていない。

(5) 欧州環境庁

EUの環境政策において重要な点は,EUの実際的な環境破壊や環境汚染の水準を正確に把握することであり,そのためには27の加盟国内の環境に関する比較可能な正確なデータを整えることである[32]。欧州委員会は各加盟国政府から集まる環境情報の質と有効性に極度に依存しており,そこには情報の比較可能性の欠如という問題が横たわっていた。監視データや収集データは個々の加盟国が独自に設定した優先順位によって管理されている。そのために,このような環境情報に関する各国別のアプローチに対して,情報をEUレベルで集中的に管理することが求められた。各加盟国においては監視過程が中央政府に集権化しているところもあれば,地域や地方に分権化しているところもある。

これらの問題を乗り越えるために,1985年に欧州委員会は環境情報調整の提

案を始めた。環境情報調整は、EU内部での環境状況に関する正確で一貫したデータの必要性を決定するための実験的なプロジェクトであった[33]。この提案のおもな目的は立法過程を支援するために環境破壊についての正確な見解を提供することであった。環境情報調整の計画は限定されており、さまざまな環境問題の特定の目標を立てるために必要な詳細な機関が必要であることが明らかになった。これを実現するために、1990年に欧州環境庁（EEA）が設立された。

欧州環境庁は、EUの環境保護制度のなかでもっとも新しい機関で、コペンハーゲンに本部が置かれ、1994年にヨーロッパの環境情報システムのための情報センターとして機能し始めた。欧州環境庁は欧州委員会に情報を提供するものの、それ自体として独自の組織と構造をもった自立的な機関であり、環境総局の1機関ではない。したがって、欧州環境庁はEUの環境政策過程それ自体においては何の役割も果たしてはいない。EUの理事会規則では、欧州環境庁の活動は、「環境および環境の質に関する時宜を得た客観的な情報の提示、そして環境が被りやすい負荷とその外的影響に関する報告書を作成するために、データを記録し整理し評価することである」とされている[34]。

3．環境政策の法的手段

すでに触れたように、1987年の単一欧州議定書が成立する以前には環境政策に関する規定が存在しなかったために、環境問題の対処のための主要な法的基盤は、第94条（旧第100条）と第308条（旧第235条）であった。しかし、1993年11月1日に発効したマーストリヒト条約は第189条（アムステルダム条約第249条）で以下のように規定している。「理事会と共同して行為する欧州議会、さらに理事会および委員会は、その職務を遂行するため、本条約の規定に従い、規則を設け、命令を発し、決定をおこない、勧告をなし、意見を述べる。」[35]

このように規則や命令は、欧州議会と理事会の共同によって採択されうるし、理事会と委員会がそれぞれ単独で採択することも可能である。委員会はす

べての場合において立法措置を開始する独占権をもっており，規則と命令は委員会の提案にもとづいて採択される。

したがって，欧州議会と理事会によって共同で採択される規則や命令というのは1993年以来存在し，環境に関しては，第95条第3項の環境条項と第175条は，この共同採択を規定している[36]。けれども多くの場合，理事会が単独で環境関連の規則や命令を採択している[37]。理事会が特定多数決制によって措置を採択する場合には，加盟国の投票は第205条にしたがって行われ，現在のところ加盟国に割り当てられた投票数の合計124票のうち88票が必要となる。この場合に重要な点は，第250条1項の規定にあるように，理事会は全会一致で委員会の提案を修正できるという点である。

(1) 規 則

環境問題への対処において，欧州連合はおもに命令を発するのが一般的で，規則は例外的である。第249条は規則について，つぎのように規定している。「規則は，一般的な効力を有する。規則は，そのすべての要素について義務的であり，すべての加盟国に直接適用される」。このように規則はすべての加盟国に適用されるために，規則が通常採択されるのは，統一の規定が求められる場合である。

規則は条約の一定の条項にもとづかなければならないし，欧州裁判所の判決に従うものである。1999年末までに，EUが採用した845の環境法のうち，256は規則であった[38]。

規則に関しては，1つには，欧州環境庁など特定の行政機構を設置する規則があり，さらには委員会を設置する措置や，統一された手続きや機構の設置に関する採択などがある。その例としては有機農業に関する条項，化学品のリスク評価，環境監査体制などである[39]。さらに国際環境条約の義務は，共同体法に転換する規則によって形成される。例としては，オゾン層破壊物質に関する規則，廃棄物の船積みの規則，絶滅の恐れのある種の貿易の規則，さらに鯨製品の輸入禁止に関する規則，そして化学品の輸出入に関する規則などである。

環境に関してみると，規則は水，大気，騒音の分野にはなく，自然保護，廃棄物，化学物質の分野にいくつかあるだけである。とりわけ廃棄物と化学物質の分野も統一規定が必要になっている。

規則は，直接的に加盟国に適用可能であるとはいえ，すべての環境規則の規定がこうした直接的な効果をもっているわけではない。いくつかの規制的な規定は加盟国による行動を必要とする。環境監査の認可や監督，輸入の認可，免許制度，委員会から加盟国への情報の伝達などはその例である[40]。このような規則は命令に近い内容をもっているように思われる。

しかし，環境に関する規則はいずれも，守られない場合に適用される制裁について明らかにしていない。たとえば，廃棄物の船積みに関する規則は，「加盟国が廃棄物の不法取引を禁止し罰するために適切な法的行動をとるものとする」と規定している。また化学物質の査定に関する規則は，加盟国に対して，この規則の規定に従わない場合に対処するための適切な法的・行政的な措置をとることを求めている。しかし，これらの制裁が刑事上のものなのか，行政的なものなのか，それとも民事上のものなのかは，加盟国の自由裁量に任されている。

(2) 指　令

指令は，EUの環境政策においてもっともよく使われている法的手段である。指令は加盟国に対して向けられ，加盟国が一定の仕方で行動するような規制的な機能をもっており，私的個人，企業，結社には義務づけられない。第249条は，指令をつぎのように規定している。「指令は，達成されるべき結果について，それが宛先とするそれぞれの加盟国を拘束するが，方式および手段の選択は加盟国当局に委ねられる」。加盟国は指令を国内法に転換しなくてはならない。このことが議会の制定法によってなされるのか，規制によってなされるのかについて，また転換措置が一国の措置かどうかについて，さらにそれに関するいくつかの地域的規定あるいはローカルな規定が採用されるかどうかについては，各加盟国が決定する。転換措置は制定法に組み込まれるが，しか

し，ベルギーやドイツのように分権的な連邦構造をもつ加盟国においては，転換には多くの法的措置が加わる[41]。

国内法に転換された指令の規定は，実際的に適用されねばならない。このことは，加盟国に一定の結果の達成を義務づけている命令の本質に由来するものである。しかし，指令の目的を達成するためにこのような実際的なステップを踏むだけでは十分ではない。確かに，指令は加盟国がどのように一定の結果を達成するかを示唆しているとはいえ，一定の結果を達成するかしないかについては加盟国の自由裁量には任されていない。

指令の国内法に転換するとなると，国内法の整備が必要になり，それは一定期間内に実施されねばならない。通常は，採択から2～3年であり，加盟国は欧州委員会に指令の目標達成計画を報告しなければならない。1999年末までに，EU によって採択された353の環境法は指令であり，これは環境法全体の42％に当たる[42]。

(3) 決　定

決定は EU の環境政策のなかでは多い。第249条は決定をつぎのように規定している。「決定は，それが宛先とする受領者に対し，そのすべての要素について義務的である」。もっともよく使われる決定の類型は，委員会や他の機関を設置する決定，環境計画のための財政支援を認める決定などである。EU によって調印された国際条約のすべてが決定という形態での合意という性格をもっている。1999年末までに，EU は環境に関する236の決定を採択した[43]。

(4) 勧告および意見

第249条は勧告および意見について，「勧告および意見は，なんらの拘束力をもたない」と規定している。委員会および理事会の勧告は拘束力をもたないし，それらは EU の環境政策において限られた役割しか果たしていない。確かに，これまでの経験に照らし合わせても，企業経営者も加盟国も勧告を尊重しようとはしておらず，OECD，欧州審議会，国連といった国際機関の勧告を例

にとっても，非拘束的な環境的措置がきわめて限られた効果しかもっていないことは明らかである。理事会は廃棄された紙の再利用や再生紙の利用に関する勧告を発している。また委員会は鳥に関する勧告，環境条約に関する勧告，産業におけるフロンガスの利用についての勧告を発している。しかし，実際的には，これらの勧告はEUあるいは一国レベルでの環境政策や環境法にほとんど影響を与えていない[44]。

このように，規則，指令，決定，勧告および意見は，第249条に規定された法的手段であるが，この他にも欧州裁判所の判決は，規則，指令，決定がいかに解釈され実施されるかということに重要な影響を与える。環境の分野で裁判所によってなされたもっとも基本的な貢献は，ECの環境的な措置の正当性を確認した1980年の判決であり，環境保護がECの中心的な政策的な柱であることを確認した1985年の判決であった。前者は，環境問題に旧100条を適用することを支持した判決であり，後者は環境保護のために商品の自由流通を制限しうることを認めた判決であった[45]。

また，行動プログラム，戦略，宣言，緑書，白書，そして会合の結論などといったさまざまな「ソフトロー」によって方向性が与えられる。行動プログラムと同様に，EUの環境政策は，都市環境緑書（1990年），環境破壊防止白書（1993年），エネルギー政策緑書（1994年），騒音政策白書（1996年），生物多様性・エネルギー・効率性・他のEU政策と環境政策の統合に関する緑書（1998年），そして環境責任と化学政策に関する緑書（1999年）など多様な緑書によって方向づけられてきた[46]。

4．政策過程

(1) EUの意思決定機関と環境政策

EUは広範な権限と特異な法的地位をもった組織であり，意思決定がなされる制度的な枠組をもったユニークな政治的・司法的なシステムでもある[47]。EU内部では，政策は複雑な交渉過程を経て作成されるが，その交渉は閣僚理事

会，欧州委員会，欧州議会の制度的な三角形の内部で行われる。意思決定の実施を保証するための制度的枠組は，欧州裁判所によって支えられており，それは意思決定の一部を構成するわけではないが，その判決によってEUの政策的な展開へ重要な影響を与える。

環境政策は，1957年のローマ条約が調印されたときには政策的な内容に含まれていなかったが，市場統合が深まるにつれて，環境保護と自由貿易との相互関連のなかで次第にその重要性が認められるようになってきた。1972年の環境行動プログラムは，環境に関する共通の政策ではなく加盟国の政策を調和化する試みであり，1987年の単一欧州議定書への環境規定の導入は，共通の環境政策の開始を特徴づけるものであった。これによって，EUの法的構造のなかで環境政策が制度化されることになった。

EU内部での環境政策の形成は，欧州理事会，欧州委員会，欧州議会の制度的な枠組のなかで行われるが，欧州裁判所はそこでの決定を支える役割を果たしている。環境政策の決定過程を先回りして概略的にみると，欧州理事会が目的を設定し，欧州委員会が法や政策に関する草案を作成し，環境法の実施を監督する。環境大臣や欧州議会は，提案の内容や決定を微調整する。そして欧州裁判所は，EU法が条約の目的に適合しているかどうかを判断する[48]。EUにおいて環境法や環境政策が提案され具体化される過程でもっとも影響力のあるアクターは，提案を起草しその中核的な部分を決定する欧州委員会の総局と，委員会が提案の具体化作業を協力して行う各国の専門家と産業部門の専門家である。それに対して，欧州議会，環境ロビー，各国の実施機関の影響力は相対的に弱いといっていいだろう。

ところで，欧州委員会が環境政策の作成過程で大きな影響をもっているとはいえ，それが課題設定を独占しているわけではない。なぜなら，欧州委員会の活動は外部の政治勢力，とりわけ各加盟国政府の要請に影響されているからである。したがって，欧州の環境政策を考えるに際して重要な点は，それが多様な課題によって推し進められているのであって，単一の課題によってではないということである。EUの環境政策的な課題は2つあり，ひとつはシステム的

な課題で，もうひとつは制度的な課題である。システム的な課題は，条約によって輪郭づけられた目標から成り，制度的な課題はEU制度の活動計画のなかに見られるものである。さらに，これらの課題に付け加わるのは，欧州委員会内の総局の下位制度的な課題，加盟国の国内的な課題，数ヵ国で活動している利益集団の国境を越えた課題である。これらのすべての課題がEUの政策的な課題にフィードバックして影響を与えている[49]。

EUの環境政策的な課題の推進力は多様な源泉に由来するが，それはEUの制度の内外の源泉であり，フォーマルあるいはインフォーマルな源泉であり，予期できるあるいは予期できない源泉であり，そして構造化されたあるいは構造化されない源泉である。以下では，環境政策の決定に関して，欧州理事会，欧州委員会，欧州議会の果たしている役割についてそれぞれ検討したい。

（２）欧州理事会と課題設定（アジェンダ・セッティング）

EUの環境政策の始まりは1972年に開かれたパリでの政府首脳会議にさかのぼる。この会議では，経済成長それ自体が目的ではなく，生活の質や生活水準の改善をもたらすべきであり，進歩が現実に人類の奉仕につながるように環境を保護することに配慮すべきであるという宣言が発せられた。政府首脳はまた，1973年7月までに環境政策のための青写真を作成するようにEUに要請し，その結果，第1次環境行動プログラムが作成され，それが以後の環境政策の発展の基礎となった。不定期的に開催されていたこの首脳会議は，後に欧州理事会という名称で定期的に開かれることになった。

欧州理事会は，1987年の単一欧州議定書発効以後，条約に規定されることになり，アムステルダム条約第4条では，つぎのように規定されている。「欧州理事会は，同盟の発展に必要な刺激を与え，同盟の一般的な政策指針を定める。欧州理事会は，加盟国の国家または政府の首脳および委員会委員長で構成される。彼らは加盟国外相および1名の委員会員により補佐される。欧州理事会は，理事会議長を務める加盟国の国家または政府の首脳の議長の下に少なくとも年2回開催される。」[50]

ところで，EUの制度的枠組のなかで，課題設定過程における欧州理事会の役割はきわめて重要であり，欧州理事会で問題にされることなしには，いかなる政策的な具体化も進展しない。1983年にドイツのシュトゥットガルトで開催された欧州理事会は，酸性雨に対するヨーロッパの対応において重要な役割を果たすとともに，結果的に大気汚染の行動を加速し強化することを支持するような強い声明を採択した。1985年には，欧州理事会は，環境目的を経済・産業・農業・社会政策に不可欠なものとして統合することを求めた環境条項を単一欧州議定書へ挿入することを促す声明をだした[51]。

その後の欧州理事会サミットでの声明，とりわけ1988年のハノーファー・サミット，ロードス・サミット，1990年のダブリン・サミット，1992年のエジンバラ・サミットは，法や政策の実現を喚起することに役立ち，EUの政策のいくつかの重要な目的に焦点を当てた。ロードス・サミットの宣言では，持続可能な開発がEUの環境政策の目的のひとつになるべきであるということが表明され，ダブリン・サミットの宣言では，環境保護行動が調整的な基盤と，持続可能な開発および予防的行動にもとづいて発展されるべきであるという政府首脳の信念を述べた「環境規範」が明らかにされた[52]。

それ以後，環境問題は欧州理事会のアジェンダにおいて重要な役割を果たし，加盟国の指導者たちの決定はEUの環境政策の目的に資する方向に向かった。欧州理事会はとりわけ1990年代以降，地球温暖化の問題に大きな関心を払ったが，それがEU，加盟国，主要な経済的競争国（アメリカ）とのあいだの交渉においてもっとも論争的な争点のひとつになった。

（3）欧州委員会と政策立案過程

欧州委員会はEUの諸制度の行政組織のうちでもっとも大きなものであり，約1万5500人のスタッフと3000人の臨時職員を抱えている。職員の5分の1は翻訳や解釈の仕事で雇用されている。欧州委員会は，24の専門化された総局に分かれている。環境総局は1981年に設立され，500名のスタッフが活動しているが，農業総局には800名，人事総局には2600名のスタッフがいる。各々の総

局のトップの座を占めているのが，上級職員である総局長（director-general）である。さらにその上に各委員がおり，かれらは1つ以上の部局あるいは総局によって処理されている1つの領域あるいは職務に責任をもっている[53]。

　すでに触れたように，欧州委員会の意思決定の頂点に位置しているのは27人の委員であり，その各々には責任のある政策的な職務が与えられている。官房は委員会の意思決定において中心的な役割を果たしており，政策の調整を行い，委員会の内外で競合する利害の調整に当たる。したがって，欧州委員会は部門別の利害や各国の利害の違いにともなうロビー活動の重要な目標になっている。各国の官僚機構にありがちなことではあるが，委員会の職務にはヒエラルヒーが存在し，予算，域内市場，貿易，農業，対外関係は，その上位に位置している。環境に関する職務は中間的な位置を占めている。

　欧州委員会は23の総局から構成されており，機能的には各国の省庁と等価である。環境総局は，1973年に総局IIIの環境と消費者保護局として創設されたが，1981年に総局XIとして独立した地位を獲得した。1989年には，その仕事量の増大に対応するために改革され，1995年に消費者保護は新たな総局XXIVの一部になり，市民保護は総局V（雇用・労使関係・社会問題）から総局XI（環境）に移された。1999年のプロディ改革の一環として，総局は数字によって識別することをやめて，総局XIは環境総局という名称に変更された。環境総局はさらにA，B，C，D，Eの5つの職に分かれている。すなわち，Aは一般的な国際問題，Bは統合政策，Cは核安全と市民保護，Dは環境の質と自然資源，そしてEは産業と環境である[54]。

　委員会内部の政策過程があまりに複雑で，それに多くのアクターがかかわるために数年もかかるといわれている。マコーミックは，EUの環境法は「一般の参加なしに秘密裡に採択されている」というクレーマーの主張に対して，異議を唱えている[55]。マコーミックによれば，EUの環境法の決定は，政策立案への直接的な参加の機会は制限されているとはいえ，一般の人々がアクセス可能な欧州議会を介しているだけでなく，欧州委員会の外部の多く利害関係者の見解が配慮されている。政策立案がきわめて綿密に行われるために，提案が理

＜環境総局の組織図＞

委員	
総局長	
副総局長	
A 局	一般的国際的問題
	1　制度間関係
	2　気候変動
	3　国際問題，貿易，環境
	4　開発と環境
B 局	統合政策と環境保護手段
	1　環境行動プログラム統合，欧州環境庁との関係
	2　経済分析と雇用
	3　法的問題，立法関連の行動と共同体法の執行
	4　構造政策，環境影響評価， LIFE（Financial Instrument for the Environment）
C 局	核安全と市民保護
	1　放射能からの保護
	2　規制と放射性廃棄物管理政策
	3　市民保護
D 局	環境の質と自然資源
	1　水質保全，土壌保全農業
	2　自然保護，沿岸圏，ツーリズム
	3　大気質，都市環境，騒音輸送，エネルギー
E 局	産業と環境
	1　産業施設，事故，バイオテクノロジー
	2　化学物質
	3　廃棄物管理
	4　産業，域内市場，製品，自発的アプローチ

出所：McCormick (2001), p. 102.

事会や欧州議会に送られるまでに，それはかなりの具体化段階まで進んでおり，多くの人々の目に触れることになる。

　提案は，通常，環境総局内部の重要な部署の長によって，あるいは専門的な知識をもった中間的なスタッフによって立案され具体化される。それは法的な考慮が加えられながら立案される。上層スタッフは専門用語に慣れているとはいえ，提案は条約との整合性を保つために委員会の法務部門や各総局の法的単位によって綿密に調査される。立案過程のあいだ，責任あるスタッフは政策集団と密接な接触を取るが，環境総局の場合，これらは総局長と補佐，副総局長，そして局長から構成される[56]。

　かれらは環境総局を通じてさまざまな草案を検討するために毎週会合を開いており，そこで承認されると，草案は総局間の協議に送られる。そこでは，草案に対するコメントをもらうために利害関係のあるすべての総局でコピーされるものの，その他どこの総局に送って意見を聞くかについては，環境総局が決定する。水に関する政策についての提案は，たとえば，農業総局，エネルギー・輸送総局，研究総局，地域政策総局，保健総局，消費者保護総局のそれぞれに送られることになる[57]。

　したがって，欧州委員会内部の大きな課題のひとつは各総局間の調整問題である。環境総局は委員会のなかでも比較的新しく，そのために低い序列関係に置かれており，このために環境的な配慮が他のすべての法や政策に組み込まれるように努めなければならないのである。総局のなかには，外交関係局や農業局のように他の総局からの反対を押し切るほど十分な力をもっているところもあるが，環境局はそうではない。環境総局がこのような調整問題に対処するのは，提案に関して起草責任をもつスタッフが他の総局と恒常的に接触する機会において，または毎週開催される総局長・副総局長会合の場である[58]。

（4）閣僚理事会および欧州議会の意思決定

　環境政策の提案が欧州委員会のなかで採択されると，その提案はEUのすべての公用語に翻訳され，EUの公式の機関誌に発表される過程を経て，つぎに

閣僚理事会に送られる[59]。すでに触れたように，委員会からの提案は，EUの加盟国から構成される常駐代表委員会（COREPER コレペール）にコピーして渡される。理事会の会合を運営するうえで重要な役割を果たしているのが，各加盟国がブリュッセルに置いている常駐代表部の委員で構成される常駐代表委員会である。

　常駐代表委員会は，閣僚理事会の会合の準備と運営を行い，理事会から与えられた任務を遂行する[60]。したがって，理事会の会合のすべての議題に関して事前に検討し，合意形成のために努力し，理事会が採択するように提案する。欧州委員会のなかでの提案の進展状況とは対照的に，常駐代表委員会と閣僚理事会のなかの交渉はまったく公共圏の外部で行われるのである[61]。

　しかし，常駐代表委員会が提案について検討する前に，それは専門家から成る作業グループに送られる。作業グループは提案の詳細な点について検討し，最終的な理事会決定のための準備作業を行う。作業グループは，それ自身の作業量と議長国の態度に左右されながら，議会の意見を聴取する前に提案に着手し始める。環境作業グループは，常駐代表部に配属されている環境担当者，各国閣僚に同行している専門家によって構成されている。これらのメンバーの多くは，欧州委員会が開催する顧問会合にすでに参加しており，したがって提案の内容に関してかれらが知悉しているケースがほとんどである。多くの環境に関する提案は技術的な性質をもっていることから，環境作業グループはコレペールや環境大臣よりも理事会の最終的な決定により影響力をもっている[62]。

　各作業グループの会合の数はむろん作業量に左右されるが，環境作業グループは毎週3回ほど会合を開いている[63]。EUの議長国を務める加盟国の代表部員の座長のもとで，作業グループは，通常，新しい提案に関する審議を行い，そこで各メンバーは自由に意見を開陳する。その会合には，その提案の起草に責任を負っている委員会のスタッフが招かれて簡単な説明を行い，通常は提案が審議される作業グループのその後のすべての会合に参加する。作業グループは，同意に到達するまでそれぞれの提案についてポイントごとに審議と交渉を繰り返す。

第8章 EUの環境政策過程 *177*

　作業グループが提案に関して結論に到達すると，それはコレペールに送られる。作業グループが完全な同意に到達した場合は，その提案は「ポイント1」とされ，通常はコレペールでそれ以上審議されない。同意が得られなかった場合は，「ポイント2」とされ，コレペールで審議されるが，検討が必要な場合には作業グループに戻される。閣僚に提案を通すという決定がなされると，同意された提案は「Aポイント」として，同意に達しない提案は「Bポイント」として位置づけられる。閣僚は前者を審議なしに採択し，後者に関して審議する。そこで同意に達しなかった場合には，再審議という指示を付けて作業グループに戻される。閣僚維持会の最終的な決定までに，提案は作業グループと閣僚のあいだで数回やり取りされる。その過程は，長くて6～9カ月である[64]。

　さて，閣僚理事会が共通の立場に到達する前に，理事会は意見を求めて欧州議会に立法提案を送らなければならない。これは採択過程のなかでもっとも問題を含んだ段階であるとされる。というのは，欧州議会のメンバーは委員会での当初の議論に参加しないために，提案の大部分は初めて目にするものであるからだ。提案の技術的な内容に関する専門家がほとんどおらず，広範な利害にかかわっているメンバーが多いために，かれらは決定に到達するさいに政治的な配慮に左右される傾向が強い[65]。

　すでに触れたように，欧州議会は法案の提案権をもっておらず，したがって提案作成にかかわるというよりも，提案の修正にかかわっている。欧州議会は，環境総局が開催する初期の会合にその代表者が出席できるならば，政策形成に大きな役割を果たすことができるが，ほとんどこのようなことはない。それには，3つの理由がある[66]。第1には，加盟国とそのスタッフが欧州委員会のすべての会合に出席する時間がないことである。第2，欧州議会には，欧州委員会からの最終的な提案が提示されるまでその立場を明確にしたり弁護したりすることができないという法的問題がある。欧州委員会からは，インフォーマルなサウンドが行われるが，環境総局の上級委員は欧州議会を立法段階の前に審議に加えるという考え方に反対してきたといわれている。最後に，加盟国

は環境法の具体化への参加者に求められるうえでの詳細な技術的な知識や背景をほとんどもっていなかったことがある。

このように，欧州議会の立法への影響は，閣僚理事会との「共通の立場」が到達する前に理事会に非拘束的な意見を述べるという協議的な手続きに限定されている。すでに触れたが，第251条に規定されているように，理事会が欧州議会の意見に含まれる修正をすべて採択した場合は，その提案は採択されるが，「理事会が1つでも修正を承認しない場合には，理事会議長は欧州議会議長との合意のもとに，6週間以内に調停委員会の会合を開催する」(第251条3項) となっている。4項では，「調停委員会が共同草案を承認した場合，その承認から6週間以内に，欧州議会は投票の絶対多数決で，理事会は特定多数決で，共同草案に従い，当該行為を採択するかどうかを決定する」ことになっており，続いて，「この期間内に欧州議会と理事会のうちどちらか一方が提案された行為を承認しなかった場合には，当該行為は採択されない」とされている[67]。したがって理事会と欧州議会はこの点では共同立法機関となっている。

(5) 政策実施

実際の政策実施過程に焦点を当ててみた場合，EU の環境政策は加盟国による正式の適用と，加盟国やその地方政府の立法を必要とする。指令の場合，国と地方政府の立法機関は，EU の法的内容が弾力性と自由裁量権を与えているかどうかを明らかにする必要がある。国と地方政府の行政機関は，ガイドラインを設定して，それにもとづいて政策を適用することで実施へと進む。政策実施は，大きく分けて3つの段階を踏む。第1に EU 法が国内法に適用され，第2に実際的に国と地方政府のレベルで法が強化され計画が具体化され，そして最後のステップとして EU 法の適用の監視が行われる。EU 法の適用に関しては，規則は指令に比べて問題がないのは，それが直接的に適用されるからである。しかし指令の場合には必ずしもそうではない[68]。

まず第1に，加盟国が指令を利用するうえでの困難さは，それによって変更されるべき国内法，および実際的運用や手続きが広範囲にわたっているという

点である。加盟国のなかには，1つの指令を適用するためにいくつかの国内法を導入しなければならない国もある。この問題は，連邦構造をもっている加盟国においてもっとも深刻である。ベルギーでは，環境管理の権限は連邦制のもとにある地方政府に委ねられており，どの地域でもEU法を個別に実施している。同様の問題はドイツでも起こっており，EUの指令を適用するためには州の数に応じた16の立法が必要である。他方，フランスは集権化したシステムをとっており，すべての環境法を1つの立法的な枠組のなかで調和化できる。またイギリスでは，環境影響評価に関する指令（85／337）は，その実施を可能にするためには20以上の国内措置と手続きが必要である[69]。

　このように，EUの環境政策の適用過程は国と地方政府の2つのレベルでの実施を必要としており，水規制の政策，廃棄物管理，汚染管理，環境影響評価など多くの政策は，国と地方レベルでの適用が求められる。いいかえれば，政策は本質的に，それらが実施に至るには2つの段階を踏む必要がある。

　第2に，EUの環境政策の適用過程には，さまざまなアクターが存在している。環境政策は経済的な利益代表（企業や農業団体）や環境保護団体などの利益代表のあいだの緊張関係にさらされている一方，欧州委員会の役人やその他の行政機関など政治行政的なアクターはこれら2つの集団間を媒介しようとしている。これら対立する利益の「プッシュプル効果」が政策実施を阻んでいる。たとえば環境影響指令の場合，国と地方政府の計画担当職員は開発者の利益とNGOや市民の環境的な関心を調整しようとするが，均衡化過程のなかで，計画担当の役人はしばしば安易な解決の道を選ぼうとして，経済的な利害に折れることになった。その結果，EIA指令の重要な目的は実際的に配慮されないことになった。

　第3に，EUの環境政策の適用過程には，国と地方政府における既存のフォーマルな条件とインフォーマルな条件のあいだでの調整が重要な問題となる。国と地方政府における法制度や政治行政機構といったフォーマルな条件や，政策作成者の優先事項や環境保護への姿勢といったインフォーマルな条件は，つねにEUの環境政策と一致するわけではない。実際に，国と地方政府の

アクターのかかわり合いや柔軟性といった政策実施の成功のための望ましい前提条件は，適用過程のなかで往々にして失われる場合がある。多くの EU の環境政策は，国と地方政府の政治行政機関の非柔軟性に直面すると，簡単に目標達成に失敗する[70]。

最後に，適用過程は，EU，国，地方政府のアクターのあいだで配分され共有されてきた権限によって妨害される。EU の条約によれば，欧州委員会は，加盟国に政策の義務づけを促すものと想定されており，もし必要ならば，加盟国に対して，課題を達成していないとか立法違反をしているということで，罰金や訴訟で威嚇することができる。

加盟国が国の水準で指令の目的を適用したり実施したりすることに失敗したり，地方政府の水準で EU の義務に従わせることに失敗すれば，欧州委員会は第226条のもとで，違反手続きを採ることができる。第226条はつぎのように規定している。

「委員会はいずれかの加盟国が本条約の下で負っている義務を履行しなかったと認められるときは，当該加盟国に報告を提出する機会を与えた後，当該事項について理由を付した意見を発表する。当該加盟国が，委員会の定める期間内にこの意見に従わないときは，委員会は，当該事件を司法裁判所に付託することができる。」[71]

第226条での違反手続きは3つの段階に分かれている。第1に，委員会は加盟国に違反を書簡で通告し，その判断に従うことを要請する。第2に，加盟国の対応が十分でなかった場合には，委員会は違反の理由を書いた「意見書」を発表する。第3に，かりに加盟国が委員会に何の応答もない場合，問題を司法的な裁定のために欧州裁判所に付託する[72]。

1996年には，第226条にもとづいて発送された書簡の数は，前年比で9％増え，1044通から1142通になった。「意見書」の発表数は，1995年の194回から1996年には435回に増えた。その理由は欧州委員会の手続きを合理化し，新しい行動実施計画を導入したことにあり，したがっていくつかの措置は新たな指針に沿った形で重複的になされたためである。

さらに加盟国がEUの環境政策の義務に従うことを拒絶する場合や，EUの政策を地方政府へ委託できない場合，共同体設立条約第228条のもとで罰金を科すことができる欧州裁判所に当該事件が付託される。第228条はつぎのように規定している。「当該加盟国が，司法裁判所の判決に従っていないと司法裁判所が認めた場合，司法裁判所は当該加盟国に一時金もしくは違約金を課すことができる。」[73]

これまで罰金の公表といったモラルによる圧力は，加盟国と政策実施機関への効果をもたらしてきた。他方，多くの加盟国は，罰金を支払う準備をしてきた。というのは，比較的低額の罰金は，コスト負担の多い環境規準や経済的な問題という観点からみて致し方ないという判断がともなったからである[74]。欧州議会は，1995年と1996年にマーストリヒト条約に第228条の規定が導入されたときに欧州委員会を非難した。欧州委員会は，加盟国がEU法に違反した場合に課せられる罰金の根拠として使われる基準を設定しなかったためである。欧州委員会は，罰金は必要な行動がとられるまで毎日課せられるという提案を行い，さらに罰則は1993年11月1日に条約が発効する以前にさかのぼって適用された。そして欧州委員会は，最終的に1997年1月になるまで基準を発表しなかったが，発表された基準によると，罰金の額は，1日当たり500ユーロという定率で計算されることになった[75]。

EUの環境法を加盟国や地方政府のレベルに浸透させるためには，EU条約が欧州委員会に効果的な権限を与える方策が考えられる。同様に，各加盟国政府は，地方政府でのEUの政策の実施をチェックするための適切な監視システムをもつことが考えられる。しかし，これまで加盟国も欧州委員会も効果的な監視能力を示さなかった。これは欧州委員会がEUのあらゆる環境政策の実施を監視するためのスタッフや財政的な資源ももっていないことに起因する。

1994年の欧州議会の年次報告書のなかで，欧州委員会はEUの環境立法の不十分な実施の問題を取り上げている。委員会は加盟国に共通した問題を指摘し，その実施を強調しているが，そのさいの共通した問題とは，指令の適用の遅れ，不十分な適用，間違った適用である。多くの違反事件の場合，委員会は

苦情を申し出た国からの情報に依拠しており，環境影響評価については，不十分な実施が際立っていたために，報告書では独立した項目が立てられていた[76]。

おわりに

これまで見てきたように，EU の条約や制度のなかに占める環境政策的な領域はますます拡大してきた。2003年まで，EU は 6 つの環境行動プログラムや環境法を採択し，多くの「緑の白書」を公刊し，環境データ収集の質を改善するために欧州環境庁（EEA）を創設してきた。また環境政策を推進する EU の制度的な改革も進み，とくに欧州委員会内部の環境総局の創設によって政策立案能力が高まった。しかし，欧州統合が深化ししつあるといっても，従来の主権国家の枠組とナショナル・インタレストが存在するかぎり，15カ国間の政策的な調整の問題が大きな課題となっているだけでなく，EU の立法機関である閣僚理事会と欧州議会とのあいだの調整の問題もある。

そうした問題だけでなく，EU の環境政策の実施にかかわる問題も重要な課題のひとつである。とくに EU の指令の場合，各加盟国の国内法に適用しなければならず，その時間的なコストと，訴訟のコスト，そして罰金というコストなど，リージョナルな環境ガバナンスの場合にはこうした問題はどうしても不可避である。こうした問題点は他の政策領域でも同様であるが，こうした問題が積み重なると，将来的には連邦制への移行という動きに拍車がかかる可能性が高い。

さらに環境政策の分野における EU の活動の政策原理も拡大してきた。たとえば，EU の環境原則でもっとも古い汚染者負担の原則は，1973年の最初の環境行動プログラムのなかに盛り込まれている。さらに持続可能な開発は，単一欧州議定書以後に EU の環境政策の中心的な原則になった概念である。条約はその定義を規定していないものの，すでに一般的になっている1987年のブルントラント委員会の報告書のなかの定義は，1993年に採択された第 5 次環境行動

プログラムで使われた。また「高水準の保護」という原則は，単一欧州議定書によって導入されたものであり，欧州委員会は，健康，安全保障，消費者保護，そして環境保の分野で「基本的に高水準の保護を行う」ことを規定している。さらに単一欧州議定書は，EUは発生しつつある諸問題を予防することで環境を保護する行動をとるという予防原則を導入した。

環境政策はローカル，ナショナル，リージョナルという各水準での権限と推進が問題となることから，条約も5条で補完性の原則についての規定を設けている[77]。この補完性原則は1990年代初頭以来，統合に関する議論のなかで大きな役割を果たしてきたが，第1次環境行動プログラムのなかに最初に登場し，単一欧州議定書のなかで最初に導入されたものである。国境を越える環境問題や共用資源などはEUレベルで解決されるのにひきかえ，他の多くの領域に関してはどのレベルが効果的であるのかということについては議論されてきた。

本章ではEUの環境政策の制度的な枠組，法システム，政策過程に焦点を当てて検討してきた。概略的にいえば，繰り返しになるが，欧州理事会がおおまかな政策目標を設定し，欧州委員会が法や政策に関する草案を作成し，環境法の実施を監督する。閣僚理事会と欧州議会は提案の内容や決定を修正・調整する。そして欧州裁判所はEUの法が条約の目的に適合しているかどうか保証する。

1) John McCormick, *Environmental Policy in the European Union*, Palgrave, 2001, p.43. EC/EUの環境政策に関しては，さしあたり，大隈宏「EC環境政策の歴史的展開」（臼井久和・綿貫礼子編『地球環境と安全保障』有信堂，1993年），および高瀬幹雄「EUの環境政策」（臼井久和・高瀬幹雄編『環境問題と地球社会』有信堂，2002年）を参照されたい。
2) Jon Burchell and Simon Lightfoot, *The Greening of the European Union*？, Sheffield Academic Press, 2001, p.34.
3) Burchell and Lightfoot（2001），p.34.
4) David Judge, *A Green Dimension for the European Community*, Frank Cass, 1993, p.3.
5) McCormick（2001），p.49.

6) McCormick (2001), p.51.
7) McCormick (2001), p.56.
8) この条文に関しては，金丸輝男編著『EUとは何か』ジェトロ，1994年を参照した。
9) McCormick (2001), p.57.
10) McCormick (2001), p.57.
11) McCormick (2001), p.58.
12) McCormick (2001), p.61.
13) 130r条および130s条に関しては，前掲金丸編著『EUとは何か』を参照した。
14) *Environment in the European Union* 1995, European Environmental Agency, 1995, p.1.
15) McCormick (2001), p.61.
16) アムステルダム条約の第2条に関しては，以下を参照。Official Journal of the European Communities, 2002.12.24.
17) 前掲金丸『EUアムステルダム条約』，76頁。
18) Burchell and Lightfoot (2001), p.40. 地域委員会は連合条約で設置された機関で，222人の自治体，地域当局を代表する委員と，同数の代理委員によって構成される。理事会あるいは欧州委員会は，地域の利害に関連する領域の問題に関しては，地域委員会と協議しなければならないとされる。
19) Burchell and Lightfoot (2001), p.41.
20) 前掲金丸『EUアムステルダム条約』，167頁。
21) McCormick (2001), p.98.
22) McCormick (2001), p.99.
23) McCormick (2001), p.100.
24) McCormick (2001), p.97. なお，欧州理事会に関しては，大西健夫・中曽根佐織編『EU制度と機能』早稲田大学出版部，1995年を参照されたい。
25) McCormick (2001), p.97.
26) 前掲金丸『EUアムステルダム条約』，164頁。
27) McCormick (2001), p.125.
28) 前掲大西・中曽根編『EU制度と機能』，71頁。McCormick (2001), p.126.
29) 金丸前掲『EUアムステルダム条約』，160頁。
30) 同書，161頁。
31) McCormick (2001), p.114.
32) Burchell and Lightfoot (2001), p.75.
33) Pamela Burns and Iran Burns, *Environmental policy in the European Union*, Cambrige, 1999, p.112.

34) Burns and Burns (1999), p.112.
35) 金丸前掲『EU アムステルダム条約』, 181頁。
36) L.Kramer, *EC Environmental Law*, Sweet & Maxwell, 2000, p.38. なお, 第95条3項はつぎのように規定している。「委員会は, 健康, 安全, 環境保護および消費者保護に関連して1項に定める提案をする場合には, 科学的事実に基づくあらゆる新たな発展を特に考慮しつつ, 高い水準の保護を基盤とする。欧州議会および理事会も, それぞれの権限内で, この目的の達成を模索する。」また第175条はつぎのように規定している。「理事会は, 委員会からの提案に基づき, かつ欧州議会, 経済社会委員会および地域委員会との協議の後, 全会一致で以下を採択する。」「以下」の環境関連の内容は, 「都市と農村の計画, 廃棄物管理と一般的性格をもつ措置を除く土地利用, および水資源の管理に関する措置」と「ある加盟国による異なったエネルギー資源間の選択, およびそのエネルギー供給の全般的構造に深刻な影響を及ぼす措置」である。
37) アムステルダム条約第252条は, 理事会と欧州議会の共通の立場を特定多数決で採択するとしており, この共通の立場は欧州議会に伝達されるが, 「伝達後3カ月以内に, 欧州議会がこの共通の立場を承認するか, あるいはその期限内に決定を行わない場合, 理事会は, 当該行為をその共通の立場に従い, 最終的に採択する」としている。ただし, 「欧州議会が理事会の共通の立場を否決した場合, 理事会が第2読会で決定する場合には全会一致を必要とする。」
38) McCormick (2001), p.71.
39) Kramer (2000), p.39
40) Kramer (2000), p.40.
41) Kramer (2000), p.41.
42) McCormick (2001), p.73.
43) McCormick (2001), p.73.
44) Kramer (2000), p.43.
45) McCormick (2001), p.49.および, 東京海上火災保険株式会社編『環境リスクと環境法』 有斐閣, 1994年, 61頁を参照されたい。
46) McCormick (2001), p.74.
47) Pamela Barns and Iran Barnes, *Environmental policy in the European Union*, Cambridege, 1999, p.59.
48) McCormick (2001), p.95.
49) McCormick (2001), p.87.
50) 金丸前掲『EU アムステルダム条約』, 47頁。
51) Barns and Barns (1999), p.66.
52) McCormick (2001), p.98.

53) McCormick (2001), p.101.
54) McCormick (2001), p.101.
55) McCormick (2001), p.105.
56) McCormick (2001), p.107.
57) McCormick (2001), p.107.
58) McCormick (2001), p.108.
59) McCormick (2001), p.124.
60) 常駐代表委員会に関しては，前掲『EU 制度と機能』の4章「常駐代表委員会」を参照。コレペールは1962年に2分され，コレペールⅠとコレペールⅡに分かれた。前者は，「予算，社会，運輸，教育，漁業，環境」などの分野を扱い，後者は「政治，外交，エネルギー，開発途上国との関係，ユートラム，経済・財政」などを扱う（前掲『EU 制度と機能』，70－71頁）。なお，常駐代表委員会と環境政策については，McCormick (2001), p.125f を参照。
61) McCormick (2001), p.126.
62) McCormick (2001), p.126.
63) McCormick (2001), p.126.
64) McCormick (2001), p.129.
65) McCormick (2001), p.130.
66) McCormick (2001), p.114.
67) 前掲金丸『EU アムステルダム条約』，182－183頁参照。
68) Antje.C.Brown, *EU Environmental Policies in Subnational Regions*, Ashgate, 2001, p.71. なお，政策実施に関しては，以下の文献を併せて参照。Andrew Jordan, The Impletation of EU Environmental Policy : A Policy Problem without a Political Solution, in : Andrew Jordan (ed.), *Enviromental Policy in the European Union*, Earthcan, 2002. Ian Bailey, *New Environmental Policy Instruments in the European Union*, Ashgate, 2003.
69) Ken Collins and David Earnshaw, The Implementation and Enforcement of European Community EnvironmentLegistlation, in : D.Judge (1993), p.217. McCormick (2001), p.106.
70) Brown (2001), p.72. Collins and Earnshaw (1993), p.217.
71) 前掲金丸『EU アムステルダム条約』，172頁。
72) Brown (2001), p.73.
73) 前掲金丸『EU アムステルダム条約』，172-173頁。
74) Brown (2001), p.74.
75) Barnes and Barns (1999), p.109. この罰金の率は，訴訟事件の程度，すなわち各国政府が実行できなかった期間，罰金を支払うことができる能力を考慮して調整

される。たとえば，ドイツに課せられた罰金は1日当たり13200ユーロから79200ユーロまでの幅があり，オランダは3800ユーロから22800ユーロまで，アイルランドは1200ユーロから7200ユーロまで，それぞれ幅をもっている。

76) Brown (2001), p.81.
77) 補完性の原則については, David Freestone and Han Samsen, The Impact of Subsiduarity, in : John Holderc (ed.), *The Impact of EC Environmental Law in the United Kingdom*, John Wiley and Sons, 1997を参照されたい。

第 Ⅲ 部

第 9 章
アジア太平洋地域の環境ガバナンス

はじめに

　今日，グローバリゼーションは世界経済の相互依存性を深めただけでなく，地域的な統合も推し進めてきた。EU は通貨統合から政治統合へ向かいつつあるとともに，中東欧諸国に拡大しようとしている。NAFTA は，アメリカ，カナダ，メキシコのあいだの自由貿易協定であるが，中南米諸国への拡大を将来的な課題としている。また南米諸国では，アルゼンチン，ブラジル，パラグアイ，ウルグアイ，ベネズエラのあいだでメルコスールが形成されている[1]。

　他方，アジア地域では，アセアン諸国連合が地域統合を深めつつあり，2003年10月にパリで開催された第9回 ASEAN 首脳会議で署名された第2 ASEAN 協和宣言には，アセアン共同体構想が具体化されている。ASEAN 共同体は，安全保障共同体，経済共同体，社会・文化共同体の3つの柱から成り，さらに ASEAN 地域フォーラムがアジア太平洋地域の安全保障を強化するための重要なフォーラムという位置づけがなされている。またアジア太平洋地域という広域的なリージョナルな枠組では，アジア太平洋経済協力（APEC）が形を整えつつある。

　これらのグローバリゼーションのなかのリージョナリゼーションというべき現象において，これらの地域的なガバナンスは，グローバリゼーションがもたらした経済危機や環境破壊といったマイナスの面を補完する機能を果たしてきた。EU は共通の環境政策の法的な枠組を条約のなかに制度化し，北米自由貿易協定は補完協定のなかで環境問題に対する取り組みを行っている。他方，東

アジアにおいては、サブ・リージョンである東南アジアや北東アジアにおいて環境ガバナンスの枠組が形成されつつある。本章では、アジア太平洋地域の環境ガバナンスの枠組であるアジア太平洋経済協力（APEC），アジア太平洋環境会議（エコ・アジア），そしてアジア太平洋環境フォーラム（APFED）を取り上げ，リージョナルな環境ガバナンスの可能性を探ってみたい。

1. APECにおける環境問題への対応

APECは1989年に当時のオーストラリアのホーク首相によってアジア太平洋地域の持続的な発展にもとづく開かれた地域経済協力のモデルとして提唱されたもので，同年11月に第1回の閣僚会合が開催された。発足当初は，ASEAN6カ国（インドネシア，シンガポール，タイ，フィリピン，ブルネイ，マレーシア），ニュージーランド，オーストラリア，カナダ，アメリカ，韓国，日本の12カ国で構成されていたが，その後，中国や台湾が参加した。APECは基本的には，アジア太平洋地域における貿易・投資の自由化と円滑化や経済・技術協力を柱として，開かれた地域協力，多角的自由貿易体制，アジア太平洋地域の多様性への配慮などを基本原則としている。また1997年のアジア経済危機やWTOへの対応などグローバル化を視野に入れた活動を展開している。

分野別担当大臣会合は，貿易，財務，海洋，エネルギー，環境など13の分野に分かれている。なかでも環境問題に関しては，APECにとっては付随的な問題という域を出ないとはいえ，貿易と環境，エネルギーと環境，アジア諸国の経済発展にともなう都市化や自然環境の破壊など多様な環境問題がグローバル化とともに生じてくるなかで，それへの対応を余儀なくされているといってよい。1994年にカナダのバンクーバーで開催された第1回の環境大臣会合では，「環境ビジョン声明」およびビジョンを実施する上での指針となる「原則の枠組」が採択された。

「環境ビジョン声明」は，環境問題をアジア太平洋地域における重要な政策課題や経済的な決定と統合するために，作業グループや政策委員会を活性化す

ることを宣言した。また「原則の枠組」には以下の9つの項目が含まれていた。①持続可能な開発，②環境コストの内部化，③科学と研究，④技術移転，⑤予防的アプローチ，⑥貿易と環境，⑦環境教育と環境情報，⑧持続可能な開発のための資金，⑨APECの役割である[2]。

会合では各国環境大臣の演説が行われたが，そこで共通していたテーマは以下の点に関する認識の一致であった。第1に，技術移転の重要性に関する認識，技術革新を促進するうえでの適切な規制の認識である。第2に，投資や共同事業を含めて私的部門の積極的な参加の重要性に関する認識である。第3に，クリーン・エネルギー生産とエネルギー技術が環境技術主導の重要な要素であるべきであるという認識である。第4は，環境技術の協力を改善するための重要な要素として，キャパシティ・ビルディングの制度的訓練や技術情報に関するセミナーや会議がもっている価値についての認識である。そして最後に，APEC加盟国の革新的技術に関する情報交換の手段を作り上げることの潜在的な重要性に関する認識である[3]。

この会合ではまた，環境政策の手段に関する議論も行われた。ニュージーランドの環境大臣は，環境政策の経済的手段の重要性を指摘し，環境税の収入が環境問題に対処するために指定されるべきかどうかに関する議論を提起した。これに対して，タイの環境大臣は，APEC諸国は先進国と途上国が異なった環境政策の手段を使うことを認めるべきであると主張した。たとえば発展途上国の場合，経済的な手段の利用は適切なものではなく，環境基準が採用されるべきであるとした。また環境大臣のなかには，経済的な手段や環境基準の利用が不公平な競争や貿易を作り出すことに警戒感を示した。APECは，先進国と途上国によって構成されているために，共通の環境政策の手段に関して議論することには困難がともなっていたといえる。

確かに，アジア太平洋の地域経済は貿易と投資の自由化を多国間で行うことで大いに活性化し，APEC諸国も世界貿易の重要なプレイヤーとして，開かれルールにもとづいた多国間の貿易体制を維持し，さらに地域貿易やグローバルな貿易を拡大することに強い関心をもってきた。しかし他方では，経済を成功

させ続けるためには，貿易と環境保護をいかにして両立させるのかということを避けて通ることはできないということも同時に認識していた。こうした認識にもとづいて，第1回の環境大臣会合の翌年の1995年に大阪で開催されたAPECの首脳会合では，アジア太平洋地域の人口増大と急速な経済成長が食料とエネルギーへの需要を高め，結果的に環境への負荷を生み出す点が確認された。大阪での経済首脳の行動宣言には次のように書かれている。

「アジア太平洋における広範な地域協力を促進し，コミュニティの精神を育むわれわれの意欲的な試みは，われわれの経済成長にもかかわらず，あるいは，経済成長の故に，多くの新たな挑戦に疑いなく直面し，新たな責任を負うこととなる。アジア太平洋地域における急増する人口および急速な経済成長により，食料およびエネルギーの需要並びに環境への負荷が急激に増大すると予想される。われわれは，この地域の経済的繁栄を持続可能なものとするため，長期的課題として，これらの相互に関連した広範な問題を取り上げることとし，共同作業に着手する方法について更に協議する必要性につき意見の一致をみた。」[4]

さらに1996年にマニラで開催された「持続可能な開発に関する大臣会合」では，持続可能な都市と都市管理，クリーン生産とクリーン・テクノロジー，海洋環境の持続可能性，持続可能な開発に向けての革新的アプローチなどについての行動計画に関する協議がなされた[5]。これに対応した形で，マニラで開催された閣僚会議では，海洋資源保全（MRC）に関して，海洋資源保全作業部会によって採択された「APEC内での海洋環境の持続性への取組みのための戦略」を承認した。閣僚会議は，「持続可能な開発に関する大臣会合」やAPEC持続可能な開発行動計画において承認されているように，海洋資源保全がAPEC地域内の海洋環境の維持可能性を飛躍的に改善するためのAPECの努力を発展させるうえで指導的な役割を果たすよう指示を受けることに留意した。

またマニラでの閣僚会議共同声明は，持続可能な開発に関して，貿易自由化，経済発展および環境保護の相互補完関係を際立たせる点に留意し，以下のように作業計画を示した。「閣僚は，それぞれのAPECフォーラムが宣言文や

行動計画で定義されている持続可能な開発作業をどのように進めていくことができるのかという明確な方向性を与えるより具体的な勧告を行うため，持続可能な開発担当大臣会合を1997年にカナダで開催することを要求した。APECにおける分野横断的事項やAPECの目標および目的における優先的検討事項として，閣僚はAPEC全体の行動計画の持続可能な開発に関する協力的な作業の機会を一層拡大するよう高級事務者に指示した。」[6]

APECの第3回環境大臣会合は，1997年6月にカナダのトロントで開催された。そこでは，人類の繁栄と健全な環境を実現するための根本的な目的として持続可能な開発が掲げられ，持続可能な都市，海洋環境の持続可能性，環境にやさしい生産（クリーナープロダクション），環境と両立する持続可能な成長への取り組み，経済成長および人口増加の食料，エネルギー，および環境に対する影響などについて協議された。またこの会合では，FEEEP（食料，エネルギー，環境，経済成長，人口の相互に関係する長期的課題）への環境面からのインプットをどのように行っていくのかについて論議された。

持続可能な都市に関しては，APEC域内に居住する人間の割合が2015年までの間に20％増加することから，都市生活の環境影響に対処することはすべての生活質と福祉のための主要な目標であり，都市計画と開発のすべての様相は，人間を中心におき環境保護と社会経済的検討を考慮に入れたものでなければならないとしている。また海洋環境の持続性に関しては，海洋環境の共同的資源を保護し，APEC域内の清浄な海洋に向けての進歩を遂げるように約束を遂行するとしている。またクリーナープロダクションの面については，アジア太平洋地域の工業分野の新たな投資は，より持続可能な産業開発を達成する柔軟な費用効果の高い環境管理技術を統合する機会を提供するとして，これによって工業セクターの環境にやさしい生産を促進するとしている。さらに1997年は12月に気候変動枠組条約第3回締約国会議が京都で開催されることになっていたこともあって，すべてのAPECメンバーが気候変動の影響に対し意味のある取り組みを進めることに合意し，COP3の成功および気候変動枠組条約の目標達成を支持するとした[7]。

さらに1997年11月にバンクーバーで開催されたAPEC第9回閣僚会議では、首脳宣言「APEC共同体の連携強化」が出されたが、このなかでは持続可能な開発の達成と気候変動に関する連携強化が示された。そのなかで持続可能性に関しては、以下のように明記され、急速な経済成長と人口増加と環境との関係が問題化されている。

「持続可能な開発の達成は、引き続きAPECのマンデートの核心である。衡平、貧困の軽減、および生活の質は、中心的な検討事項であり、持続可能な開発の不可分の一部として取組みがなされなければならない。われわれは、われわれの作業計画のすべての分野にわたって、持続可能な開発を推進することをコミットした。われわれは、受領した中間報告とともに、急速な経済成長および人口増加の圧力の下での食料、エネルギーおよび環境の関係についての多分野にわたるシンポジウムの成果を歓迎する。」[8]

また気候変動に関しても、首脳宣言ではAPEC加盟国がこの分野での連携強化を進めるべきであるという点が以下のように謳われている。

「われわれは、温室効果ガス輩出に取り組む世界的規模での行動を加速することの重要性を認識する。われわれは、この問題は決定的に重要であり、共通に有しているが差異のある責任の原則に従い、国際社会による協調的努力を必要とすることを認識する。われわれは、国連気候変動枠組条約の目的を推進する上で、第三回締約国会合が成功を収めるようにわれわれの強い支持を強調する。われわれは、すべてのAPECメンバーがこの努力に対して重要な貢献を行うことができることに留意する。われわれはまた、エネルギー効率の向上が、気候変動に取り組む上で重要な役割を果たすことにつき意見の一致をみた。われわれは、温室効果ガス排出削減のため、有益な技術の開発および普及の促進を含む、柔軟で費用対効果の高い協調的アプローチの重要性を確認する。われわれは、国連気候変動枠組条約の目的を推進する上で、持続可能な開発を促進するための開発途上メンバーの正当なニーズ、および、この点に関し、有益な技術の入手可能性を向上することの重要性を認識する。」[9]

このように第9回APEC閣僚会議では、アジア太平洋地域の持続可能な開

発と持続的な繁栄のためには，APECメンバーのあいだの連携強化が必要であることが「首脳宣言」という形でまとめられた。また経済面，環境面および社会面の目標を満たすためにAPEC地域が必要としているインフラストラクチャーを整備し管理するためには，公的部門と民間部門とのパートナーシップが必要であることが強調された。

1998年11月には，第10回APEC閣僚会議がクアラルンプールで開催されたが，そこでは環境上健全な成長が謳われている。「人口と経済成長が食料，エネルギーおよび環境に与える影響に関する行動志向の報告を求めた首脳の要請に従い，閣僚は，調査機関の学際的ネットワークの構築を含む，食料，エネルギーおよび環境分野における共同行動を概括した『1998年FEEEP報告』を歓迎し，承認した」。[10]そして2000年11月にブルネイのバンダル・スリ・ブガワンで開催された第12回APEC閣僚会議では，バイオテクノロジーの問題が取り上げられ，バイオテクノロジーが食料増産を通じた食料安全保障および持続可能な農法の開発に貢献する大きな潜在的能力を持っていることを認識しつつ，バイオテクノロジー製品の導入と使用の際のリスク評価およびリスク管理に対して，透明でかつ科学的根拠にもとづいたアプローチをとることの重要性を強調した。

このように，APECは基本的にはアジア太平洋地域の持続可能な発展を目的に，貿易と投資の自由化と円滑化，経済・技術協力を大きな柱とした地域的ガバナンスの枠組であるが，他方ではエネルギーと環境の分野では，担当大臣会合が開催され，持続可能な開発と環境・エネルギー問題との整合化の作業を進めている。とりわけ近年，エネルギー分野での協力関係の促進と強化が進められ，環境大臣会合がAPEC発足以来3回しか開かれていないのに対して，エネルギー大臣会合は2002年7月のメキシコ会合を含めて5回開催されている。今後も，APECにおいては環境・エネルギー面でのガバナンスが強められる傾向にある。

2. アジア・太平洋環境会議 (エコアジア) と長期的環境保護ビジョン

アジア・太平洋環境会議は，1991年に東京で開催された後，2003年までに11回の会合が開かれている。エコアジアは，アジア太平洋地域諸国の環境担当大臣を含む政府関係者，国際機関，民間団体，学識経験者が参加し，環境保全に関する取り組みを推進し，持続可能な開発を実現する目的で設立されたものである。1992年のリオでの地球サミットの前年に開催された第1回会合は，アジア太平洋地域から世界サミットに対するインプットを議論するために開催されたが，その後も，第2回が1993年の「エコアジア'93」，第3回が1994年の「エコアジア'94」というように，継続的に毎年（1992年を除く）開催されている。

第9回会議は，2000年9月に，第4回アジア太平洋環境開発閣僚会議（MCED）とあわせて北九州で開催され，同会議には，アジア太平洋地域の23名の環境大臣を含む40カ国および17の国際機関が出席し，持続可能な開発に関する地球サミットの成功に向けた地域協力，および国連気候変動枠組条約第6回締約国会議の成功に向けてという2つの部会に分かれて討議が行われた[11]。国連アジア・太平洋経済社会委員会（UNESCAP）が主催するアジア太平洋環境開発閣僚会議では，21世紀に向けたアジア太平洋地域における持続可能な開発の新たなパラダイムへの展望，2001-2005年環境上健全で持続可能な開発のための地域行動計画，クリーンな環境のための北九州イニシアティブに関する討議が行われた。

なかでも，この会議で採択されたクリーンな環境のための北九州イニシアティブは，北九州市における環境問題への取り組みと経験からアジア太平洋地域の主要都市における環境改善のために優先すべき目標や行動を明らかにし，環境保全に向けた取り組みの強化やパートナーシップの拡大といった政策指針を提示したものである。ここで提案されているのは，ローカルイニシアティブの強化やパートナーシップの拡大，地方レベルでの環境管理能力の強化などを目的とした都市ネットワークの創設などで，また総合的な都市計画戦略，大気汚

染改善，水質改善，衛生的な廃棄物処理およびごみ排出量の減少，職員の能力形成を行動範囲として，定量的な指標を使って目標設定や事業のモニタリングを行うことである[12]。

2001年には第10回エコアジアが環境省の主催により東京で開催され，アジア太平洋地域を中心とする21カ国，12の国際機関等，合計約140名が参加した。この会議では，「アジア太平洋地域環境開発フォーラム」（APFED）の設立，「エコアジア長期展望プロジェクト第Ⅱ期」成果報告，持続可能な開発に関する世界サミット（ヨハネスブルク・サミット）の準備，気候変動，エコアジアの今後の活動について討議された。これらのなかで，アジア太平洋環境開発フォーラムは，21世紀のアジア太平洋地域の経済や環境など幅広い問題を検討し，2005年には最終報告の取りまとめを予定している。

この会議では，「エコアジア長期展望プロジェクト第Ⅱ期報告書」が出された。この報告書は，エコアジアの第Ⅰ期（1993-1997）と第Ⅱ期（1998-2001）の成果がまとめられたものである。エコアジア長期展望プロジェクトは1993年に開始されたものであるが，アジア太平洋地域の発展のための基本概念として，環境意識（エコ・コンシャスネス），環境連帯（エコ・パートナーシップ），環境技術／環境投資（エコ・テクノロジー），環境政策連携（エコ・ポリシー・リンケージ）の4つを提唱した[13]。プロジェクト第Ⅰ期では，これらの4つの基本概念の検討に重点が置かれ，プロジェクト第Ⅱ期では，これらの4つの基本概念を具体化することが検討された。この4つの基本概念のうちエコ・コンシャスネスに関しては，以下のように説明されている。

「第1の概念として提唱されたエコ・コンシャスネス（環境意識）は，持続可能な社会を構築するための基礎となる概念である。エコ・コンシャスネスとは，環境にやさしい人間の行動を促進するための環境に関する知識，信条，価値そして知恵の総体を意味する。エコ・コンシャスネスの促進，例えば，社会全体が持続可能な発展に対して共通の考え方や価値観をもつことは，政府機関，企業，そして市民社会などが環境政策を検討する際の基礎となる。4つの基本概念は，どれも重要ではあるが，このエコ・コンシャスネスだけが，他の

3つの概念と少し異なる。エコ・コンシャスネスが，ローカル（局地的），地域（アジア・太平洋地域），そして地球規模での環境問題を，人類共通の課題であると認識することを可能にする概念的手段であるのに対し，他の3つは，持続可能な社会を構築するための行動指針であると言える。」[14]

エコアジアは，アジア太平洋地域での地域協力の検討や，環境状況についての知識の共有，あるいは重要な環境課題についての効果的な対策を検討するための非公式の情報交換フォーラムであるが，エコアジアプロジェクトはさらにエコ・パートナーシップを基礎にして，地域の環境と開発に関する課題に共同で取り組むためのビジョンを提起している。報告書はエコ・パートナーシップについて以下のように説明している。

「エコ・パートナーシップは，各国政府，地方自治体，企業，NGO間の協力の強化および経験の共有を目指している。これらの活動は，社会的，制度的，あるいは国家間の枠組を越えて，パートナーシップを促進していくことが期待される。様々なレベルでの組織連帯の強化は，各々の組織に学習の機会を与え，共通問題を解決することを可能にする。さらに，この様な共同活動は，同時に経済的な効率も上げるだろう。

様々なパートナーシップのなかで，特に公的セクターと民間セクターの共同作業は，環境にやさしい社会の構築と持続可能な発展の実現に重要である。代表的なエコ・パートナーシップの例は，民間セクターが関わったインフラ開発である。特にアジアでの環境問題の大きな原因のひとつは，適切なインフラが整備されていないことである。インフラには，上下水道，公共交通などの設備が含まれ，世界銀行は，1995年から2004年の間に行われる東アジアでのインフラ開発に約1.3兆から1.5兆ドルの資金を必要としていると推測している。インフラ開発は，公的セクターの仕事とされているが，民間セクターとの協力による多くの利点，例えば経済成長に伴う民間資本の流動化や，民間セクターのノウハウを使ったインフラの建設や操業における効果性の改善がある。」[15]

第3の基本概念であるエコ・テクノロジー／エコ・インベストメントは，経済成長と環境保全を調和させるために必要な環境適正技術の開発およびそのた

めの投資を意味している。アジア太平洋地域の持続可能な発展を実現するためには，エネルギー，淡水，森林などの資源の持続可能な利用が重要である。適正技術はその際の経済コストや環境コストを最小化するうえで不可欠な要素となる。

「例えば，水資源管理の適正技術としては，分散型の供給システムや，雨水の収集・貯蔵池およびその周辺の森林管理についての知識などがあげられる。発展途上国での持続可能なエネルギー供給のためには，バイオマス，風，太陽エネルギーなどの再生可能資源を利用するための，適切な技術を促進する必要がある。特に重点的に，新規もしくは追加的投資が必要とされているのは，エネルギー効率の良い公共交通システムを含む，省エネおよびエネルギー効率改善のための技術分野である。」[16]

そして第4の基本概念であるエコ・ポリシー・リンケージは，国内，地域，そして地球規模での環境政策の連携を発展させていくことである。この概念の根底にあるのは，ローカルな環境問題と地球規模の環境問題に同時に対処するための全体的なアプローチの重要性である。アジア太平洋地域では，気候変動などの地球環境問題の重要性に関してはあまり注目されていないのが現状であるが，ローカルなレベルでの環境向上の施策が地球規模での環境改善につながることはいうまでもない。したがって，ローカルな政策とグローバルな政策のリンケージが環境政策のマクロ的なアプローチの基礎となる。

「例えば，エネルギー効率の改善は，局地的な大気質を改善するだけでなく，温室効果ガスのひとつである二酸化炭素排出の減少につながる。地球規模の環境問題と局所的な環境問題，さらには地方の経済発展の課題に対処する新しいアプローチが，効果的な環境政策の改革と政策目標の統合によって見出されていくべきである。エコ・ポリシー・リンケージは，アジア太平洋地域の多くの国および地域に，政策効率の向上と局所的な環境問題に向けられる資金と技術の新しい流れを生み出す機会を提供する。地域，そして世界において持続可能な発展に向かうには，国内または地域的な戦略的行動計画の立案と実施や，気候変動問題におけるクリーン開発メカニズム（CDM）の念入りの計画

が必要である。」[17]

　さて，エコアジア長期展望プロジェクトの報告書は，アジア太平洋地域の将来的な展望として4つのシナリオを描いている。この4つのシナリオは，国立環境研究所がアジア太平洋地域のいくつかの研究所と共同で開発したアジア太平洋統合モデル（AIM）のなかで提起されたシナリオに関してエコアジア長期展望プロジェクトが検討を加えたものである[18]。それらは，①経済発展重視シナリオ，②環境対策導入経済発展シナリオ，③悲観的成長シナリオ，④環境保全重視シナリオである。

　経済発展重視シナリオは，急激な経済発展，今世紀半ばで最大となりその後減少する世界人口，そして新しくまたより効率的な技術の急激な採用によっておきる経済発展という将来像を描いている。このシナリオでは，発展途上国の経済成長はめざましく，南北の格差が急速に縮まる。環境対策導入シナリオは，経済発展重視シナリオの変形であるが，市場経済による資源の最適配分と右肩上がりの経済成長に依拠している。非観的成長シナリオは，1人当たりの経済成長と技術変化には時間がかかり，地域間の格差も拡大すると考えられる。最後の環境保全重視シナリオは，「ポスト大量消費社会の価値やライフスタイルによって支配される世界を描き，経済，社会，環境持続可能性についての地方レベルでの問題解決に重点が置かれている。」[19]

　このシナリオでアジア太平洋地域の将来展望をみると，たとえば，エネルギー消費に関してみると，経済発展重視シナリオでは，2032年までに2.4倍に増え，環境対策導入シナリオでは1.8倍に増えると予測される。また水利用に関しては，すべてのシナリオにおいて途上国の水利用が増加すると予測されているのに対して，OECD諸国の水利用量は，悲観的成長シナリオ以外では減少すると予測されている。アジア太平洋地域では，途上国の占める割合が大きく，たとえば京都議定書の温室効果ガスの削減義務を負っていない国が多い。しかし，将来的には途上国も温暖化防止のレジームに入らざるをえない状況が生まれてくると，経済発展シナリオは将来的に時間的限界に至る可能性もある。いずれにせよアジア太平洋地域では，エネルギーや水といった資源は，経

済発展と人口増加とともに，不足していくことが予測され，その意味からも環境エネルギーのガバナンスとレジームの強化が迫られている。

ところで，第11回アジア・太平洋環境会議（エコアジア2003）は，環境省主催で神奈川県において開催された。議長サマリーにあるように[20]，本会議の目的は，アジア・太平洋会議を，持続可能な開発に関するアジア太平洋地域の閣僚レベルでの意見発信の場のひとつとして位置づけ，ヨハネスブルクサミット後の持続可能な開発に関する本地域の取り組みを評価するとともに，今後の地域協力の方向性について討議することであった。

循環型社会実現の取り組みに関しては，第1に環境政策を経済政策および社会政策へ統合していくこと，第2に循環型社会の構築のために，森林保全および水を含む天然資源管理，廃棄物・リサイクル，並びに越境環境問題に関する施策の着実な実施を図っていくこと，第3にアジア太平洋地域および地球規模での，各主体によるパートナーシップおよび参加の促進，並びに協力の推進，とくに能力開発，人材開発および資金面における協力を推進すること，これらの点が確認された。

またヨハネスブルクサミットの実施計画のアジア太平洋地域での具体的実施に関しては，以下の点が議論されその重要性が確認された。第1に，グッドガバナンスを推進すること，第2に，実施計画にもとづき，地域および準地域（サブリージョン）レベルでの各主体のパートナーシップによる具体的な行動および多様な主体に対する能力開発を推進すること，第3に，地域および準地域における経験および情報の交換を進めていくこと，第4に，貧困の解決は持続可能な開発の実現のために必要不可欠であり，アジア太平洋地域でこれに取り組むこと，第5に，すべてのレベルおよびすべての主体における持続可能な開発のための教育を推進すること，第6に，第3回世界水フォーラム，第3回島サミットおよび持続可能な交通に関する名古屋会議のフォローアップを行うこと，第7に，AFPEDの活動およびタイプ2イニシアティブに盛り込まれた3つのコミットメントを実施すること。

これらの項目のなかで，アジア太平洋環境開発フォーラム（AFPED）につい

ては，エコアジア2001での設置以降の取り組み状況と，ヨハネスブルクでの持続可能な開発に関する世界首脳会議（WSSD）への提言およびタイプ２イニシアティブの実施を含む今後の計画の報告がなされた。ヨハネスブルクサミットでは，アジェンダ21の実施を促進するための取り組みについての合意文書であるヨハネスブルク実施計画が採択されたが，同時にタイプ２イニシアティブとよばれる約束文書も採択された。約束文書は，各国や関係主体が自主的かつ具体的なイニシアティブの提案を行うものであり，国家間の合意を必要としないものである。

　タイプ２イニシアティブの特徴は，立案と実施において経済・社会・環境という持続可能な開発の３つの要素が統合される統合的アプローチをとっていることと，その範囲が地域的および準地域そしてグローバルな場面に広がっていることである。この約束文書は国家間の合意文書に比べて緩やかなソフト・ロー的な性格をもつとはいえ，合意された内容でないために拘束力の点で弱い面がある。しかし，その実施に関しては，エコアジアのような地域的ガバナンスの機関が実施状況をモニタリングするなど説明責任がともなうものであるため，国家間の合意が"希少資源"である状況においては，このようなタイプ２イニシアティブのような枠組も重要な意味をもってくるだろう。

3．アジア太平洋環境開発フォーラム（APFED）の取り組み

　2001年10月に開催されたアジア太平洋環境会議（エコアジア2001）において，アジア太平洋環境開発フォーラム（APFED）の設立が承認された。このフォーラムは，アジア太平洋地域の持続可能な発展のモデルを提示することを目的としたもので，第１回実質会合は2002年１月に，タイのバンコクで開催された。会議では，ヨハネスブルクサミットに対する提言に盛り込む内容，とくに重要な課題として，①淡水資源，②再生可能なエネルギー，③貿易，④資金の４つのテーマに関して討議用ペーパーを基に議論が行われた。そして，そこで出された意見を踏まえてフォーラム事務局（地球環境戦略機関）が提言案を作

成することになった[21]。

　第1回会合で議論された内容を討議用ペーパーに即してみると，まず，①淡水資源に関しては，世界各地で深刻化している水不足はアジア太平洋地域でも例外ではなく，この有限で脆弱な水資源の集中的な利用と乱用が続けば，淡水資源や土地資源を劣化させることになり，結果的に水ストレスをより増大させるという危機感が示されている。討議の焦点は，水問題を貧困削減と関連づけること，ガバナンスを実践すること，水管理を促進すること，水に関する係争が増加すること，水貿易といった新たな問題の表面化などに関するものであった。

　②再生可能なエネルギーに関しては，地球人口の55％が集中しているアジア太平洋地域は，今世紀中に世界経済を席巻し，経済成長にともなってエネルギー需要も増加する。したがって，増加するエネルギー需要に対応し，炭素排出抑制を達成するためには，再生可能なエネルギーの利用促進が1つの解決策である点が指摘されている。③貿易に関しては，アジア太平洋地域では，将来的に貿易の自由化が拡大するなかで，貿易および貿易政策の環境に対する影響，環境上適正な技術の促進が重要な課題となる。そして④資金に関しては，アジア太平洋地域の持続可能な開発のための資金として，公的資金だけではなく民間資本を振り向けることが課題となるとされた。新たな資金メカニズムとしては，クリーン開発メカニズムが重要な資金源となる可能性，地球環境ファシリティ（GEF）の地域版を設立することが提起された。

　この第1回の会合での討議を受けて，アジア太平洋環境開発フォーラムはヨハネスブルクサミットへの提言書を作成した。そこでは，APFEDのメンバーは，アジア太平洋地域が直面する環境と開発に関する課題として，淡水資源，再生可能エネルギー，貿易，資金および都市化の5つを提起し，以下のように提言している。

　「我々は持続可能性を追求するにあたり，貧困削減がこれら課題の中心になっていると確信している旨を表明する。また我々は，世界の生産と消費の様式を根本から変えることが，持続可能性を達成するために必須であると信じる。

さらに，我々は，良きガバナンスと能力開発が持続可能な開発への挑戦を成功させる要であり，横断的な関心事であると信じる。持続可能な開発を実現するためには，具体的かつ明確な目標を設けた行動がとられなければならない。」[22]

　個別の主要な課題についてみると，まず淡水資源に関する提言では，総合的な水政策とその効果的な実施メカニズムを国および地方レベル双方で立案すること，流域レベルおよび地下水系での総合的なモニタリングと評価を促進すること，そして紛争を回避するために共有水域にかかわる協力メカニズムを構築することが提起されている。この提言では，水政策においては地域コミュニティ，とくに女性や貧困層が参加する必要がある点，また紛争回避のための合意に関しても，すべての関係者，とくに女性と貧困層のニーズを認識する点に示されている。

　再生可能エネルギーに関する提言では，コミュニティにおいて再生可能エネルギー・システムとサービスの利用を促進すること，適切な再生可能エネルギー関連機器とサービスを地域の状況に合った方法で最大限に活用することが提起された。ここでは，コミュニティにおいて再生可能エネルギーとサービスを利用するという前提で，地域の状況に見合った，バイオマス，太陽光，風力，小規模水力と地熱のような再生可能エネルギーを最大限活用することが強調されている。貿易に関しては，両者に関する政策分析と政策実施にかかわる能力を開発すること，環境上適正な技術の利用を促進すること，貿易を持続可能な開発のための手段となるようにすることなどが提言されている。

　資金に関しては，政府開発援助と国内の資金を最大限活用すること，持続可能な開発への民間資本の寄与を増大させること，既存および国際的な資金メカニズムの効果が十分に発揮できるようにすることの提言が示された。具体的な点で新しい提言は，民間資本の活用，地球環境ファシリティ（GEF）の増額に加えて新たな地域環境ファシリティの設置が提言されていること，そして持続可能な開発に悪影響を与える経済活動に対しグローバル税をかけるような世界的資金メカニズムの導入に向けての取り組みを行うということである。

　また横断的な問題に関する提言では，良きガバナンスと能力開発が大きな柱

として提起されており，前者は国内外のパートナーシップの創造とその最適化にかかわり，後者は国および地方レベル双方において組織面と人的資源に関する統合的で体系的な能力開発に着手する必要性が謳われている。最後に，APFEDは以上のような提言実現のために，それぞれの立場で可能な行動をとり，ヨハネスブルクサミットの約束文書に含まれるように，2004年までに政策提言を含む最終報告書を作成するとしている。

さて，アジア太平洋環境開発フォーラム第2回の実質会合は，2002年5月にインドネシアのジャカルタで開催された。この会議では，同年8月に南アフリカのヨハネスブルクで開催された世界サミット（WSSD）に対する提言とAPFEDとしての取り組みの約束が合意された。APFEDのメッセージには，上述したように，持続可能な開発の実現のためにとくに重要な課題である淡水資源，再生可能エネルギー，貿易，資金および都市化に関する提言の他，横断的なテーマとして良きガバナンスおよび能力開発に関する提言が含まれている。

2003年1月には，アジア太平洋環境開発フォーラムの第3回実質会合が中国の桂林で開催された。前回の会議では，WSSDに向けたAPFEDの提言がまとめられたが，3回実質会合の目的の1つは，最終報告書の内容と構成がどのようになるかについてAPFEDのメンバーが決定を行うことにあった[23]。

そして2003年8月に第4回実質会合がモンゴルのウランバートルで開催された。この会議では，APFEDの最終報告書について，盛り込むべき内容，果たすべき役割，編集の仕方についての検討が行われ，2004年5月の第5回会合までに実務的な会合を開催し，第1次草案を作成することになった。またこの会合では，最終報告書ゼロドラフトが準備された。これは最終報告書のメッセージ部分の土台となるものであり，提言項目は，環境ガバナンスの変化，革新的な環境ファイナンス，貿易と環境，能力開発，環境情報，環境技術，民間企業への支援，NGOへの支援，地方自治体の役割，中央政府の役割，国際機関の役割，多国間協議，環境ショーケース，淡水資源，再生可能エネルギー，都市化および土地利用管理というように，多岐にわたっている[24]。

おわりに

　アジア太平洋地域といっても，地理的には南アジア，東南アジア，北東アジア，中央アジアおよび太平洋地域と広範囲にわたっている。しかし，これらの準地域（サブリージョン）では，それぞれ地域の環境ガバナンスの枠組が形成されつつある。南アジアでは，SACEP（南アジア環境協力事業），東南アジアではASEAN環境上級管理会合（ASOEN），北東アジアではNEASPEC（北東アジア地域環境協力プログラム）という環境ガバナンスの枠組が形成されており，中央アジアではアラル海やカスピ海の環境問題への対応が進められている[25]。今後は，アジア太平洋地域全体の環境ガバナンスの枠組の形成が進展する可能性がある。

　これまでみてきたように，アジア太平洋地域には，APEC，エコアジア，アジア太平洋環境開発フォーラムといったリージョナルな環境ガバナンスが形成されてきている。今後も，これらのリージョナルな環境ガバナンスの枠組は，グローバルな環境ガバナンスの枠組を補完するものとして重要な役割を果たすものと考えられる。しかし，アジア太平洋地域には，将来的に人口増加による食料不足，地球温暖化による気候変動のさまざまな影響，漁業資源の不足とそれをめぐる紛争の可能性，スプラトニー諸島など資源と領土をめぐる紛争など，環境安全保障上の多くの問題が横たわっている[26]。したがって，今後は，アジア太平洋地域のガバナンスの枠組を考えるうえで，環境問題を安全保障の問題と絡めて人間の安全保障の面から捉える視点が重要となろう。

1）S.A.Schirm, *Globalization and the New Regionalism*, Polity Press, 2002, p.104.
2）APEC Secretariat, *Survey on Trade-Related Environmental Measures and Environment-Related Trade Measures in APEC*, Wellington, 1999, p.39.
3）APEC *Meeting of Ministries Responsible for the Environment*, *Summary Report*, in : http://www.apecsec.org.sg./virtualib/minismtg/mtgenv94.htm
4）外務省編『外交青書』39号，1996年，246頁。

5) APEC 1 st Sustainable Development Ministerial Meeting-Declaration, 1996, http : // apecsec.org.sg/virtualib/mtgsdv96.html
6) 第8回APEC閣僚会議共同声明, http : //www.mofa.go.jp/mofaj/gaiko/apec/, なお, 訳は東京大学東洋文化研究所　田中昭彦研究室「戦後日本政治・外交データベース」を参照した。
7) APEC持続可能な開発に係る環境大臣会合「共同声明」(http : //www.env.go.jp/press/file_view.php3?serial=47&amp ; hou_id=72)
8) 第9回APEC首脳宣言「APEC共同体の連携強化」(外務省編『外交青書』第41号, 350頁)
9) 同書, 351頁。
10) 第10回APEC閣僚会議共同声明（外務省編『外交青書』42号, 335頁）
11) 日中韓三カ国環境大臣会合「プレグレスレポート」(http : //www.env.go.jp/earth/coop/temm/temm3/PR4Temm3J.html)
12) 「クリーンな環境のための北九州イニシアティブ」では, 北九州市の経験とアジア太平洋地域の開発途上国の環境保護との関係は以下のように書かれている。「アジア・太平洋地域の開発途上国は経済成長と環境保護における複合的課題に直面している。また, 新たな産業面での課題にも直面している。各国は, 既に多くの都市部で深刻である大気汚染や水質汚濁の制御, 環境上の損害の軽減, 新たな環境技術の開発, 環境効率の改善を通じクリーンな産業発展を成し遂げなければならない。地方自治体は都市自治体も含め, 環境汚染の軽減や環境改善のための修復対策の実施において積極的な役割を果たすことができる。というのは, 多くの場合, 地方自治体は土地利用, 交通, 建築, 廃棄物管理そしてしばしばエネルギー供給と管理に関して権限を有するためである。」(http : //www.env.go.jp/houdou/hgazou/1392/33.pdf)
13) エコアジア長期展望プロジェクト第Ⅱ期報告書『持続可能なアジア太平洋地域を目指して』(エコアジアのホームページ http : //ecoasia.org), なお, この報告書に関しては, 政策立案者向け要約版を参照した。
14) 同上, 2頁。
15) 同上, 3頁。
16) 同上, 4頁。
17) 同上, 4頁。
18) アジア太平洋統合モデルは, 大規模コンピュータ・シミュレーションモデルであるが, これに関しては, Asian-Pacific Integrated Model, http : //www.nies.go.jp/social/aim/ を参照。
19) 前掲エコアジア長期展望プロジェクト第Ⅱ期報告書, 6頁。
20) 第11回アジア・太平洋環境会議（エコアジア2003）議長サマリー（http : //www.

env.go.jp/press/file_view.php3?serial=4656&amp ; hou_id=4155）
21）アジア太平洋環境開発フォーラム第1回会合，専門家会合議長サマリーおよび討議用ペーパーに関しては，http : //www.env.go.jp/council/06earth/y060-05/mat02-1.pdf を参照。
22）アジア太平洋環境開発フォーラム（APFED）「持続可能な開発に関する世界首脳会議へのメッセージ」（http : //www.iges.or.jp/apfed-message/apfed_i.html）
23）APFEDの第3回実質会合での最終報告書に関する選択肢と考え方については，詳しくは，http : //www.iges.or.jp/Itp/pdf/APFED3_J.pdf を参照されたい。
24）APFEDレポートのゼロドラフトについては，http : //www.iges.or.jp/jp/Itp/activity_apfed.html を参照。
25）前掲APFEDゼロドラフト，3－4頁参照。
26）この点に関しては，A.Dupont, *The Environment and Security in Pacific Asia*, Oxford University Press, 1998を参照されたい。

第10章
東アジアの環境ガバナンス

はじめに

　東アジア共同体といっても,もとよりEUのように国家連合体がすでに形成されているわけではなく,ASEAN＋3（中国・韓国・日本）を中心にその形成のための将来的な構想が議論されている状況である。ましてや東南アジアと北東アジアをサブリージョンとする東アジア全体で共通の環境政策が実施されているのでもない。しかし,東アジアにおいては,いくつかの分野でガバナンスの枠組が徐々に形成されつつある。ガバナンスの枠組が法的な拘束力をもった国際レジームによって強化されて「共同体」を形成したというのが,EUの歴史的経験であったが,それに照らしてみると,東アジアにおいても,多分野での多国間ガバナンスの形成が「東アジア共同体」形成のためのプロセスを推し進めるということができる。ここでは,東アジアの環境ガバナンスに焦点を当て,東アジアの地域ガバナンスから「東アジア共同体」形成へのシフトについての構想を検討したい。もちろん環境という特定の分野だけの他国間協力が「東アジア共同体」形成につながると考えているわけはなく,多分野の協力関係の一環としての,エネルギー問題を含めた環境安全保障の面でのガバナンスの問題が,「東アジア共同体」構想と深くかかわっているという認識にもとづいている。

1. 東アジアの環境問題

(1) 東アジアの環境・エネルギー問題

アジア諸国の経済成長にともなうエネルギー需要は高まる一方，そのニーズを満たすエネルギー資源は不足している。このエネルギー・インバランスは，北東アジアでより顕著である。日本はエネルギー供給の88％，石油の100％を輸入しており，韓国，北朝鮮，台湾も同様の状況下にある。中国の石油需要は近年急速に拡大しており，2000年には1990年に比べて2倍になっている。1993年には中国はすでに石油の純輸入国になった。

日本のエネルギー需要は全般的にそれほど伸びる見込みはないが，中国では産業部門，運輸・通信部門，家計部門，サービス部門のいずれにおいても拡大が見込まれ，エネルギー消費は，2010年には2000年に比較して30％増加する見通しである[1]。韓国では，1990年代半ばから石油消費は産業部門とりわけ輸送部門に支えられた一方，電力や家庭部門，商業部門において，1997年の金融危機による価格高騰など短期間の変化に著しい影響を受けた。韓国の1次エネルギー需要は，2020年までには2000年の約1.6倍になると予想されている[2]。

北東アジア地域のエネルギー問題は，中東およびロシアからの供給が安定しつつあるあいだは深刻化しないにしても，70年代のオイルショックのように急激で予想できない価格高騰に対しては，それらの国々が無防備であるために，大きな政治経済的な影響力をもっている。

(2) 温室効果ガスの排出

東南アジアと北東アジアを含めた東アジア地域（中国，韓国，日本，インドネシア，マレーシア，フィリピン，台湾，タイ，ベトナム）でのCO_2排出量は，世界全体の約4分の1を占めている。これはアメリカの排出量に匹敵する。排出量の多い順では，中国，日本，韓国となっており，1人当たりの排出量でみると，台湾（1人当たり11.47トン），日本（同9.07トン），韓国（同8.96トン），マ

レーシア（同4.71トン）となっており，中国は2.23トンでタイに次いで6位となっている[3]。

地球温暖化の影響は，陸上生態系，農林水産業，水資源，海洋環境，気候変動などと多方面にわたっており，とくに気候変動面では，モンスーンや台風が多いアジア地域への影響は大きい。また世界人口の3分の1を占める東アジアでは，地球温暖化による食料生産への影響も大きい。さらに東アジア諸国あるいは北東アジア諸国は，海岸線に面している地域が多いために，地球温暖化による海面上昇の影響を受けやすい。東アジアのなかでも，中国は地球温暖化の影響を多大に受けるといわれている。地球温暖化による海面上昇が起これば，上海や天津などの沿海部の都市が大きな被害を受けることが予想されている。IPCCの予測によれば，海面が1メートル上昇した場合，中国全体での被害者総数は7000万人という報告が出ている。

（3）森林資源の減少

2001年の国連食料農業機関（FAO）の統計によると，世界全体の森林率は30％であるが，アジア地域は18％で，アフリカ（22％），ヨーロッパ（46％），北中米（26％），オセアニア（23％）に比較してもっとも低い。東南アジアと北東アジアの国々についてみると，1990年と2000年を比較した場合，ASEAN諸国はシンガポール以外すべて森林面積が減少しており，北東アジア4カ国（中国，韓国，日本，モンゴル）のうち中国と日本はやや増加しているが，韓国とモンゴルはやや減少している[4]。

森林消失は，過度の商業的伐採や燃料採取，非伝統的な焼畑農業，農業開発，土地制限の未熟さ，人口圧力などの社会経済的要因と，森林火災などの自然的要因とが相互に関連しながら進んできた。また，近年では違法な森林伐採や木材取引の問題がクローズアップされてきており，それらの対策が検討されている。とくに東南アジア諸国では，森林管理や植林事業の推進が必要である。中国では2010年までに森林面積率を7％増やすべく植林が進められている。東アジア全体で森林保護と植林を推進するための行動計画が必要である。

（4）酸性雨

　石炭や石油などのエネルギー消費の増大は，SOxやNOxなどの大気汚染物質を増加させ，酸性雨の原因となっている。SOxやNOxなどの大気汚染物質の増加が今後も続けば，大気汚染や酸性雨による影響がますます深刻化することは避けられない。しかし，SOxに関しては，生産設備の改善や脱硫装置の装備などがいっそう進めば，大幅な排出削減が可能になる。他方，NOxについては，モータリゼーションの拡大で増加する可能性が高い。

　西欧諸国の酸性雨の原因が，石炭から排出されるSOxから自動車から排出されるNOxへと徐々に移っていったことを考えると，北東アジアの酸性雨に関しても，同様の想定が可能かもしれない。たとえば中国のエネルギー消費の75％は石炭であり，そこから発生する二酸化硫黄は，日本の30倍近い年間2300万トンといわれている。その被害は，ヨーロッパのスウェーデンが他のヨーロッパ諸国からの酸性雨の被害を受けたように，越境的な性格をもつ。日本の酸性雨被害も少なからず中国が排出する二酸化硫黄が関係しているといわれている。このように，日中韓3カ国は北東アジアという地理的空間に置かれており，酸性雨，黄砂，エネルギー資源の開発，原発問題など，環境問題を共有していることから，これらの問題にリージョナルな対応が迫られている。

（5）原　発

　アジアのなかで原子力発電が行われている国あるいは地域は，現在，日本，中国，インド，パキスタン，韓国，台湾である。このなかで，北東アジアに限定してみると，稼働中の原発の保有数は，1999年現在で，日本の52基，韓国14基，台湾6基，中国3基となっている。日本は，1973年の石油危機以来，原発をエネルギー政策の中心に据え，多くの原発を建設してきた。しかし，1999年に東海村にある核燃料施設JCOで起こった臨海事故にみられるように，「安全神話」にもとづいて進められてきた原子力政策にも歪みが生まれてきている。

　韓国でも，石油危機以後，1978年に原子力発電を開始し，2003年には，稼働中の原発は18基となっている。韓国の発電に占める原発の割合は，総発電量の

29％（2003年）となっており，発電のなかで最大のシェアーを占めている。台湾の原子力発電に占めるシェアーは，約3分の1であり，稼働中の原発は6基である。台湾では，原発に対する反対運動はあるものの，今後も拡大を進める計画である。

このように，北東アジアはアジアのなかでも，原発が集中する地域なっており，今後もその傾向は続くものと考えられる。したがって，北東アジアにおいては，原子力事故のリスクも高まると考えられる。将来的にはインドネシア，ベトナム，タイなど東南アジア諸国も原発を建設することを計画しているようであるが，かりにこの計画が実行に移されると，東アジアでの原子力発電所の数は，140基にも達すると予測されており，世界中でもっとも原発が集中する地域となる。このことは，東アジアにおける「危険社会」の到来を意味する。

2．東南アジアの環境ガバナンス

ASEAN諸国では，1977年にASEANサブ・リージョナル・環境プログラム（ASEP）の作成が開始され，翌1978年には，ASEAN科学技術委員会（COST）の勧告でASEAN環境専門家会議（AEGE）が開催された。1989年に，AEGEはASEAN環境高級事務レベル会議（ASOEN）に昇格し，その下部組織として，海洋環境，環境経済学，自然保護，環境管理，多国間汚染，環境情報・市民教育の6つの分野のワーキング・グループが作られ，上部組織として，環境担当大臣会議（AMME）が設けられた[5]。

このようにASEAN諸国は，域内の環境問題に対処するために環境協力のためのガバナンスの制度的な枠組を形成している。まずASEAN首脳会議では，さまざまなレベルで環境協力を含めた環境問題が検討される。つぎに環境大臣会合が3年おきに公式に開催されているが，1994年以降はこれら公式会合の間に非公式会合が毎年開催されている。さらに環境に関する高級事務レベル会合（ASOEN）が毎年開催され，環境に関する地域プログラムと活動の作成，実施，モニタリングに責任を負っている。ASOENは，各国の環境省や環境庁の

大臣あるいは長官から構成される。

　ASOENは1998年にシンガポールで開催された第9回会合で，その再編が決定され，地域レベルと国レベルで発生する環境問題に対応できるように組織化された。ASOENは，自然保護と生物多様性の作業グループ，海洋・沿岸環境の作業グループ，ヘイズ対策の技術的タスクフォース，多国間環境協定の作業グループ，そして他の環境活動によって構成されている[6]。

　ASEANの環境問題への具体的な対応についてみると，1992年のシンガポールでのASEAN首脳会議では，ASEANは持続的開発の原則に則って環境保護に積極的な役割を果たしていくことを誓約した。1997年から1998年にスマトラ，カリマンタンで発生した森林火災のために，インドネシアのみならずシンガポール，マレーシアなどでも大きなヘイズ（煙害）が発生し，ASEANはその際，国連環境計画などから協力を得てそのヘイズ問題に対処した。1997年12月にシンガポールで，ASEANヘイズ閣僚会議を開催し，「地域的なヘイズ行動計画」（PHAP）を採択した。その行動計画は，「よりよい管理政策とその実施，そして公共教育プログラムの強化によって，森林火災から発生するヘイズ問題に対処するための具体的な協力プログラムを策定する」[7]というものであった。

　ところで，ASEAN諸国は，1997年の第2回非公式首脳会議で，2020年までにASEAN共同体実現をめざす「ASEANヴィジョン2020」を採択した[8]。これはASEAN諸国における地域的協力の枠組の将来構想を示したものであり，2020年までに平和で安定した東南アジアを形成するという目標が設定されている。「われわれASEANは，急速にわれわれの繁栄を達成し生活を改善することで，相互に平和な，かつ世界との関係でも平和なASEAN諸国民の共同体を形成してきた。われわれの豊かな多様性は，相互に強力な共同体意識を促進することにおいて助けとなる強さとインスピレーションを提供してきた。…ASEANは2020年までに平和で安定した東南アジアを形成しているだろう。そこでは，各国民が平和であり，永続的な正義の尊重と法の支配によって，そして国民的・地域的な弾力性の強化によって紛争の原因が除去されているだろ

う。」[9]

　この「ヴィジョン2020」のなかでは，さらに核兵器や大量破壊兵器のない東南アジアが構想されているだけでなく，地域の環境を保護するための持続可能な開発のメカニズムの形成が構想されている。環境に関しては，ASEAN内部のエネルギー，電力利用，天然ガス，水の分野における相互協力体制を確立し，天然ガスと水のパイプラインの建設における協力の推進，新エネルギーや再生エネルギーの開発の促進を謳っている。また「ヴィジョン2020」は，ASEANを食料，農業，森林資源の国際競争力と食料安全保障を高め，森林管理，自然保護，持続可能な開発における1つのモデルとして林業部門を促進することをめざしている[10]。

　さらに1998年には，ハノイ行動計画がASEAN公式首脳会議で採択された。ハノイ行動計画は，1999-2004年までの期間に特定の目的と戦略によって「ヴィジョン2020」を実施するものであった。その計画は，以下の15の目的によって環境保護と持続可能な発展に取り組んでいる[11]。

① 地域的なヘイズ行動計画を特に重視した越境汚染に関するASEAN協力計画の完全な実施（2001年まで）。
② 森林と耕地の火災に対する監視能力を重視したASEANの専門的気象センターの強化と，越境的ヘイズの初期警告の準備（2001年まで）。
③ 耕地と森林の管理のためのASEAN地域研究・訓練センターの設立（2004年まで）。
④ 適切な制度的ネットワークの設立による生物多様性保護のためのASEAN地域センターの強化と，共同的な訓練研究活動の遂行。
⑤ ASEANの伝統的な公園と保存物を保護するための地域的調整の促進。
⑥ 沿岸地域の総合的な保護と管理のための枠組の開発とその地域的な調整の改善（2001年まで）。
⑦ アジェンダ21の実施のための制度的・法的能力と他の国際的な環境協定の強化（2001年まで）。
⑧ 加盟国の環境データベースの調和化（2001年まで）。

⑨ASEAN 地域的な水保護計画の実施（2001年まで）。
⑩環境にやさしい科学技術の促進のための地域センターあるいはネットワークの確立（2004年まで）。
⑪遺伝資源へのアクセスに関する ASEAN 議定書の作成と採択（2004年まで）。
⑫陸地と海洋での活動による海洋環境の保護のための地域的行動計画の発展（2004年まで）。
⑬ASEAN 諸国の大気と河川の水質に関する長期的な環境目標を達成するための枠組の実施。
⑭気候変動に対処する地域的な努力の促進。
⑮環境の持続的な開発という問題についての意識とそれへの参加を高めるための広報と教育の促進。

　このように「ASEAN ヴィジョン2020」とハノイ行動計画は，ASEAN 地域における環境ガバナンスの政策的な枠組を定義している一方，環境大臣会合は環境と持続可能な開発に関する宣言や決議を発している。これらの宣言や決議は，環境問題に対処するうえでの ASEAN の関心や対応を表明し，高級事務レベル会合に将来的な活動や提案のための政策指針を提供している。環境大臣会合は，1981年以来，8つの宣言あるいは決議を発しており，もっとも最近のものの1つは，2000年10月に発せられた環境と開発に関するコタ・キナバル決議である[12]。ASEAN 環境大臣会合が発した宣言は，以下の8つである。①1981年4月30日の ASEAN 環境に関するマニラ宣言，②1984年11月29日の ASEAN 環境に関するバンコック宣言，③1987年10月30日の持続可能な開発に関するジャカルタ決議，④1990年6月19日の環境と開発に関するクアラルンプール協定，⑤1992年2月18日の環境と開発に関するシンガポール決議，⑥1994年4月26日の環境と開発に関するバンダ・セリ・ベガワン決議，⑦1997年9月18日の環境と開発に関するジャカルタ宣言，⑧2000年10月7日の環境に関するコタ・キナバル決議である。

　さらに ASEAN 諸国は2003年10月にパリで開催された首脳会議で，「第Ⅱ

ASEAN 協和宣言（Declaration of ASEAN Concord II）」に署名した。この会合では，ASEAN 共同体構想が具体化された形で提起され，ASEAN 安全保障共同体，ASEAN 経済共同体，ASEAN 社会・文化共同体の3つの共同体の形成が採択された。環境分野は，ASEAN 社会・文化共同体に含まれている。このなかで，ASEAN 社会・文化共同体は，「ASEAN ヴィジョン2020」の目標設定と調和し，社会福祉の共同体としてパートナーシップでともに結ばれた東南アジアを構想するとして，環境に関しては，「個々の加盟国が開発の潜在力を充分に実現し，ASEAN の相互精神を強化するために，人口増加，失業および環境破壊，地域の越境汚染ならびに災害管理に関連する問題を解決するための協力を強化する」としている。

3．北東アジアの環境ガバナンス

　北東アジアでは，自由貿易協定（FTA）や安全保障の面での地域間協力が進展していない状況のなかで，むしろ環境協力が進んでいるという状況がある。日中韓3カ国環境大臣会合（TEMM），北東アジア地域環境協力プログラム（NEASPEC），環日本海環境協力会議（NEAC），東アジア酸性雨モニタリングネットワーク（EANET）などは，その代表的な多国間環境協力の枠組である（表7参照）。
　北東アジア地域では，まず，環境ガバナンスの枠組としては日中韓3カ国環境大臣会合（TEMM）が挙げられる[13]。1999年1月に第1回日中韓3カ国環境大臣会合がソウルで開催され，3カ国の環境大臣が初めて北東アジアの環境問題について意見交換を行った。このなかでは，北東アジア地域の持続的な開発のためには，日中韓の3カ国の協力が不可欠であることが合意された。また，6つの優先環境協力分野（①環境共同体意識の向上，②情報交換の活発化，③環境研究協力，④環境産業・環境技術の協力，⑤大気汚染防止・海洋環境保全の対策の探求，⑥地球環境問題への探求）が決定された。とりわけ環境協力分野おいては，3カ国は同じ環境共同体のなかにあるという意識を共有すべきであり，環境研

究における協力の強化，環境産業分野および環境技術の協力の促進，大気汚染防止および海洋環境の保全のための適切な対策の探求，生物多様性や気候変動などの地球環境問題への対応，これらの各分野に取り組む点が確認された。

2000年2月，第2回日中韓三カ国環境大臣会合が中国の北京で開催され，本会合が地球環境協力および持続可能な開発を促進するための重要なフォーラムであることが再確認された。第1回会合で提示された6つの優先環境協力分野に関してはレビューが行われ，TEMMがさまざまなレベルでの環境協力を促進したこと，また中央政府，地方政府，学術・研究機関，民間企業，NGOをはじめ多様なアクター間の交流と協力が必要であるとされた。優先環境協力分野に関しては，環境共同体意識の向上，淡水（湖沼）汚濁防止，陸上起因の海洋汚染の防止，および環境産業分野に関するプロジェクトについて3カ国の事務レベルで具体化に向けての検討を進めることが確認された。

第3回の日中韓3カ国環境大臣会合は，2001年4月に日本で開催され，また2002年4月には第4回日中韓3カ国大臣会合が開催された。このなかで，北東アジアとりわけ中国北西部の自然状況の劣化についての懸念が表明され，この地域の干ばつや土壌劣化によって悪化してきた黄砂の発生については，よりよい解決策を見つけるための系統的な研究協力が必要であるという認識が共有された。大気汚染問題に関しては，酸性雨が中国，日本，韓国が共通して直面する深刻な問題としたうえで，東アジア酸性雨モニタリングネットワーク（EANET）の活動を積極的に推進するという合意を再確認しつつ，EANETの基盤強化の重要性が強調された。第3回と第4回の会合では，北東アジア地域環境協力プログラム（NEASPEC）の活動の積極的な役割が指摘された。第5回日中韓3カ国環境大臣会合は2003年12月に中国の北京で開催され，第6回日中韓3カ国環境大臣会合は2004年12月に日本で開催された。

さて，第3回と第4回の日中韓3カ国環境大臣会合でその重要性が指摘された北東アジア地域環境協力プログラム（NEASPEC）は，北東アジア環境協力高級事務レベル会議の第1回会議で開始されたプログラムである。北東アジア環境協力高級事務レベル会議には，中国，日本，モンゴル，北朝鮮，韓国，ロシ

表7　北東アジアの環境協力の枠組

	包括的	分野別
大臣会合	TEMM	
外交	NEASPEC	NOWPAP EANET
環境大臣	NEAC	
市民・NGOs	NAPEP*	

出所：Wakana Takahashi, Problems of Environmental Cooperation in Northeast Asia : The Case of Acid Rain, p.233.　*North Asia-Pacific Environment Partnership

アの6カ国が参加している。第1回会議は，韓国のソウルで開催され，現在まで10回の会議が開催されている。2004年11月には，日本の沖縄で第10回北東アジア環境協力高級事務レベル会議が開催され，北東アジアの自然環境保全プロジェクト，石炭火力発電所からの大気汚染対策プロジェクト，黄砂問題などの問題が取り上げられた。

環日本海環境協力会議（NEAC）は，1992年より中国，日本，モンゴル，韓国，ロシアの北東アジア5カ国のあいだで毎年開催されているものである[14]。この会議は，北東アジアの各国の環境問題の専門家や研究者が集まって，環境保全に関する幅広い議論を行う場であって，各国の環境情報の共有，参加者の相互理解の深化，自国の環境政策の推進や環境協力の促進への貢献をめざしている。第1回の会議は1992年10月に日本の新潟市で開催され，2004年に韓国のソウルで開催された第13回会議まで毎年開催されてきた。

1995年9月に韓国の釜山で開催された第4回会議のテーマになったのは，アジェンダ21の実施を支援するための主要なグループ（地方自治体，NGO）の役割，汚染物質の越境移動にともなう問題に関する協力方策，気候変動枠組条約に関する各国の見解および方策，有害化学物質に管理に関する経験と方策，そして都市環境問題（持続可能な都市，廃棄物管理）への取り組みであった。とりわけ有害物質の越境移動に関しては，地域的にみて重要な問題であり，これについては多くの北東アジア諸国は，海洋汚染や廃棄物の違法取引などに対処す

る2国間協定をすでに結んでいるが，北東アジアとしては多国間の取り組みが必要であるとされた。また1997年10月に日本の新潟市で開催された第6回会議では，酸性雨，広域水質汚濁防止，生物多様性保全，クリーナー・プロダクションが議題とされ，酸性雨に関するセッションでは，地域協力を促進する活動のうち日本から提唱された「東アジア酸性雨モニタリングネットワーク」と，韓国により組織された「北東アジアの長距離越境大気汚染物質に関する専門家会議」の2つのプログラムが北東アジアにおける効果的な努力であることが確認された。さらに1999年11月に日本の舞鶴市で開催された第8回会議では，北東アジア地域における環境協力で果たす地方自治体の役割が強調された。そして第13回会議は2004年12月に韓国のソウルで開催されている。

東アジア酸性雨モニタリングネットワーク（EANET）は，東アジア諸国が各国共通の手法で酸性雨のモニタリングを行うことによって，酸性雨の現状について各国の共通意識の形成を図り，酸性雨対策を図ることを目的としている[15]。さらに環日本海環境協力会議（NEAC）は，中国，韓国，日本，モンゴル，ロシアの北東5カ国の環境専門家による情報交換と政策対話の場として，1992年からスタートしたものである。

東アジア全体で見ると，この地域の酸性雨対策に関しては，1993年から「東アジア酸性雨モニタリングネットワーク専門家会合」が，4回にわたって開催されてきた。参加国は，中国，インドネシア，韓国，日本，マレーシア，モンゴル，フィリピン，ロシア，シンガポール，タイ，ベトナムの11カ国で，それに国連環境計画（UNEP），世界銀行，欧州モニタリング評価プログラム（EMEP）などの国際機関などが参加している。この専門家会合では，各国が酸性雨モニタリングを統一的な手法によって実施するネットワークづくりが提案された。1998年には，「東アジア酸性雨モニタリングネットワーク（EANET）」に関する第1回政府間会合が開催され，EANETは2001年から正式に動き出した。この地域ネットワークの目的は，東アジア地域での酸性雨の実態，発生・影響メカニズムを定量的に解明し，科学的な知見にもとづいて地域レベルの酸性雨対策の枠組を作ることである。

2003年12月にタイのパタヤにおいて開催された第5回東アジア酸性雨モニタリングネットワークの政府間会合では，EANETの活動資金確保についての合意がなされ，最初のステップとして，2005年からすべての国が国連分担率にもとづき事務局に要する経費について資金分担を行うことをめざすこと，そして会議で合意されたルールにもとづく資金貢献に向けて，EANETの法的位置づけの明確化について検討することが合意された。またEANETの将来的な発展に関しては，EANETの基盤強化，EANETの将来的な拡大，酸性雨原因物質の排出削減に向けた取り組みの推進という方向性が承認された[16]。

このように，北東アジア地域では，日中韓3カ国環境大臣会合（TEMM），北東アジア地域環境協力プログラム（NEASPEC），環日本海環境協力会議（NEAC），東アジア酸性雨モニタリングネットワーク（EANET）などが，リージョナル環境ガバナンスの枠組として機能している。これらは北東アジアの環境問題についての共通の認識を深めつつ合意形成を行うための枠組という性格が強いとはいえ，共通の政策は共通の認識から生まれる点を踏まえるならば，こうした環境協力の果たす役割は大きいだろう。

おわりに──環境ガバナンスの拡大と東アジア共同体──

このように，東南アジアと北東アジアではそれぞれサブ・リージョナル環境ガバナンス枠組が進行しているが，両者を合わせた東アジア全体では，EANETやASEAN＋日中韓3カ国による環境協力の枠組が形成されつつある。ASEANと日中韓の首脳会議（ASEAN＋3）は，1997年12月にマレーシアのクアラルンプールで初めて開催され，通貨問題を中心とする東アジア地域の課題と将来的なあり方が議論された。その後，第8回（2004年11月ビエンチャン）まで毎年開催されてきた。

東アジアの環境問題に関しては，こうしたASEAN＋3の枠組での環境ガバナンスが形成されつつある。2002年11月にラオスのビエンチャンで，第1回のASEAN＋3（日・中・韓）環境大臣会合が開催され，この地域の環境協力のあ

り方が議論された。この会合では，ASEAN側から，淡水資源や森林管理など10分野についての協力が提起された。2003年12月には，ミャンマーのヤンゴンで，第2回のASEAN＋3環境大臣会合が開催された。日中韓3カ国からはASEANを含む諸国との協力や国内の環境政策の取り組み状況についての報告があり，ASEAN事務局長からは，ASEAN諸国でも環境問題の対応は受容したうえで，日中韓3カ国との協力関係を推進していくという旨の発言がなされた。

2004年10月14日には，シンガポールで第3回ASEAN＋3環境大臣会合が開催された。この会合では，ASEANのそれぞれのプロジェクトリーダー国が，ASEAN＋3の協力可能分野である地球環境問題，都市環境管理，ガバナンスなど10分野について説明した。その前日の13日に開催された第8回ASEAN環境大臣会合では，議長を務めたシンガポールのY・イブラヒム環境・水資源大臣は，「ASEANヴィジョン2020」で示された持続可能な開発目標を達成するためにASEAN諸国が協力することの重要性を強調した。イブラヒム大臣はまた，ASEAN諸国が中国，日本，韓国との環境協力を強めることが必要である点についても強調した[17]。翌14日のASEAN＋3環境大臣会合では，イブラヒム議長から日中韓の参加を歓迎する挨拶があり，日中韓の3カ国からはASEANを含む環境協力や国内の環境政策の現状についての発言があった。日本は，「共に歩み共に進む」ASEANとのさらなるパートナーシップ構築の重要性を強調するとともに，「アジア太平洋環境共同体」といった概念が重要である点を強調した。

こうして，東南アジアと北東アジアを含めた東アジア全体という地域的空間において，徐々にASEAN＋3による環境協力の枠組の形が整いつつある。確かに，ASEAN＋3環境大臣会合は，スタートしたばかりの緩やかな環境ガバナンスにすぎない面がある。しかし，東アジア地域においては，経済（経済・金融・通貨）協力，安全保障上の協力，そしてエネルギー・環境協力の面でますますリージョナル・ガバナンスを必要としている。エネルギー資源が少なく将来的な環境リスクが高い東アジアでは，とりわけ環境分野での地域協力ある

いはリージョナル・ガバナンスのもつ意味はますます高まることは確かである。東アジア共同体の形成の道筋を考えるうえで，EUが欧州石炭・鉄鋼共同体（ECSC）と欧州原子力共同体（EURATOM）というエネルギー共同体と経済共同体からスタートしたように，エネルギー・環境問題というこの地域にとってのフェイタルな課題から接近することが利害関係の共通性を生み出すという点で示唆的であろう。

こうした点からみると，東アジア共同体に関しては，①経済共同体，②安全保障共同体，③通貨共同体，④文化共同体，⑤環境共同体などの分野別政策領域が考えられるが，とくに全体としてみると，環境共同体の形成の可能性が高いといえる。というのは，すでに見てきたように，環境分野でのASEAN諸国と日中韓3カ国の協力関係が実際的に進行しており，その面でのガバナンス面でのインフラが形成されつつあるからである。その意味では，東アジアのリージョナル環境ガバナンスの形成と深化が東アジア共同体の形成にとっての大きな推進力の1つとなることは確実であると思われる。

1）NIRA北東アジア環境配慮型エネルギー利用研究会編『北東アジアの環境戦略』，日本経済評論社，2004年，17頁。
2）同上，29頁。
3）日本環境会議「アジア環境白書」編集委員会編『アジア環境報告2003／04』，東洋経済新報社，2003年，378頁。
4）同上，332頁。
5）外務省アジア大洋州局地域政策課『東南アジア諸国連合（ASEAN）概要』，2005年，36頁。なお，ASEANのリージョナル環境マネジメントに関しては，Apichai Sunchindah, The ASEAN Approach to Regional Environmental Management, 2002. http://www.aseansec.org/ が参考になる。
6）Second ASEAN State of the Environment Report 2000, Jakaruta, 2001, p.164-5.
7）Apichai Sunchindah, op. cit.
8）これに関しては，Koh Kheng Lian and Nicholas A.Robinson, Regional Environmental Governance : Examining the Association of Southeast Asian Nations Model, in : D. Esty and M. Ivanova (eds.), *Global Environmental Governance : Options and Oppotunities*, Yale Center for Environmental Law & Policy, 2002が示唆的である。

9) ASEAN VISION 2020, 1997. http://www.aseansec.org/5228.htm
10) *ASEAN VISION* 2020, 1997. http://www.aseansec.org/5228.htm
11) *Second ASEAN State of the Environment Report* 2000, Jakaruta, 2001, p.167.
12) *Second ASEAN State of the Environment Report* 2000, Jakaruta, 2001, p.168.
13) 日中韓3カ国環境大臣会合に関しては，環境省のホームページを参照した。http://www.env.go.jp/earth/coop/temm/temm1/press_release_temm1_j.html
14) 環日本海環境協力会議に関しては，環境省のホームページを参照した。http://www.env.go.jp/earth/coop/coop/neac_j.html
15) 北東アジアの酸性雨に関する環境協力に関しては，Wakana Takahashi, Problems of Environment Cooperation in Northeast Asia: The Case of Acid Rain, in: Paul Haris (ed.), *International Environmental Cooperation*, University Press of Cororado, 2002, p. 221-247.
16) EANETの将来的な発展に関しては，http://www.env.go.jp/press/press.php3?serial=4553 を参照。
17) これに関しては，Joint Press Statement of the 8th Informal ASEAN Ministerial Meeting on the Environment and 3rd ASEAN Plus Three Environment Ministers Meeting Singapore, 13-14 October 2004, http://www.aseansec.org/16481.htm

第11章
北米環境協力協定と環境ガバナンス

はじめに

　一般に，環境政策の分野は，ローカル，ナショナル，リージョナル，グローバルという4つのレベルに分けて考えることができる。1990年代以降，地球環境政策の発展にみられるように，グローバルなレベルで著しい進展が見受けられるようになった。地球温暖化防止，オゾン層破壊防止，有害廃棄物の越境移動禁止などへのグローバルな取り組みは，こうした地球環境政策の代表的な事例である。他方，リージョナルなレベルでの環境政策も進展してきた。EUにおける共通の環境政策の進展，APECやアジア・太平洋環境会議などアジア太平洋地域での環境政策の進展，そして北米自由貿易協定のもとでの北米環境協力協定（NAAEC）におけるリージョナルな環境協力などがその代表的な事例であろう。

　本章では，北米環境協力協定（NAAEC）を中心に，カナダ，アメリカ，メキシコのあいだの環境政策の調和化と紛争解決メカニズムに焦点を当てながら，リージョナルな環境ガバナンスの枠組のあり方について考えてみたい。

1．NAFTAと環境問題

（1）NAFTAと環境保護

　北米自由貿易協定（NAFTA）は，アメリカ，カナダ，メキシコのあいだの多国間自由貿易協定（FTA）であり，1994年1月1日に発効した。その起源は1989

年1月1日に発効したカナダとアメリカのあいだのFTAにあったといわれているが、これはカナダとアメリカとのあいだの深まりつつあった貿易関係を反映するものであった。メキシコとカナダのあいだの貿易は相対的に少なく、NAFTA交渉に向けてのカナダの姿勢は防御的で、アメリカとメキシコが主要な推進力であったといわれている。これはアメリカとメキシコとの貿易関係の深化を背景としていた。米墨間の貿易関係の深化は、同時に、NAFTA交渉において環境問題への懸念を生み出していた。

　NAFTA交渉で環境問題が生じた背景には、とくにアメリカとメキシコのあいだの貿易自由化において、メキシコの緩やかな環境保護措置や環境法の非効果的な執行が、メキシコの競争的な優位を作りだし、規制の緩やかな国への企業移転を進めるインセンティブを提供するという懸念が存在したことと、米墨国境地域における産業の発展はすでに深刻な環境問題を引き起こしているという問題があった。アメリカ議会においても、このような米墨間の環境基準の相違がアメリカ企業にとって不利に働き、雇用喪失や生産性低下を引き起こすのではないかという懸念を背景に、環境法の非執行に対処するためのメカニズムを含む環境補完協定の必要性が叫ばれていた。また他方で、環境に関する協定がなければ、NAFTAが国家の環境基準を不法な貿易障壁とみなし、環境や市民を保護するという国家の能力に大きな損害を与えるのではないかという危惧感をもつ人々もいた[1]。したがって、環境法の執行を強化するような環境協力のための包括的な枠組がなければ、アメリカ議会での批准を達成することができないのではないかという受け止め方が一般的であった[2]。

　1992年11月の大統領選挙におけるビル・クリントンの勝利は、かれがNAFTAにおける環境補完協定の必要性を訴えていただけに、その実現を決定的に方向づけるものとなった。その後、補完協定に関する交渉が1年間続けられ、1993年8月には最高潮に達し、同年9月13日には、法律専門家による規程整備の後、3カ国の環境大臣はワシントンで北米環境協力協定（NAAEC）の最終案に調印した[3]。その翌日にクリントン大統領はホワイトハウスでNAFTA一括法の成立のための正式の調印式を開いたが、そこにはNAFTA一括法を支

持した WWF（世界自然保護基金）や国民オーデュボン協会などの環境保護団体の代表者も招かれた[4]。

ところで，NAAEC における交渉をスタートさせるに際して，カナダ，アメリカ，メキシコの政治指導者たちは，NAFTA 本文に関する交渉は行わないという点ですでに合意していた。しかし，このことは，いうまでもなく NAFTA 本文のなかに環境に関する規定が存在しないということではなかった。NAFTA の前文には，「持続可能な開発を促進すること」，「環境の法規を発展させ執行すること」という文言が盛り込まれている。そして第102条は，「この協定の利益を拡大し高めるために3者間の地域的で多国間の協力を促進する枠組」を確立することを規定している。また NAFTA 第906条第1項では，締約国が「人間，動物，植物の安全と保護の水準を高めるために」[5]協力して活動することを宣言している。こうした規定が自由貿易協定の本文のなかにみられるということは，先例のないことである。それらはまた，実質的に環境協力のための法的・概念的な基礎を提供しているということができる[6]。

（2）米墨国境地域と国境環境協力協定（BECA）

NAAEC は，北米の環境を改善し，環境をめぐる問題を調停するためのメカニズムを提供するための協力的な提案を促進するために創設された。1993年には，アメリカとメキシコは，1983年のラパス協定にもとづいて国境地域の問題に対処するための協力的な努力を拡大する国境環境協力協定（BECA）に調印していた。BECA は，環境計画を評価・確認し，それに資金を提供するために2つの新しい制度，国境環境協力委員会（BECC）と北米開発銀行（NADB）を設立した[7]。

NAFTA は，カナダ，アメリカ，メキシコのあいだの貿易と投資の障壁をなくしたが，とりわけ米墨国境地域における貿易と開発の拡大は，それまで以上に，環境インフラの遅れなど深刻な環境問題を引き起こした。都市での急速な人口増加は，無計画な開発，土地とエネルギーへの需要の高まり，交通混雑，廃棄物の増加，廃棄物処理や処理施設の不足などをもたらした。また国境沿い

の地方都市では，不法なゴミ投棄，農業廃水，自然資源とエコシステムの破壊などに直面した。こうした環境破壊の結果，国境地域の住民のなかには，飲料水を媒介とする伝染病や呼吸器系の病気といった環境悪化による健康問題に悩まされた者も出てきた[8]。

BECCの目的は，環境インフラ・プロジェクトの発展と認証を通じて米墨国境地域での環境を保存・保護・改善することに資することである。あるプロジェクトがBECCによって認証されると，NADBからの資金提供の資格を得ることができる。BECCにはアメリカ側の国境から100キロメートルの地域で，メキシコ側の国境から300キロメートルの地域で活動する権限を与えられており，その権限は，水質汚染，廃水処理，都市の固形ゴミ管理，そして関連する問題などに関するプロジェクトを対象にしている。関連する問題とは，有害廃棄物，水質維持，配管と下水設備，そしてゴミの削減とリサイクルであり，大気質，輸送，クリーンで効率的なエネルギー，そして都市計画と開発もBECCの権限に含まれている。

BECCの活動予算は，メキシコの場合は環境・自然資源事務局からの負担金，アメリカの場合は国務省と環境保護庁（EPA）からの負担金によって資金提供を受けている。この活動予算に加えて，BECCはアメリカのEPAからの資金提供を受けているプロジェクト開発援助プログラム（PDAP）を運営している。このプログラムは，BECCが水と排水のプロジェクトの開発において国境地帯の都市を支援するために資金を利用できるようにするものである[9]。2000年の春までに，BECCは92を超える都市（54パーセントはメキシコ，46パーセントはアメリカ）で125のインフラ・プロジェクトの技術支援で約1700万ドルの支出を認めた。その資金の約80パーセントは，水と排水のプロジェクトに支出された[10]。

他方，NADBは，貸し手あるいは保証人として，BECCによって認証された環境インフラ・プロジェクトのための資金調達を行っている。メキシコとアメリカはNADBの資金を同等に分担しており，それぞれ15億ドルを出資し，総計で30億ドルにもなる。2000年7月現在，NADBは，8億3200万ドル以上の

投資総額になる29のインフラ・プロジェクトに融資と保証で2億6600万ドルを支出した[11]。NADBは限られた範囲でしか融資を行っておらず，そのためにその利子は貧困な都市にとっては高いものとなっている。

（3）NAFTAの環境規定[12]

すでに触れたように，NAFTAの前文には，「持続可能な開発を促進すること」や協定の目的が「環境の保護や保全と調和させながら」達成されることなどが盛り込まれていた。また第1章「目的」では，NAFTAと他の環境協定が抵触する場合など，協定の基本原則に触れている。NAFTA第104条は，以下のように規定している。「本協定と以下の協定上の通商に関する義務が抵触する場合，後者の義務が優先する。ただし，同様に実効的で合理的に利用可能な義務履行手段がある場合は，本協定の他の規定との抵触が最も少ない手段を選択する。(a) 絶滅のおそれのある野生動植物の種の国際取引に関する条約。(b) オゾン層を破壊する物質に関するモントリオール議定書。(c) 有害廃棄物の国境を越える移動及びその処分の規制に関するバーゼル条約。本条約については米国，カナダ，メキシコの間で発効した時点で。及び (d) 附則に掲げる協定」。[13]

また第7章「農業及び衛生植物検疫措置」では，各加盟国に対して，国際機関による措置よりも厳格な農業および衛生植物検疫の措置の採用や適用を可能にしている。第712条第1項は以下のように規定している。「各締約国は，本節に従い，国際基準，指針または勧告よりも厳格な措置を含め，その領域内において，人，動物又は植物の生命又は健康を保護するために必要ないかなる衛生植物検疫措置も採用し，維持し又は適用することができる」。[14]

そして，厳しい基準が貿易障壁として濫用されることを回避するために，以下のような措置を求めている。第1に，各締約国は，人，動物，植物の生命または健康を保護するにあたって，適切な保護の水準を設定することができること，第2に，科学的な原則にもとづくこと，第3に，科学的な根拠がもはや存在しなくなったときはその措置を維持しないこと，第4に，各締約国が自国の

産品と他の締約国の同種の産品のあいだで差別しないこと，第5に，各締約国の措置が適切な保護の水準を達成するために必要な限度に限り適用されること，そして第6に，いかなる締約国も，締約国間の貿易の偽装された制限を作りだすような目的または効果をもたらす措置を採用し適用してはならないこと[15]。

また第904条は，基準関連措置について以下のように規定しているが，ここでの基準関連措置とは，規格，法的規制，あるいは適合性評価手続を意味している[16]。「各締約国は，本協定に従い，安全性，人，動物又は植物の生命又は健康，環境又は消費者の保護に関する措置を含むいかなる基準関連措置も，及び当該措置の執行または履行を確保するための措置も維持し，又は適用することができる。当該措置には，措置の適用可能な要求を遵守しない，又は当該締約国の承認手続を完了しない他の締約国の産品の輸入または他の締約国のサービス提供者によるサービスの提供を禁止する措置が含まれる」。[17]

このように，NAFTAは多国間の貿易協定ではあるとはいえ，環境に関連する多くの規定を含んでいる。第712条や第904条のように，環境保護のために措置を設けている一方で，締約国間の貿易に対する不必要な障害をもたらすような基準関連措置を作成・採用・適用することも規定に盛り込んでいる。そうした基準の使用に関しては，第905条で，「各締約国は，その基準関連措置の基礎として，関連する国際基準又は完成が間近い国際基準を用いる」[18]としている。

(4) 北米環境協力協定 (NAAEC) の目的と義務

NAAECはカナダ，アメリカ，メキシコのあいだの多国間環境協定であるが，その主眼は，次節で触れるように，その制度的な枠組としての北米環境協力委員会 (ECE) の創設であろう。ECEに与えられた権限は，北米環境協力という自由貿易以上にその重要性を増しつつあったリージョナルな環境ガバナンスの問題であった。さらに，環境ガバナンスを実行性のあるものにするために，NAAECには，国内の環境行政の質や他の締約国の環境保護の実施に関し

て，ある締約国によって提起された異議申立に対応する仕掛けとして紛争解決メカニズムが組み込まれた。しかし，他面では，NAAEC はほとんどの環境法のように規範的な内容を含まず，環境協力と紛争解決のための制度的な枠組に関連するものとなっている。というのも，環境政策の共通化とその実施手段をもつ EU とは異なって，締約国が自国の環境基準を設定したいという政府間プロセスの所産であるからだ[19]。

さて，NAAEC は，第1条で，この協定の目的を以下のように規定している[20]。

(a) 現在及び将来の世代の福利のために締約国の領域内の環境の保護と改善を促進すること。
(b) 協力と相互に支え合う環境及び貿易政策に基づき持続可能な開発を促進すること。
(c) 野生動植物を含む環境のよりよい保全，保護と向上のために締約国間の協力を増大させること。
(d) 北米自由貿易協定の環境に関する目標と目的を支えること。
(e) 貿易歪曲や新たな貿易障壁を作り出すことを防止すること。
(f) 環境法，規則，手続，政策及び慣行の
(g) 環境法，規則の遵守と執行を高めること。
(h) 環境法，規則及び政策の発展における透明性と公共の参加を促進すること。
(i) 経済的に効率的で有効な環境措置を促進すること。
(j) 汚染防止政策と慣行を促進すること。

そして第2条では，各締約国はその領域に関する一般的な約束として，以下の6項目を行うとしている[21]。

(a) 環境の状態に関する報告書を作成し公共の利用に供する。
(b) 環境に関する緊急措置を開発し再検討する。
(c) 環境法を含む環境に関する教育を促進する。
(d) 環境事項に関する科学研究と技術開発を促進する。

(e) 適宜，環境影響を評価する。
(f) 環境目的の効率的な達成のために経済的手段の利用を促進する。

また第5条では，各締約国は，高い水準の環境保護と環境法および規則の遵守を達成するために，以下のような政府の活動を行うとしている[22]。

(a) 査察官の任命と訓練。
(b) 現地査察を含む遵守の管理及び違反の疑いに対する調査。
(c) 自発的な遵守の保証と遵守合意の追求。
(d) 不遵守情報の公表。
(e) 執行手続に関する定例報告その他の定期的な声明の発行。
(f) 環境監査の促進。
(g) 記録保存と報告の義務付け。
(h) 仲介及び仲裁サービスの提供と奨励。
(i) ライセンス，許可又は認可の利用。
(j) 環境法及び規則の違反に対する適切な制裁と救済のための時宜を得た司法的，準司法的又は行政的な手続の開始。
(k) 捜査，押収又は拘留の実施。
(l) 予防的，矯正的又は緊急の命令を含む行政命令の発布。

これらの各締約国政府の執行活動に加えて，各締約国は環境法および規則の違反に対する制裁または救済として，司法的，準司法的，または行政的な執行手続が利用できることを確保するとしている。環境法や規則の存在とそれが実質的に執行されているかどうかという問題とは，通常，切り離して考えられるが，NAAECでは，環境法の不遵守が貿易の公正の問題と関連してくるために，各締約国に対してその遵守を厳しく規定している。

さらに，環境法の遵守の問題を国内にとどめておくだけでなく，第6条では，「各締約国は，利害関係者が締約国の権限ある当局に対して環境法及び規則の違反の申し立てを調査することを要請できるよう確保し」[23]ている。すなわち，これは，各締約国内での環境法または規則の遵守に対して，主権を超えた他の締約国の利害関係者がその遵守を求めることができるという権利であ

る。こうして，NAAECにおいては，カナダ，アメリカ，メキシコの3カ国による環境法の執行体制が制度化されているといってもいいだろう。

2．北米環境協力協定（NAAEC）の制度的枠組

（1）北米環境協力委員会（CEC）の設立

北米環境協力協定（NAAEC）の第3部は，第8条で北米環境協力委員会（CEC）の設立を規定し，その下位機関として，理事会（Council），事務局，そして合同公共諮問委員会（a Joint Public Advisory）を置いている[24]。すでに触れたように，NAAECは，北米の環境を改善し，環境をめぐる問題を調停するためのメカニズムを提供する協力的な枠組として創設されたが，リージョナル環境ガバナンスという枠組を形成した。さらにNAAECは，環境条件の改善と環境上の紛争を調停するという目標だけでなく，締約国における環境法の適切な執行という目標も有しており，その意味では，同時にリージョナル環境レジームという性格をもっているといえるだろう。

NAFTAとEUを比較した場合，両者には類似点と相違点が明確にみられる。まず両者は多国間協定の下に共通の環境政策の推進をめざしているという点では，リージョナル環境ガバナンスの制度的枠組を形成しているといえる。さらにEUは環境政策の法的手段として規則，指令，決定，勧告および意見を有しているのに対して，NAFTAはNAAECのもとに，基本的には各締約国の環境法の遵守あるいは実質的な執行ということを基礎にしながら，環境政策の共通化をめざしている。

しかし，他面において，EUとNAFTAとのあいだには相違点も存在する。EUの環境法がリージョナルな枠組のなかで指令を通じて統一され調和化された環境法の執行をめざしているのに対して，NAAECは締約国の国内的な環境法の執行をめざしており，その意味では主権国家の枠組を超えるものではない[25]。NAAECとEUは基本的には経済条約にもとづいているとはいえ，2つの制度の組織構造や政策，EUにおける超国家権力と共通市場の存在という点

においては,根本的に異なっているといえよう[26]。

ECEは,これらの目標を実施するために設立された環境レジームという制度的枠組であり,管理機関としての理事会,理事会を専門的に支える事務局,そして非政府組織(環境NGOなど)からのインプットのための回路である合同公共諮問委員会から構成される。以下では,理事会,事務局,合同公共諮問委員会の特徴とその役割について検討したい。

(2) 理事会

理事会は,NAAECの第9条によれば,「締約国の内閣レベルまたはそれと同等の代表者もしくはその被指名人から構成され」,「その規則と手続を制定する」ものとされている[27]。理事会は,少なくとも年1回会合をもつ。最初の理事会会合は,1994年7月にワシントンで開催され,第2回会合は1995年10月にはメキシコのオアハカで,第3回会合は1996年にカナダのトロントで,第4回会合はアメリカのピッツバーグでそれぞれ開催されている。

ECEは,国際共同理事会とは違って,名目的には「独立の」理事を有していないが,政府間関係機関として機能し,実質的には理事会に招集されているメキシコとカナダの環境大臣とアメリカのEPAの行政官が運営している[28]。理事会は,特別委員会または常設委員会,作業委員会または専門家グループを設立し,その責任を割り当て,非政府組織や個人の勧告を求め,職務の実施に当たっては締約国の同意を得てこの他の行動をとることができる[29]。

まずECEの管理機関としての理事会の機能は,以下の6点に集約される。

①この協定の範囲内で環境問題に関する議論のためのフォーラムとして職務を果たすこと。
②この協定の実施を監督し,この協定のさらなる精緻化に関する勧告を行うこと。
③事務局を監督すること。
④この協定の解釈と適用に関して締約国のあいだで生じうる問題や紛争を扱うこと。

⑤委員会の年次プログラムと予算を承認すること。
⑥環境問題に関して締約国間の協力を促進すること[30]。

つぎに理事会は，勧告に関しても考慮し行うものとしているが，その勧告とは，以下の点に関連するものである。

①この協定によって保護される問題に関するデータ収集と分析，データ管理と電子データ通信のための技術と方法の比較。
②汚染防止の技術と戦略
③環境の状態に関する報告のためのアプローチと共通の指標
④国内的な環境目的と国際的に合意された環境目的の追求のための経済的手段の利用
⑤環境問題に関する科学研究と技術開発
⑥環境に関する公共的意識の促進
⑦大気汚染と海洋汚染の長距離移動のような越境環境問題あるいは国境環境問題
⑧有害な外来種
⑨野生動植物とその生息地，特に保護された自然地域の保存と保護
⑩絶滅危惧種の保護
⑪環境緊急準備と環境対応活動
⑫経済発展と関連するような環境問題
⑬生活循環を通じた財の環境的な意味
⑭環境領域における人材の訓練と開発
⑮環境学者と役人の交代
⑯環境の遵守と執行へのアプローチ
⑰環境に鋭敏な国民世論
⑱エコラベリング
⑲決定すべき他の問題

理事会はまた，環境法と規制の推進と持続的な改善に関する協力を強化するために，既存の国内環境基準で使用されている基準と方法に関する情報の交換

を促進し，環境保護の基準を低下させることなく，NAFTA と整合する形で，環境の技術規制，基準，調和化のための評価手続の適合性に関する勧告を行うための手法を確立する[31]。理事会はさらに，①各締約国による環境法と環境規制の効果的な執行，②それらの法や規制の遵守，③締約国間の技術協力を促進する[32]。

NAFTA との協力関係については，理事会は NAFTA の環境目標と目的を達成するために，以下の点で NAFTA の自由貿易委員会と協力を進めるとする。すなわち，第1に，それらの目標や目的に関して，非政府組織や個人からの論評の照会と受理の場として活動すること，第2に，NAFTA の第1114条（ある締約国が他の締約国に対して投資家として投資を行うために環境基準の適用を控えあるいはそれを低下させていると考えた場合）のもとでの協議において助力すること，第3に，環境に関する貿易紛争の防止や解決に貢献すること，第4に，NAFTA の環境への影響についての現行の基礎に関して考慮すること，そして第5に，その他の点で環境に関連する問題において自由貿易委員会を支援することである[33]。

（3）事務局

事務局は，カナダのモントリオールに置かれた常設の3カ国機構で，協定の実施と日常活動を行い，環境問題に関する報告書（ECE の年次報告書など）を作成し，調査権限も有している。事務局長は，3年の任期で理事会によって選出され，1回の再選が可能で，締約国間でのローテーション方式の任命になっている[34]。事務局長は事務局の職員を任命し監督し，それらの権限と任務を調整する[35]。事務局長と職員は，任務の遂行にあたって，理事会外部の政府あるいは機関からの指示を受け，またそれらに指示を求めてはならないことになっており，各締約国は事務局長と職員の責任の国際的な性格を尊重し，それらに影響を与えてはならないと規定されている[36]。1997年には CEC の事務局に50名の職員がおり，理事会や委員会に対して，専門的な支援や管理上の支援を行っている。1996年の ECE の予算は，900万ドルであった[37]。

NAAEC 第12条は，事務局が委員会の年次報告書を準備すると規定しており，最終報告書は公刊されることとされている。この年次報告書は，前年度の委員会の活動と支出，承認された計画と次年度の委員会予算，締約国の環境法の執行活動に関するデータを含めた協定の下での責務との関連で各締約国が行った活動，非政府組織や諸個人によって提起された関連性のある意見や情報，この協定の範囲内での問題に関して出された勧告，理事会が事務局に対して指示したその他の問題，これらを取り扱っている[38]。また NAAEC 第13条は，事務局に対して，調査を行い「年次計画の範囲内でのすべての問題」[39]に関する報告書を準備することを認めている。

さらに NAAEC の第14条と第15条は，NGO や個々の市民によって締約国内での環境法の非執行に関する申立がなされた場合，それを考慮することができるとして，事務局がそれに関する事実記録を作成する権限がある旨を規定している。第14条ではまず，申立の基準として以下の6点を挙げている[40]。

(a) 事務局に提出された通知書のなかに締約国によって指定された言語で書かれていること。
(b) 申立をしているのが明らかに個人か組織であることが証明されていること。
(c) 申立が基づいている記録書類による証拠を含めて事務局が申立を検討することができる十分な情報を提供していること。
(d) 産業を告発するというよりも執行を促進することを目的にしているものであること。
(e) 締約国の関連する当局に書き送るうえで問題が共有されていることを示唆し，もしあれば締約国の返答を示唆していること。
(f) 締約国の領土内で在住しあるいは設立されている個人あるいは組織によって提出されていること。

事務局は，申立が以上の6点の基準を満たしている場合，申立が締約国からの返答を要請するに値しているかどうかを決定するが，返答の要請を決定するに当たっては，以下の4点を考慮する[41]。

(a) 申立がそれを行っている個人または組織に対する損害を主張しているかどうか。
(b) 申立が，単独でまたは他の申立と結びついて，このプロセスにおけるさらなる調査がこの協定の目標を発展させるかどうか。
(c) 締約国のもとで使用される私的な救済方法が追求されてきたかどうか。
(d) 申立がもっぱらマスメディアによる報告から得られたものであるかどうか。

事務局はさらに，申立が事実記録の作成を保証するものであると考える場合，理事会に報告し，その理由を伝える。理事会が3分の2以上の投票でその作成を指示する場合に，事務局は，事実記録を準備するものとされている。この事実記録の準備において，事務局は締約国から提供されるいかなる情報も検討する。事務局はこの事実記録の草稿を理事会に提出し，各締約国はこの草稿の詳細に関して45日以内にコメントを行い，これによって最終事実記録を作成し，再び理事会に提出する。理事会は3分の2以上の投票で，その申立から60日以内に最終事実記録を供覧に付す[42]。

（4）諮問委員会

（ⅰ）合同公衆諮問委員会（JPAC）

JPAC は，CEC の活動に関する公衆の意見を聴取する15人のメンバーによって構成される諮問委員会である。JPAC は，NAAEC の範囲内のすべての問題について，理事会に諮問し，第15条のもとでの事実記録の作成という目的を含めて，事務局に対して重要な情報を提供し，CEC の活動に関する公衆の意見の聴取を許可する。NAAEC の第16条第2項は，理事会が JPAC の手続規則を制定するものとするとしている。同条第3項は，JPAC が少なくとも，理事会の定例会合の時期に年1回招集されるものとするとしている[43]。

（ⅱ）国家諮問委員会

各締約国は，NAAEC の実施と精緻化に関して諮問するために，その公衆のメンバーから構成される国家諮問委員会を招集するが，それには非政府組織の

代表者や個人が含まれている[44]。
(iii) 政府諮問委員会

各締約国は，国家諮問委員会と同様に，NAAECの実施と精緻化に関して諮問するために，政府間委員会を招集するが，それには連邦政府，州または地域政府の代表者によって構成され，それらを含むものである[45]。

3．NAAECにおける紛争解決メカニズム

（1）NAAECにおける環境法の定義

NAAECの第5部は，「協議と紛争解決」となっている[46]。NAFTAはもとより3国間の多国間自由貿易協定であり，NAAECはその補完協定であって，EUの指令にもとづく環境政策の共通化とは異なって，そこでは各締約国の主権のもとでの環境法を遵守するということが環境保護の基礎に置かれている。EUの場合には，環境政策の共通化を実現するために，欧州委員会は各加盟国に指令を発し，各加盟国はその指令を国内法に転換するという手続きをとる[47]。

しかし，すでに触れたように，NAAECはあくまで各国の環境法を前提にしている。すなわち，NAAECのもとでは，締約国の法規や規制を含めた各国内での「環境法と環境規制」の執行が環境保護における主要な目的となっている[48]。しかし，環境法といっても広い範囲の法規範を意味しているので，その概念の明確化が必要であるということで，NAAECの第45条第2項は，環境法に関して以下のように定義している。

第1に，「"環境法"は，環境保護あるは人間生活の危険の予防を目的とした締約国の法規や規制またはそれに関するすべての規定を意味する」。[49]環境保護や人間生活の危険の予防については，具体的には，①汚染物や汚染物質の投棄，放出，または排出の予防，削減および管理，②環境に有害あるいは有毒の化学物質，薬物，物質，廃棄物の管理，およびそれらに関連する情報の普及，③絶滅危惧種およびそれらの生息地ならびに特定の自然保護地域を含めた野生

動植物の保護，である。

　第2に，「"環境法"という用語には，自然資源の商業上の収穫や利用，またはその存続あるいは先住民によるその収穫を管理することを主要な目的とした法規や規制または規定のいずれも含まない」[50]。

　第3に，「(a) および (b) の目的のための特定の制定法上のまたは規則上の規定の主要な目的は，法規や規則の主要な目的の一部との関連でというよりも，その主要な目的との関連で決定されるものとする」[51]。

　このように，ここで定義されている"環境法"は，環境に関する一般的な法規や規制だけでなく，特定の規制や規定を含んでいる。したがって，ある法規または規制の主要な目的が環境保護ではないものであっても，そのなかの規定または条項が環境保護を目的としているならば，それらはここでの"環境法"に含まれることになる。たとえば，一般の鉱業活動の監視を目的とした法規に規定されている鉱業廃棄物の管理に関する規定は，NAAECのもとでの"環境法"のカテゴリーに含まれる[52]。したがって，"環境法"であるためには，規制や規定の目的が環境保護であることで十分である。

　カナダにおいては，連邦レベルでは，1999年に成立した「カナダ環境保護法 (Canadian Environmental Protection Act)」が"環境法"の代表的な事例である。また多くの州では，一般的な環境"法典 (codes)"が制定されており，これらは環境に関する定義，規制のレベルを超えた汚染物質の排出の禁止，および環境管理に関する規定を含んでいる。アメリカの連邦レベルでの代表的な"環境法"は，1970年に制定された「国家環境政策法 (National Environmental Policy Act)」である。同様に，「大気浄化法」，「水質浄化法」，「絶滅危惧種保護法」，「有毒物質管理法」，「資源保護・再生法」，「有害物質移動管理法」などが主要な連邦環境法に含まれる。アメリカでは，一般的に，連邦主義の問題はカナダと比較して深刻には受け取られていないようである。というのは，州が国家の環境基準の実施と執行において主要な役割を果たしているからである[53]。

　メキシコにおいては，カナダとアメリカとは違って，政府の活動の主要な原理を規定しているのは憲法であり，憲法第27条は，連邦政府が資源保存とエコ

ロジー的な均衡を促進することを規定している。また1971年の「連邦汚染物質予防管理法」，1982年の「連邦環境保護法」，そして1988年の「エコロジー的均衡と環境保護の一般法」が環境保護の主要な側面を扱っている。メキシコの環境法のすべてが管轄の分担を配慮しているにもかかわらず，もっとも重要な行政命令，規制，指令などは中央政府によって作成されている[54]。

（2）環境法の非執行に関する紛争処理手続

NAAECの第22条の規定によれば，ある締約国は，他の締約国に対してその国が「環境法の効果的な執行を継続的に行わない」という理由で，その執行を目的に協議の要請を行うことができる[55]。その要請を行う締約国は，他の締約国と事務局に対して要請を伝える。理事会が第9条第2項の規則と手続きにおいて別段の規定を行ってない場合，その問題に実質的な利害をもつと考える第3の締約国には，他の締約国と事務局に送付された書面による通知に関する協議に参加する資格が与えられるものとされている[56]。そして協議に参加する締約国は，協議を通じて相互に満足のいく解決に到達するまであらゆる試みを行うものとされている[57]。

手続きの開始に関して，第23条は，「協議参加国が協議の要請の通知から60日以内に第22条に拠る問題を解決できない場合」，「いずれの締約国も書面で理事会の特別会合を要請することができる」[58]と規定している。特別会合を要請している締約国は，その要請のなかで異議を申立てられた問題について述べ，他の締約国と事務局に対して要請を伝えるものとされている。そして，「理事会は，別段の決定がなされない場合，要請の通知から20日以内に招集し，紛争を即座に解決するために努力するものとする」[59]とされている。

他方，理事会は，第1に，必要と判断する専門的な顧問を求め，または作業グループおよび専門家グループを作り，第2に，斡旋，調整，調停，または他の紛争解決手続を利用し，第3に，勧告を行うことができる。こうして理事会は，協議締約国が相互に満足のいく解決に到達するまで助力する。勧告が公表されるのは，理事会が3分の2の多数で決定した場合である[60]。理事会が，あ

る問題に関して協議締約国が締約国となっている他の協定や取り決めによって適切に処理されると決定する場合,こうした協定や取り決めに沿って適切な行動をとるためにその締約国に問題を照会する[61]。

つぎに,NAAEC第24条は,仲裁パネルの要請について規定している。「かりに理事会が第23条に従って〔特別会合を〕招集してから60日以内に問題が解決されない場合,理事会は,各協議締約国による書面での要請で,または3分の2以上の投票で,問題を検討するための仲裁パネルを招集することができる」[62]。そこで検討されるべき点は,「環境法の効果的な執行に反すると訴えられた締約国による疑わしい継続的な不履行が,財を生産しサービスを提供している職場,企業,会社または部門を含む状況と関連性がある」のかどうかである。

それらの財やサービスは,第1に,締約国の領土間で取引されたもの,第2に,訴えられた締約国の領土内で,他の締約国の個人によって生産されまたは提供された財とサービスと競争するものである[63]。

また,その問題に関して実質的な利害関係を有していると考える第3の締約国は,紛争締約国と事務局に対して参加の意向を書面で通知することにおいて,異議申立を起こしている締約国として加わる資格を有しているものとされる。この通知は,できるかぎり早く送付されねばならず,少なくともパネルを招集するために開かれる理事会の投票ののち7日以上を経過しないうちに送付されることとされている[64]。

仲裁パネルに関しては,理事会はパネルに参加する意思のある,あるいは参加できる45名の名簿を作成し管理するものとされている。仲裁パネルに記載されている名簿のメンバーは,以下の資格を有するものである[65]。①環境法あるいはその執行において,または国際協定のもとで発生した紛争解決において,専門的知識や経験を有し,または他の関連する科学的,専門的,専門職上の専門知識や経験を有する者,②客観性,信頼性,確実な審査にもとづいて厳密に選ばれた者,③各締約国,事務局または共同公衆諮問委員会から独立し,またはそれらと密接な関係を有しない,またはそれらから指示を受けない者,④理

事会が作成した運営規約に従う者。

　さて，仲裁パネルにおいて，2つの紛争当事国の場合には，以下の手続きが適用される。第1に，パネルは5人のメンバーによって構成され，第2に，紛争当事国は，理事会がパネル招集のための投票を行ってから15日以内にパネルの議長と合意への努力を行うものとされ，紛争当事国がこの間に議長と合意できない場合，抽選によって選ばれた紛争当事国が5日以内に，その当事国の市民ではない議長を選出するものとされ，第3に，議長の選出から15日以内に，各紛争当事国は他の紛争当事国の市民である2人のパネリストを選出し，ある紛争当事国がこの期間内にパネリストの選出ができない場合には，これらのパネリストは他の紛争当事国の市民である名簿のメンバーのなかから抽選で選出されるものとされる[66]。

　また，紛争当事国が2つ以上の場合の手続きに関しては，2つの紛争当事国の場合とほぼ同じであるが，違う点は，議長の選出が10日以内である点，議長の選出から30日以内に2人のパネリストを選出する点である。

　パネリストは通常，名簿から選出されるものとされているが，紛争当事国は，個人が提案されたのち30日以内に紛争当事国によってパネリストとして提案された，名簿に記載されていない個人については断固たる異議申立を行うことができる[67]。パネリストが運営規約に違反していると紛争当事国が考えた場合，紛争当事国が協議するが，かりにそれらが合意すれば，パネリストは代えられ，新しいパネリストがこの条文にしたがって選出される[68]。

　ところで，パネルは紛争案件に関して，2つの報告書を作成することになっている。最初の報告書の作成においては，紛争当事国が別段の合意を行わない場合には，パネルはその報告書を締約国の申出と主張にもとづかせるものとする。また紛争当事国が別段の合意を行わない場合には，パネルは，最後のパネリストが選出されてから180日以内に，以下の内容を含む最初の報告書を紛争当事国に提出するものとする[69]。第1に，事実の発見，第2に，環境法の効果的な執行に反すると異議を申し立てられた締約国による反復的な不履行が存在したかどうかに関する決定，または仲裁において付託された条件のなかで要請

されている他の決定，第3に，パネルが上記の第2の不履行に対して肯定的な決定を行う場合は，紛争解決のために通常は異議を申し立てられた締約国が非執行を防止するために十分な裁定案を採用し実施するという内容の勧告。

他方，最終報告書に関しては，パネルは，紛争当事国が別段の合意を行わない場合，最初の報告書が提出されてから60日以内に，満場一致で合意されない問題に関して意見の違いを含む最終報告書を紛争当事国に提出するものとされている。この最終報告書は，理事会に提出されてから5日後に公刊される[70]。そして，NAAEC第33条「最終報告書の履行」では，「その報告書において，環境法の効果的な執行に反すると申立てられた締約国に反復的な不履行が存在したという決定をパネルが行った場合，紛争当事国は，通常はパネルの決定と勧告に従う相互に満足する裁定案に同意するものとする」[71]とされる。そして，紛争当事国は直ちに事務局と理事会に対して紛争解決の同意内容に関して通知するものとされている。

NAAEC第34条によれば，「最終報告書において，環境法の効果的な執行に反すると異議を申し立てられた締約国に反復的な不履行が存在したという決定をパネルが行い，また (a)紛争当事国が最終報告書の日付から60日以内に，第33条のもとでの裁定案に同意しなかった場合，そして(b)(i) 33条のもとで合意された裁定案，(ii) 第34条2項のもとでパネルによって策定されたと考えられる裁定案，(iii) 第34条第4項のもとでパネルによって承認または策定された裁定案」，これら (i)(ii)(iii) の裁定案を十分に履行しているかどうかに関して，異議を申し立てられた締約国が同意できない場合には[72]，以下の手続きをとる。すなわち，「紛争当事国は，パネルの再招集を要請することができる。その要請を行う締約国は書面で他の締約国および事務局にその要請を通知するものとする。理事会は事務局への要請の通知にもとづいてパネルを再招集するものとする」[73]。

さて，第34条第1項 (a) のもとにパネルが再招集されると，パネルは第1に，異議を申し立てられた締約国によって提出された策定案が非執行を防止するのに十分であるかどうかについて決定する。すなわち，もし非執行を防止す

るのに十分であれば，その案を承認し，他方，そうでなければ，異議を申立てられた締約国の法律と整合するような案を策定する。第2に，正当な理由があれば，付属書34に従って，執行賦課金（monetary enforcement assessment）を課すことができる[74]。パネルは，再招集されてから90日以内に，あるいは締約国が合意した他の期間にこれらを行う。

つぎに，パネルが第34条第1項(b)のもとで招集されると，パネルは第1に，申し立てられた締約国が裁定案を完全に履行していることを決定し（その場合には執行賦課金を課さない），第2に，異議を申し立てられた締約国が裁定案を完全に履行していないという決定を行うが（その場合には賦課金が課せられる），それはパネルが再招集されてから60日以内であるか，締約国が合意する他の期間内である。

このように，締約国間の紛争解決においては，第三者によって構成されている仲裁パネルが重要な役割を果たしているが，この紛争解決のメカニズムにおいては，パネルの決定が裁定案を履行させるうえで，執行賦課金を課すという強制的な性格をもたされている[75]。EUの環境政策に関しても，加盟国がEUの環境政策の義務に従うことを拒絶するケースなどの場合，欧州裁判所がその裁定に当たり，その判決によっては加盟国に対して一時金もしくは違約金を課すことができるようになっている。こうしてEUやNAFTAのようなリージョナル・ガバナンスにおける環境政策においては，環境政策あるいは環境法の執行を罰金という形で強制力を持たせる傾向が強まっているといえる。

おわりに

これまでみてきたように，NAAECは，1994年1月に発効したカナダ，アメリカ，メキシコのあいだの自由貿易協定の実施にともなって新たに発生することが予想される，北米の環境をめぐる諸問題を解決するための環境協力体制を作り上げるという目的で創設された。当時，3カ国の経済発展の水準が異なっていたことは，環境対策上の資金水準の面でも相違があったことを意味してい

た。そのことは1999年になっても変化せず、その時点でアメリカは環境に対して1人当たり30ドル、カナダは13.5ドル、メキシコは9ドル、それぞれ支出していた[76]。また3カ国の環境基準もそれぞれ異なっていた。とくに当時、メキシコの環境法は、NAFTAのスタート以前に改善努力がなされていたとはいえ、カナダとアメリカからみると悲観的な性格をもち、その実施もきわめて緩いものであった。NAFTA成立後、メキシコにおいては、環境規制を強める法的措置がとられ、1998年には憲法も改正され、その第4条には環境権の規定が入れられた。メキシコだけでなく、一般に、環境法あるいはそこで規定されている環境基準は、強い実施措置をともなわなければ、意味をもたない。各締約国による環境法の継続的な未執行という問題に対する紛争メカニズムをNAAECに組み込んだのは、こうした認識を背景としていた。

こうしてNAFTAにおいては、貿易と環境の均衡化という問題がNAAECというリージョナルな環境レジームの枠組のなかで制度化された。近年、EUにおいても、共通の環境政策を実現しようという方向に制度化と法制化が進んでいる。他方、東アジア地域には、いまだリージョナルな多国間の自由貿易協定が存在していないが、環境協力は進展しつつある。この意味で、NAAECの枠組は、将来の東アジアの自由貿易と環境協力の枠組形成にとって大きな示唆を与えるものであるといえる。

1) F.M.Powell, Environmental Protection in International Trade Agreements: The Role of Public Participation in the Aftermath of the NAFTA, in: *Colorado Journal of International Environmental Law and Policy*, Vol.6, No.1, 1995, p.110.
2) P.M.Johnson and A.Beaulieu, *The Environment and NAFTA*, Island Press, 1996, p.123.
3) Johnson and Beaulieu (1996), p.123.
4) J.J.Audley, *Green Politics and Global Trade*, Georgetown University Press, 1997, p.98. NAFTAに賛成した環境保護団体は、WWF, EDF, NWF, NRDC, NAS, NCの6つの団体で、反対した環境保護団体は、シエラクラブ、FoE、パブリック・シチズン、グリーンピースなどであった (ibid. p.103)。両者の考え方の違いは、大まかにみると、成長志向的な貿易に対して、それを支持するか反対するのかと

いう点に示されていた。
5) NAFTA, art. 906. 1.
6) Johnson and Beaulieu (1996), p.124.
7) G.C.Hufbauer et.al., *NAFTA and the Environment*: *Seven Years Later*, Washington, DC, 2000, p.17.
8) U.S.Environmental Protection Agency, U.S.－Mexico Border 2012 Framework, http://www.epa.gov/usmexicoborder/intor.htm
9) BECCについては，http://www.cocef.org/background.htm を参照。
10) G.C.Hufbauer et.al.(2000), p.43.
11) G.C.Hufbauer et.al.(2000), p.44.
12) NAFTAにおける環境関連規定に関しては，金堅敏『自由貿易と環境保護』風行社，1999年の第3章が詳しいので，参照されたい。
13) NAFTA.art.104. なお，引用文は，広部和也・白杵知史編修代表『解説・国際環境条約集』三省堂，2003年，298頁による。
14) NAFTA. art. 712. 前掲『解説・国際環境条約集』，299頁。
15) NAFTA. art. 712. 前掲『解説・国際環境条約集』，299頁。Cf. G.C.Hufbauer et.al. (2000), p.6.
16) NAFTA. art. 915. この点に関しては，前掲・金堅敏『自由貿易と環境保護』，101頁を参照。
17) NAFTA. art. 904. 前掲『解説・国際環境条約集』，300頁。
18) NAFTA. art. 905. 前掲『解説・国際環境条約集』，301頁。
19) Johnson and Beaulieu (1996), p.128.
20) NAAEC. art. 1. 前掲『解説・国際環境条約集』，302頁。
21) NAAEC. art. 2. 前掲『解説・国際環境条約集』，302頁。
22) NAAEC. art. 5. 前掲『解説・国際環境条約集』，303頁。
23) NAAEC. art. 6. 前掲『解説・国際環境条約集』，303頁。
24) North American Agreement on Environmental Cooperation (以下 NAAEC), 1993, art. 8. 北米環境委員会（CEC）の制度に関しては，前掲・金堅敏『自由貿易と環境保護』の詳しい解説があり（112－117頁），参照させていただいた。
25) EUとNAFTAとのリージョナル環境ガバナンスの違いについては，A.P.J.Mol, *Globalization and Environmental Reform*, The MIT Press, 2001, pp.113-130を参照されたい。
26) Mol, op. cit., p.124.
27) NAAEC, art. 9 (1)(2)。
28) P.M.Johnson and A.Beaulieu, *The Environment and NAFTA*, Island Press, 1996, p.132.

29) NAAEC, art. 9 (5).
30) NAAEC, art. 10 (1).
31) NAAEC, art. 10 (3).
32) NAAEC, art. 10 (4).
33) NAAEC, art. 10 (6).
34) NAAEC, art. 11 (1).
35) NAAEC, art. 11 (2).
36) NAAEC, art. 11 (5).
37) Commission for Environmental Cooperation, *NAFTA' Institution*, *The Environmental Potential and Performance of the NAFTA Free Trade Commission and Related Bodies*, 1997, 4. 1. 2.
38) NAAEC, art. 12 (2).
39) NAAEC, art. 13 (1).
40) NAAEC, art. 14 (1).
41) NAAEC, art. 14 (2).
42) NAAEC, art. 15.
43) NAAEC, art. 16.
44) NAAEC, art. 17.
45) NAAEC, art. 18.
46) NAAECの紛争解決手続きに関しては，金堅敏氏の前掲書『自由貿易と環境保護』(117－122頁) が示唆的である。
47) この点に関しては，星野智「EUの環境政策過程」(本書第8章) を参照されたい。
48) Johnson and A.Beaulieu (1996), p.184.
49) NAAEC, art. 45 (2)(a).
50) NAAEC, art. 45 (2)(b).
51) NAAEC, art. 45 (2)(c).
52) Johnson and A.Beaulieu (1996), p.186.
53) Johnson and A.Beaulieu (1996), p.188.
54) Johnson and A.Beaulieu (1996), p.189.
55) NAAEC, art. 22 (1).
56) NAAEC, art. 22 (3).
57) NAAEC, art. 22 (4).
58) NAAEC, art. 23 (1).
59) NAAEC, art. 23 (3).
60) NAAEC, art. 23 (4).

第11章　北米環境協力協定と環境ガバナンス　*251*

61) NAAEC, art. 23（5）．
62) NAAEC, art. 24（1）．
63) NAAEC, art. 24（1）．
64) NAAEC, art. 24（2）．
65) NAAEC, art. 25（2）．
66) NAAEC, art. 27（1）．
67) NAAEC, art. 27（3）．
68) NAAEC, art. 27（4）．
69) NAAEC, art. 31（2）．
70) NAAEC, art. 32（1）．
71) NAAEC, art. 33.
72) NAAEC, art. 34（1）．第34条第2項は，以下の内容となっている。「いずれの締約国も，第1項（a）のもとでは60日よりも早く，また最終報告書の日付の後120日よりも遅く要請を行うことはできない。紛争当事国が裁定案に同意しない場合，また第1項（a）のもとでの要請がなされない場合，最終報告書の日付から60日以内に，異議を申立てられている締約国から申立している締約国に提示された最終裁定案は，…最終報告書の日付の後，120日のあいだにパネルによって策定されたと考えるものとする。」NAAEC, art. 34（2）．
73) NAAEC, art. 34（1）．第34条第1項（b）のもとでの要請は，裁定案が33条のもとで合意され，第34条第2項のもとでパネルによって策定されたと考えられ，第34条第4項のもとでパネルによって承認または策定された後，180日以降になされるものとされている。NAAEC, art. 34（3）．
74) NAAEC, art. 34（4）．なお，この点については，前掲『自由貿易と環境保護』の120頁を参照。monetary enforcement assessment の訳語については，著者の金氏の訳語「執行賦課金」を使用させていただいた。
75) この点に関しては，M.Tiemann, *NAFTA : Related Environmental Issues and Initiatives*, CRS Report for Congress, 2004. p.3 および，前掲『自由貿易と環境保護』121頁を参照。なお，NAAEC の紛争解決メカニズムの問題点については，同書122頁を参照。
76) G.C.Hufbauer et. al.(2000), p.49.

第12章
地球環境ガバナンスとUNEPの将来
―UNEPからWEOへ―

はじめに

　地球環境ガバナンスは，各国政府，国際機関，環境NGO，多国籍企業などさまざまなアクターによって構成されているが，地球温暖化，砂漠化，森林伐採，生物多様性の喪失など多様な地球環境問題に対して必ずしも十分な体制とはなっておらず，そのガバナンス機能の改善と強化が問題になっている。地球環境ガバナンスをいかに改善するのかという問題は，1972年のストックホルムでの人間環境会議以来進められ，1992年のリオでの地球サミットや2002年の持続可能な開発に関する世界首脳会議（ヨハネスブルク・サミット）の時期にもつねに取り上げられてきた。また，その間，地球環境ガバナンスにおいて中心的な役割を果たしてきた国連環境計画（UNEP）のガバナンス構造に関しても，その改革的な努力が行われてきた。

　しかし，地球温暖化に関する京都議定書をめぐる問題にも示されているように，先進諸国の間でも政策的な足並みが揃っていないだけでなく，途上国の側においてもその参加が期待できない状況である。この意味で，地球環境ガバナンスが十分に機能しているとはいえない状況にあるといってよいだろう。近年，地球環境ガバナンスの強化という観点から，UNEPの権限・資源・自律性を強化して独立した機関にしようというWEOあるいはUNEOの構想が国際的な論議となりつつある。その構想はまだ具体化されていない段階ではあるが，地球環境ガバナンスの強化という視点からみると，重要な問題提起である

ように思われる。ここでは，そうした構想の背景にある現在のガバナンス構造，とりわけ UNEP のガバナンス構造の問題点を検討しながら，WEO あるいは UNEO の構想について考えてみたい。

1．UNEP のガバナンス機構とその役割

（1）UNEP の設立と目的

1972年の国連人間環境会議では，人間環境宣言が採択されるとともに，環境保護のためのさまざまな勧告（行動計画）が発せられた[1]。この行動計画のなかに，環境保護のための恒久的な組織を国連システム内に設置するという勧告が含まれていた。この国連人間環境会議の後，1972年12月の国連総会決議2997によって，現在と将来世代のために環境を保全し向上させるという認識の下に国連環境計画（UNEP）が設立された。

この国連総会決議は，「広く国際的意味をもつ環境問題は国連システムの権限内にある」こと，「環境分野における国際協力プログラムは国家主権を尊重し，国連憲章と国際法原理との一致にもとづく取り組みがなされなければならない」こと，「環境問題が国際協力の新しい重要な領域を占めている」ことなどに関する強い認識を示し，「環境の保護と改善のためには国連システム内部に常設の制度的調整」を行う機関を緊急に設立する必要があることを宣言した[2]。しかし，この国連総会で合意されたのは，国連環境計画が新たな専門機関ではなく，横断的な政策調整組織という性格のものであった[3]。

UNEP が設立される以前には，環境にかかわる問題は，国連食糧農業機関（FAO），国連教育科学文化機関（UNESCO），国際労働機関（ILO），世界銀行（IBRD），世界保健機関（WHO），世界気象機関（WMO），国際海事機関（IMO）などの国連専門機関が扱ってきた[4]。UNEP はその法的地位においては国連の独立の専門機関ではなく国連総会の付随的機関であるとしても，環境問題に関して専門的な立場から各関連機関の調整的な役割を果たすように制度設計された。

UNEPの目的とされているのは、「諸国民や諸民族が将来世代の生活の質を損なうことなく自らの生活の質を改善することを奨励し指導し可能とすることによって、環境に配慮するうえでリーダーシップを発揮しパートナーシップを促進すること」である。この「使命の宣言」は、UNEPの役割が環境保護においてその行動を推進するという点で「触媒的な役割」を果たすということである。換言すれば、UNEPは、国連開発計画（UNDP）や国連食糧農業機関（FAO）とは異なって、執行機関ではない[5]。

（2）UNEPの内部組織

1972年の国連総会決議2997は、UNEPの内部組織として、管理理事会、環境事務局、環境基金、環境調整委員会の4つを規定している。この4つの組織とそれらの役割は、国連人間環境会議での勧告に沿った内容のものであった[6]。

①管理理事会（Governing Council）

国連決議2997は、管理理事会の構成国を58カ国とし、地域配分については、アフリカ諸国が16カ国、アジア諸国が13カ国、東ヨーロッパ諸国が6カ国、ラテンアメリカ諸国が10カ国、西ヨーロッパ諸国が13カ国とした。さらに決議は、管理理事会が以下のような機能と責任をもつものであると規定した[7]。

(a) 環境分野における国際協力を推進し、必要に応じて、この目的のために政策を勧告すること。

(b) 国連組織内の環境計画のガイドラインと調整のための一般的指針を提供すること。

(c) 国連組織内の環境計画の実施に関して、国連環境計画の事務局長から定期報告を受け検討すること。

(d) 広く国際的に重要性をもつ環境問題が各国政府によって適切かつ十分に考慮されるために、世界の環境状況をつねに検討すること。

(e) 環境に関する知識と情報の獲得、評価と交換、さらに適切な場合には、国連組織内の環境計画の定式化と実施に関する技術的側面での適切な国際的科学者やその他の専門家団体の貢献を推進すること。

(f) 国際的な環境上の政策と措置が開発途上国に与える影響を継続的に調査すること，ならびに環境のための計画やプロジェクトが開発計画やこれらの国の優先順位の高いものと両立するために，環境のための計画やプロジェクトの実施に当たって開発途上国が負担するかもしれない追加的費用の問題についても継続的に調査すること。

(g) 以下に規定されている環境基金の財源の利用計画について，毎年検討し承認すること。

　管理理事会の定期会合は，2年毎に開催されることになっているが，管理理事会のうちの5カ国あるいはUNEP事務局長は定期会合の期日の変更を求めることができる。特別会合は，管理理事会の決定に従って，あるいは管理理事会の構成国の多数決，国連総会と経済社会理事会の要請によって開催される[8]。

②**環境事務局**（Environment Secretary）

　国連決議2997によってナイロビに設置された小規模の事務局は，効果的な管理を行い，国連組織内の環境活動や調整の中心となるものとされた。環境事務局は，国連環境計画の事務局長を長とし，事務局長は事務総長の指名によって総会で選出され（任期4年），以下の職務を担うものとされた[9]。

(a) 管理理事会を実質的に支えること。

(b) 管理理事会の指導の下に，国連組織内の環境計画を調整し，その実施を調査し，その効果を評価すること。

(c) 適当な場合には，管理理事会の指導の下に，環境計画の定式化と実施に関し，国連組織内の政府間機関に助言を行うこと。

(d) 世界中の関連する科学者や他の専門家団体の効果的協力と貢献を得ること。

(e) 環境分野における国際協力の推進に関して，関係者の要請にもとづいて，助言を与えること。

(f) 自らの提案によって，あるいは要請にもとづいて，環境分野における国連計画の中期的・長期的計画を実現する提案を理事会に提出すること。

（g）管理理事会が検討の必要があると考えたものを管理理事会に留意させること。
（h）管理理事会の権威と政策上の指導の下に，環境基金を運営すること。
（i）環境問題に関する報告を管理理事会に行うこと。
（j）管理理事会から委託されるその他の機能を遂行すること。

　管理理事会や事務局の財政的負担は，国連の通常予算から支出され，環境計画とその運営上の負担は環境基金から支出される。事務局は現在，890名のスタッフによって構成されており，基本的には各国から拠出されている毎年の予算額の約1億500万ドルを管理している[10]。

　また管理理事会における事務局の職務に関しては，管理理事会の手続規則の規則29に規定されている。すなわち，「事務局は，会合の内容を翻訳し，管理理事会とその補助機関の資料を受理・翻訳・配布し，管理理事会の決議・報告・重要な資料を公刊し配布する。事務局は資料を保管し，管理理事会が要請する他のすべての活動を遂行する」[11]。

③**環境基金**（Environment Fund）

　国連総会決議2997は，環境基金に関して，環境計画に追加的資金を提供するため，既存の国連の財政手続に従って，任意拠出制の基金の設置を決定した[12]。この基金は，1973年1月1日から実施されることとされた。環境基金は，管理理事会が環境活動の方向づけと調整に指導的役割を果たすことができるように，国連組織内部で開始される新しい環境活動の全部または一部の費用に資金を提供するものである。この新しい環境活動は，国連人間環境会議で採択された行動計画とりわけ総合的計画を含み，また管理理事会で決定される他の環境活動も含む。

　環境基金はまた，一般的に関心をもつ以下のような計画に使われる。地域的および地球的なモニタリング，評価およびデータ収集システム，環境管理の改善，環境に関する研究，情報交換と普及，教育と訓練，国内的・地域的・地球的な環境制度に対する援助，適切な環境保護と両立するような経済成長政策に最適な産業その他の科学技術の開発のための調査研究の推進，管理理事会が決

定する他の計画。そして，これらの計画の実施に当たっては，開発途上国の特別のニーズを考慮に入れなければならない[13]。

また開発途上国の開発上の優先順位に悪影響を与えないようにするため，開発途上国に追加的な資金が提供されるよう適切な措置がとられること，また，この目的のために，事務局長は権限のある組織と協力して，この問題を継続的に検討すること，これらの点が規定された。そして環境基金は上述の目的に従って，国連組織内の機関や他の国際的組織による環境計画の実施において効果的な調整の必要性に振り向けられること，さらに，基金による資金援助を受ける計画の実施に当たっては，国連組織以外の機関，とくに当該国および当該地域にある機関も必要に応じて管理理事会が定めた手続きに従って利用されること，これらの点も規定された。基金の運用を管理するための一般的手続きに関しては，管理理事会が定めることになった。

④**環境調整委員会**（Environment Co-ordination Board）

国連環境計画を最も効果的に調整するため，国連環境計画の事務局長を議長とする環境調整委員会が，行政調整委員会の支援の下，そしてその枠組のなかに設置された。環境調整委員会は，環境計画の実施にかかわる機関との間の協力と調整を確実に行うために定期的に会合し，また毎年管理理事会に報告するものとされた。国際的な環境問題に関しては，国連組織の諸機関は，協調し調整された計画を実施するために必要な措置を採用する。また地域経済委員会やベイルートにある国連経済社会事務所は，必要があるときは，他の適切な地域団体と協力して，この分野における地域協力の推進がとくに必要であることを考慮して，環境計画の実施に貢献するための努力を一層強化する。さらに，他の政府間組織あるいは非政府組織で環境分野に関心をもつものは，最大限の協力と調整を可能にするため，国連に対してできるだけ援助と協力を行う。そして各国政府に対しては，国内的および国際的な環境活動の調整業務を適切な国の機構に委ねるように措置することを求めた[14]。

（3）UNEP の会合
①常駐代表委員会（Committee of Permanent Representatives）

　管理理事会は，1985年5月，決議13／2によって，常駐代表委員会の設置を決定した。設置の背景にあったのは，各国政府間および各国政府と事務局長との間の協議のための公式な定期会合が必要であるという点にあった[15]。常駐代表委員会（CPR）は，管理理事会の補助機関である。常駐代表委員会は，すべての国連加盟国，特別機関のメンバー，UNEP に派遣された EU のそれぞれの代表から構成されている。常駐代表委員会は年に4回会合を開いているが，過度の作業量を考慮して，これを6回に増やす提案がなされてきた[16]。常駐代表委員会は，補助団体，小委員会，特定のテーマに関する作業グループを設置し，それらは会合の間に開かれる。決議19／32によれば，常駐代表委員会の権限は，以下のように規定されている。

　「管理，予算，計画に関する理事会決定の検討，監視，評価。事務局による準備期間中の活動案と予算案の検討。事務局の機能や活動の効果，能率，透明性に関して管理理事会が事務局に要請した報告の検討と管理理事会への勧告。事務局からの意見にもとづいて管理理事会が対処するための決議案の準備。」[17]

　このように常駐代表委員会は，事務局の活動の有益な「現実的チェック」を行い，事務局と構成国を架橋するという役割を果たしている。

②グローバル閣僚級環境フォーラム

　1999年，国連総会は，毎年開催する閣僚級のグローバル環境フォーラムの設置の提案を承認した。グローバル閣僚級環境フォーラム（GMEF）では，環境分野における重要かつ新たな政策的問題に関して参加者が検討するものとされた。グローバル閣僚級環境フォーラムは，UNEP の管理理事会と特別会合の一部として毎年会合が開かれ，現在の新しい環境課題に関する合意を確認し促進するという UNEP の能力を大いに向上させてきた。2000年5月にスウェーデンのマルメで開催された第1回の GMEF は，130カ国から500名以上の代表者が参加してマルメ宣言を採択し[18]，21世紀の重要な環境課題を第55回国連総会に提起した。第55回国連総会に先立って開催されたミレニアム・サミットで

は，世界の指導者たちは，ミレニアム開発目標として知られている一連の目的を含むミレニアム宣言を採択した。

（4）UNEPの活動成果

UNEPは設立当初より，国内的・地域的・地球的なレベルでの環境法あるいは環境レジームの形成において，その最前線に立ってきた。グローバルなレベルでのレジーム形成におけるUNEPの顕著な功績として挙げられるのは，1979年のボン条約（移動性野生動物種の保全に関する条約），1985年のオゾン層保護に関するウィーン条約と1987年のモントリオール議定書，1989年の有害廃棄物の越境移動とその処分の規制に関するバーゼル条約，1992年の生物多様性条約における提案である。UNEPはまた，1976年の地中海汚染防止条約・地中海投棄規制議定書・地中海緊急時協力議定書といった地域海条約すなわちバルセロナ条約の重要な推進主体でもあった。さらにUNEPは，国内環境法の発展においては途上国を支援する広範なプログラムを推進してきた。

またUNEPの役割として，1997年のナイロビ宣言で示されているように，「地球環境の状況を分析し，グローバルな環境と地域環境のトレンドを評価し，政策上の勧告や環境上の脅威に関する警告を与え，利用可能な科学的・専門的な能力に基づいて国際的な協力と行動を媒介し促進すること」[19]が期待されているが，UNEPはそれ自体としては直接的な監視を行わず，むしろ国連機関や他の機関からのデータを収集し，整序し，分析している。

UNEPはこうした地球環境問題に関する評価の点で重要な役割を果たしてきたといわれている。UNEPが出版している『地球環境概況』（GEO）は地球環境問題に関する包括的な報告書である。『地球環境概況』は，これまで1997年版，2000年版，2002年版が出版されているが，地球環境の概況と将来展望をまとめた出版物として高い評価を得ている。『地球環境概況』は，世界中の地域を代表する30カ国の大学，研究センター，国際研究所，NGOを含む協力機関のデータとアプローチを利用している[20]。この報告書はまた，さまざまな重要な環境問題を取り上げ，それを広い視点から評価しているため，そこでの地球

環境における広範な過程とトレンドに関する分析は政策決定者，科学者，一般の人々にも大きな関心を喚起してきた。このような GEO プロセスのもっとも重要な功績は，政策形成に影響を与え，環境行動を促し，制度的能力を発展させてきたという点にある[21]。

2．UNEP の制度的問題

UNEP は元来，FAO や UNESCO といった他の国連機関のように一定の権限をもつ独立の執行機関として設立されたのではなく，いくつかの国連機関の事業の調整やそれへの情報提供を担う機関として設立されたために[22]，設立当初より，ガバナンス機構や財政構造に関して，いくつかの問題点を抱えていた[23]。

（1）ガバナンス機構の問題点

UNEP のガバナンス機構は，大きく分けて 2 つの役割を推進している。1 つは，地球環境のトレンドを監視し，地球環境アジェンダの合意を形成し，グローバルな優先順位を設定することで，国際的な環境ガバナンスを発展させるという対外的機能であり，もう 1 つは，UNEP の計画，予算，活動を監督する対内的機能である[24]。UNEP のガバナンス機構は，これら 2 つの役割を統合している。管理理事会は地球環境アジェンダの設定と，UNEP の活動計画と予算の作成に責任を負っている。しかし，58 カ国で構成される管理理事会は，地球環境政策の遂行という点でまったく中立的な立場をとるというよりも，政治化された制度的ガバナンスに至る傾向をもつ。というのは，管理理事会は個々の国家の利害を反映しがちになるため，国際的な環境ガバナンスに関するリーダーシップを十分に発揮することができず，ビジョンの実現においては制約されている。

UNEP においては，管理理事会，事務局，そして常駐代表委員会（CPR）が責任のあるガバナンスを共有しているが，なかでもナイロビに公館を置いてい

る国々で構成される常駐代表委員会は，環境に関する知識や専門技術を有しておらず，しかも事務的な仕事を多く抱えている。すでに触れたように，常駐代表委員会の仕事は，「管理，予算，計画に関する理事会決定の検討，監視，評価」，「事務局による準備期間中の活動案と予算案の検討」などであり，UNEPの活動に対する直接的な介入や，各国出身のUNEP職員への影響によって，ナイロビにあるUNEP事務局の自律性や権限をかなり制約している[25]。

また，常駐代表委員会はUNEPの組織活動全般を見据えることによってその活動に影響力を行使している一方，UNEPの活動計画や予算に関する最終的な決定権は管理理事会にある。管理理事会は，一方ではグローバルなレベルで地球環境ガバナンスのための将来的なアジェンダを設定し，他方では2年毎の活動計画や予算を作成する。すなわち，常駐代表委員会での各国代表と，管理理事会会合に出席する各国代表（通常は環境大臣）は異なっているという状況が存在する。

さらに，UNEPは上述のように2年間の活動計画期間を超えた活動計画をもっていないために，地球環境アジェンダを設定し推進する能力を大きく制約している。しかもUNEPは組織の長期的目標とその実現を導くための活動の概略を規定するビジョンも戦略的な文書も有していない。そのため包括的な戦略計画を策定することができず，長期的な環境保護戦略はアドホックな仕方で実現されることになっている。UNEPの長期的な戦略計画は，組織内のブレーンストーミングやガイダンスによって精緻化されるが，そのほとんどは内部文書にとどまっている[26]。

UNEPが直面している基本問題は，こうした長期ビジョンの欠落にとどまらず，その役割の明確化がなされていない点にある。つまり，UNEPのスタッフやステークホルダーにとって，UNEPの役割がどうあるべきなのかという点が必ずしも明確ではない。しかもUNEPの計画作成過程は多くの点で自国を優先しようとする各政府の思惑の影響を受けていることが，とりわけ優先順位の形成，資源配分，計画の実施の点で，ガバナンスへの挑戦を生み出している。また管理機関は新しい計画や活動を追加することは比較的容易であるとされて

いるが，何を中止するのかという点についての合意形成は困難となっている。このことは，計画や活動の需要増大と資源の減少という問題に直面している事務局にとっては大きな圧迫となっている[27]。

UNEPのガバナンスにおいては，調整上の問題点も無視できない。UNEPが1972年に設立されたときは，比較的自律的で明確なアジェンダをもっていた。しかし，多国間環境レジームの増加は，UNEPの活動成果であるとはいえ，ガバナンス体制を弱めていった。環境政策の各領域における規範や基準が環境条約の締約国会議という場で作成され，その結果，他の政策領域との関係や連携が失われた。こうした状況は，さまざまな条約事務局の組織的な分裂によって悪化し，ガバナンス機構のなかに遠心的な傾向の強い中規模の官僚制をもたらすことになった[28]。

（2）財政的問題

UNEPの収入は2年毎に計上されているが，2002〜2003年の2年間で4億3000万ドルであり，年平均では2億1500万ドルであった。この予算額は，主要な国際機関等に比べるとはるかに少ない数字になっている[29]。たとえば，OECDは4億1300万ドル，WHOは14億ドル，UNDPは32億ドル，アメリカのEPAは78億ドルである。予算が強制的な分担金によっている他の国際機関とは違い，UNEPは完全に個々の国の任意的な分担金に依拠している。したがって，このようなUNEPのきわめて自由裁量の財政的体質は，機構の財政的不安定性，現行の予算期間を超えた計画能力と自律性を危うくし，その結果，組織のリーダーシップ内部ではリスクを冒さないという態度が染み込んでいるといわれている[30]。UNEPの実際的なアジェンダは，拠出国の優先順位によって設定され，それは結果的にUNEPの活動を分裂させ，明確な優先順位が設定されていないという状況を生み出している。

（3）ロケーションの問題

UNEPの問題点の1つとして指摘されるのは，UNEP本部の地理的位置であ

る。設立当時ナイロビに本部を置いた背景には，国連機関の本部所在地の不均衡をただし，また欧州や北米の環境主義者の関心を途上国の問題にむけさせるうえで，役だつはずだという認識があった[31]。しかし，結果的には，さまざまな問題点を引き起こした。この点に関して，マコーミックは以下のように記している。

「所在のために有能な専門職員の雇用がむずかしく，UNEPはほとんど無から新たな組織をつくり上げる必要があると考えた。既存の国連機関内部に本部があれば，UNEPは共通の人的資源を活用してもっと実質的な活動に取り組むことができただろう。本部をケニアに置いたために，UNEPは環境汚染などの世界的な問題を強調する先進国と，環境的に健全な開発をもとめる途上国の板挟みになる傾向があった。これらの途上国は，UNEPを自分たちの『国連機関』とみなし，先進国と利害関係が対立すると，UNEPが自分たちの要求に同調することを期待した」[32]。

このように，UNEPのロケーションは，環境保護活動を効果的に調整し作用を及ぼすというガバナンス機能にも大きな影響を与えている。すなわち，重要な国連活動から地理的に離れているということ，長距離のコミュニケーション，交通・輸送関連のインフラ，他の機関や条約事務局との対応関係や調整関係の欠如，これらの問題がロケーションから生まれる付随的問題点として指摘されている[33]。

さらにロケーションのもっとも重要な意味は，マコーミックが指摘しているように，UNEPを中心的な制度とするのに必要な政策上の専門知識や経験をもつスタッフを引きつけておくことができない点である。ナイロビは，UNEPが必要な専門知識や管理的な資質をもったスタッフにとっては必ずしも望ましい位置にはなく，ますます不安定化する治安状況もこの問題を深刻化させている。さらに，UNEPが地理的に遠い位置にあることで事務局長や他の上級スタッフの移動が頻繁になり，それが財政的負担になっている。またUNEPのリーダーシップの欠如をもたらすのは，ナイロビでのかれらの長期不在期間である。

3．UNEP改革への動き

　1992年にリオで開催された地球サミットでは，持続可能な開発を実現するためのアジェンダ21が採択された。アジェンダ21は，ソフトロー的な性格を有するものであるとはいえ，グローバルなレベル，リージョナルなレベル，そしてナショナルなレベルでの環境政策の基本綱領という性格をもっている。アジェンダ21の第38章は，「国際的な機構の整備」であるが，このなかで，UNEPの機構整備に関しては，以下のように提言している。

　「地球サミットのフォローアップの中で，国連環境計画及びその管理理事会の役割は，拡充，強化される必要がある。管理理事会は，その権能の中で，開発の観点を考慮しつつ，環境分野での政策のガイダンス及び調整に関し，その役割を継続していくべきである」[34]。

　そして，アジェンダ21は，UNEPが専念すべき優先分野として，「国連システム全体の中で環境保全活動及び環境への配慮を奨励，促進する触媒的機能を強化すること」，「環境分野における国際協力を促進するとともに，適当な場合にはそのために政策を勧告すること」などを提言している。UNEPの管理理事会は，1997年に採択されたナイロビ宣言のなかで，UNEPの役割の再定式化をはかった。

（1）1997年のナイロビ宣言

　すでに触れたように，UNEPの主要な役割は，「諸国民や諸民族が将来世代の生活の質を損なうことなく自らの生活の質を改善することを奨励し指導し可能とすることによって，環境に配慮するうえでリーダーシップを発揮しパートナーシップを促進すること」である。すなわち，UNEPの役割は，アジェンダ21の提言に示されたように「触媒的な役割」を果たすということである。こうしたUNEPの役割は，1997年のUNEPの「役割と権限に関するナイロビ宣言」において，拡大され再定式化された。

このナイロビ宣言のなかでは，「UNEPが環境分野での主要な国連機関であり続けるべきである」こと，そして「UNEPの役割が，国連システム内部における持続可能な開発の環境的次元での整合的な執行を促進する地球環境アジェンダを設定し，地球環境のための権威的な擁護機関としての機能を果たす指導的な地球環境機関となるべきである」[35]ことが規定された。

このナイロビ宣言のなかで再生されたUNEPの権限の中心的要素は，以下の項目である[36]。

(a) 地球環境の状態を分析し，グローバル及びリージョナルな環境トレンドを評価し，政策的助言，環境の脅威に関する初期の警告情報を提供し，利用可能な最善の科学的・専門的能力に基づいた国際的な協力と活動を触媒・促進すること。

(b) 既存の国際環境条約の間の整合的な相互連関の促進を含めて，持続可能な開発を目標とする国際環境法の発展を推進すること。

(c) 合意された国際規範や政策の執行を促進し，環境原理や国際条約の遵守を監視・促進し，新たな環境課題に対応するための共同行動を促進すること。

(d) 環境分野における国連組織の環境活動を調整するさいの役割を強化し，その比較優位と科学的・専門的知識に基づいて，地球環境ファシリティの執行機関としての役割を強化すること。

(e) 国際的な環境アジェンダの執行に関わるすべての部門の社会やアクターのあいだの意識を高め，それらの効果的な協力を促進し，国内的・国際的レベルでの科学者共同体と政策決定者の効果的な連結としての機能を果たすこと。

(f) 各政府や他の重要な制度に対して，制度形成の重要な分野において政策と助言提供を行うこと。

そしてナイロビ宣言は，その権限の効果的な遂行と，グローバルな環境アジェンダを実施するために，「UNEPのガバナンス構造の改善」を決定したとして，以下の4点を挙げている[37]。

（a）国連環境計画は国連環境計画の政策と意思決定において環境問題を担当する大臣と高級閣僚のための世界フォーラムとしての機能を果たすべきであること。
（b）地域の大臣や重要なフォーラムが国連環境計画のプロセスへの関与と参加を増大させることによって地域化と分権化が強化され，それがナイロビにある UNEP 本部の中心的な調整的役割を補完すべきである。
（c）主要なグループの参加が増大すべきであること。
（d）費用効果が高く，政治的に影響力のある会合間のメカニズムが設計されるべきであること。

その他，UNEP の計画実施のための原理的な資金源としての環境基金の重要性を再確認することも宣言のなかに盛り込まれている。

（2）国連の「環境と人間居住に関するレポート」

ナイロビ宣言が出された後に，1998年に UNEP 事務局長に就任したクラウス・テプファー座長の下に「環境と人間居住に関するタスクフォース」がスタートした。タスクフォースは21名のメンバーによって構成され，「環境・人間居住・持続可能な開発」という領域に関する報告書を作成した[38]。この報告書は第53回国連総会で正式に審理されたが，この報告書では，「国連の環境上の代弁者」としての UNEP の役割が再確認されるとともに，環境関連の活動の調和化と調整のための中心点としての役割が強調された。

また政府間フォーラムに関して，タスクフォースは毎年開催される閣僚レベルのグローバル環境フォーラムが制度化されるべきであるという提案を行い，それは報告書の中では勧告13として提起された。その勧告の内容は，持続可能な開発という文脈のなかで，国連の環境アジェンダを再検討し修正するために環境大臣が会合をもつグローバル閣僚級環境フォーラムの設立であった。その結果，すでに触れたように，2000年5月に，スウェーデンのマルメで第1回のグローバル閣僚級環境フォーラムが開催されることになった。

(3) K・テプファーの財政改革

1990年代初頭以降，UNEPの環境基金への分担金が減少傾向にあったことは，UNEPへの信頼の低下という側面を示していた。そのため，事務局は必要かつ緊急な計画を開始し実施する能力を奪われてきた。1990年代中葉になると，アメリカはUNEPへの支持を後退させたが，それはUNEPのリーダーシップと効果への批判のためであった。

しかし，UNEP事務局長のクラウス・テプファーのリーダーシップのもとで，UNEPは財政的な資源を引き出すうえで重要な進展をみせた。それは2002年に制度化された分担金の任意的な表示制度である。その表示制度のパイロット段階で，ドナーの基盤を拡大し，多くの国に分担金の増額を促した結果，2003年には，100カ国以上が分担金を支払い，その額は1990年代中葉の2倍にもなった。多くの国々は，1990年代中葉と比較して分担金の支払いを増加させた。たとえばカナダの環境基金への貢献は，1997年の66万2000ドルから2004年の198万5000ドルに増加した[39]。さらに2004～2005年と2006～2007年の各2年間の分担金の支払い傾向をみると，イギリス，ドイツ，フランス，スウェーデン，日本などの分担金はいずれも増加している[40]。

4．UNEPからWEOへ

(1) WEO

これまでみてきたように，UNEPの制度的改革は進められてきたとはいえ，UNEPのガバナンス構造や財政構造に鑑みると，現状の制度的枠組のなかでは地球環境ガバナンスを推進する自律的な機関として十分な機能を遂行できないということがいまや共通の了解になりつつある。UNEPは国連組織のなかの計画という地位しか与えられておらず，それ自身恒常的な基金を利用することもできず，いわば国連社会経済理事会に従属している。UNEP事務局のスタッフは890名であるが，これはドイツの環境省のスタッフ1043名よりも少ない数であり，アメリカの連邦環境庁（EPA）のスタッフの18807名に比較すると，国

際機関としてははるかに少ない数になっている。

　こうした状況のなかで，現在，環境分野においても強力な国際機関が保持しているような権限，資源，自律性をもった環境に関する専門の国際機関を創設しようという構想，すなわち世界環境機関（WEO）あるいは国連環境機関（UNEO）を創設しようという構想についての理論化の作業が進んでいる[41]。国際環境機関を創設するという構想は，1972年のストックホルム会議以前にも，アメリカの外交戦略家であるジョージ・ケナンによって提起されていた[42]。ケナンが提起した「国際環境機関」というビジョンは，先進諸国を中心とした国際機関を中心にすえていたものの，2年後には実際的に国連環境計画が設立されるという結果がもたらされた。

　しかし，UNEPはILOのような他の独立した国連機関に比肩されるほどの機関として制度化されることはなかった。1980年代に地球環境問題への関心が世界的に高まるなかで，地球環境ガバナンスを担う強力な機関の必要性が国際的な場面での論争の対象になってきた。こうした論議が一貫して継続してきたのは，WEOやUNEOという構想が多くの政府や国際機関の関係者がその提案に対する支持を表明したからである。こうした構想を支持してきた人々のなかには，WTO元総裁のルッジーロ，フランスの元首相ジョスパン，UNDP元総裁のシュペートなどがいる。学者や専門家のなかにもWEO構想を支持している人々が多く，同様にブラジル，フランス，ドイツ，ニュージーランド，シンガポール，南アフリカといった国々も新しい環境機関の創設を支持している[43]。さらに1998年にUNEP事務局長に就任したテプファーはUNEPの組織的改革を進めたが，このことでUNEPに代わるWEOに関する議論を終結させることはなかった。2003年9月には，フランスのシラク前大統領が国連総会で，国連環境機関（UNEO）を創設する提案を行ったが，その理由はきわめて単純で，現在の環境上の課題に対処するためには国連が中心的な役割を果たすような多国間協力が必要であるという点にあった[44]。

　ところで，地球環境ガバナンスの中心に位置づけられるWEOの必要性に関しては，すでに触れたように，既存のUNEPの環境ガバナンス構造の欠陥が

いくつか指摘されてきた。ガバナンス構造における他の機関やレジームとの調整上の欠陥，国際環境基準の執行上の欠陥，発展途上国へのさまざまな支援体制上の欠陥などが従来指摘されてきた[45]。とりわけ途上国の環境保護能力の向上に関しては，現在のUNEPのガバナンス構造では対処することは困難である。この分野における財政と技術の面での南北移転という要求は，気候変動や生物多様性などのグローバルな環境政策が途上国でより広範に実現される場合には，確実に増えることが予想される。しかし，現在の資金移転の体制はあまりにアドホックなものであり，透明性，効率性，締約国の参加という要求を満たすことはできない。

その点で，WEOあるいはUNEOの構想は，財政的・科学技術的な援助の規範的・技術的な側面を結合し，現行のシステムの欠陥を克服する可能性をもっている。この新しい組織は，さまざまな財政的メカニズムを調整し，気候変動枠組条約の京都議定書の下でのクリーン開発メカニズムや排出量取引などを含めて，部門別レジームの基金を管理することも可能であろう。これらの役割には新たな官僚制は必要なく，その代わりにWEOは世界銀行やUNDPの広範な専門知識を利用するようにしなければならない[46]。

（2）WEOのモデル

WEOあるいはUNEOを創設しようという構想においては，多くの困難な課題に直面するといってよいだろう。まず1970年代に先進諸国の官僚制内部で環境庁や環境省を設立しようという際に直面したことと同じ課題に直面することが考えられる[47]。地球環境問題は，多くの他の国連機関や国際機関で扱われており，地球環境政策の執行までも含めた権限をもつ機関の創設には権限の配分の点で他の機関との調整に困難が伴う。環境問題は，狭い意味での地球環境だけでなく，開発，貧困，経済や貿易，エネルギー，人間居住など多くの分野にかかわっている。ガバメント（政府）が存在する国内においてさえ，環境政策の推進が難しい状況にあるのに，ガバメント（世界政府）が存在しない国際社会においては，一層困難であることが容易に予想される。

WEO あるいは UNEO に関しては，いくつかの構想が提示されているが，ここではそれらのなかで F・ビアマンが提起しているモデル[48]について検討してみたい。ビアマンは，新しい世界環境機関のモデルとして 3 つ提示している。

第 1 のモデルは WHO のモデルである。このモデルは，環境分野における既存の専門機関に沿って，分権的で問題別になっている現行の国際レジームを維持するが，同時に UNEP を単なる国連計画から，独自の予算と法人格，十分な財政資源とスタッフ資源を備えた独立した国際機関に格上げするという構想である[49]。UNEP から WEO への格上げは，WHO や ILO などの独立した国際機関にもとづいてモデル化されうる。あるいは国連総会によって設立された国連の内部機関である国連貿易開発会議（UNCTAD）にもとづいてモデル化されうる。

国連専門機関としての WEO というモデルでは，限定多数決性によってすべての構成員を拘束する一連の規則を承認することができ，その総会は，組織の支援の下で小委員会によって検討された条約草案を採択することができる。たとえば ILO 憲章は，締約国に対して 1 年以内に ILO 総会によって採択された条約をそれぞれの政府当局で検討し，批准過程に関して機関への報告を要求している。こうした影響力は，UNEP の管理理事会の権限をはるかに超えている。しかも UNEP 管理理事会の権限は，政府間交渉をスタートさせるけれども，それ自身法的手段を採択することができない[50]。

第 2 のモデルは，WTO モデルである。世界貿易機関（WTO）の設立に関しては，1994年に設立条約としてのマラケシュ協定が成立した。マラケシュ協定のなかでの WTO の地位については，第 8 条で，「法人格を有するものとし，その任務の遂行のために必要な法律上の能力を各加盟国によって与えられる」[51]とされている。したがって，WTO をモデルとして WEO を設立する場合には，世界環境機関に関する設立条約が必要となろう。また WTO の権限と任務に関しては，それぞれ第 2 条と第 3 条に規定されている。マラケシュ協定第 2 条では，「世界貿易機関は，付属書に含まれている協定及び関係文書に関する事項について，加盟国間の貿易関係を規律する共通の制度的枠組を提供す

る」とされ，第3条では，「世界貿易機関は，この協定及び多国間貿易協定の実施及び運用を円滑にし並びにこれらの協定の目的を達成するものとし，また，複数国間貿易協定の実施及び運用のための枠組を提供する」[52]とされている。これらの規定を WEO に当てはめて考えると，WEO の場合にも，加盟国の環境政策の共通化をはかる制度的枠組の形成や，多国間環境協定の実施や運用に関する権限の付与が考えられよう。

WEO が推進機関となる多国間環境協定については，その批准は WEO の新しい加盟国にとって強制的となる。このように多国間環境協定は，WEO の下でのグローバル環境法を形成する。このような WEO の設立は，環境ガバナンスのシステムの効率性を高め，多くの利点を作りだすことになる。たとえば，WEO 事務局は，WTO 事務局のように各国の利害に左右されることなく，地球環境の公共性をめざして職務を遂行することができ，また多国間協定の小規模の事務局は WEO 事務局に統合されるだろう。

第3のモデルは，国連安全保障理事会のモデルである。この理論的オプションは，一定の基準を遵守できない国に対して執行権限をもつ，地球環境と地球共有財の保護のための世界権力を描くものである[53]。このオプションのモデルは，国連憲章第7章の下で広範な権力をもつ安全保障理事会である。このモデルは，強制力をともない主権国家の権限を大きく制約するものであるから，中期的な実現という点からみると，ビアマンも指摘しているように，困難なモデルであろう。

この3つの WEO モデルは，権限の点からみると，小さなもの（ILO モデル），中くらいのもの（WTO モデル），そして大きなもの（国連安全保障理事会モデル）となろう。国際社会においては，しばしばいわれるように，合意形成は希少価値であるから，実際の進展過程はかなり現実的なモデルに近いものになる可能性が高いだろう。

おわりに

　今日，地球環境問題が深刻化し，地球の資源に関してもその限界がグローバルに認識され始めているが，こうした状況では国際紛争の可能性がますます高まることが予想される。地球環境ガバナンスの強化という点からみると，国際連合を中心とする世界環境機関の形成が急がれているといわざるをえない。WEO あるいは UNEO を創設するということは，政府，国際機関，環境 NGO（市民社会）などのガバナンスを構成するアクターあるいはステークホルダーの統合を強化することにもつながる。また環境問題を経済や開発の問題とリンクさせることも今以上に可能となろう。さらには，WEO あるいは UNEO が国際的な環境税の徴収という外部不経済を内部化する国際的なメカニズムとして機能する可能性も視野に入れる必要があろう。その意味では，地球環境ガバナンスの強化にとって，WEO あるいは UNEO の創設は不可欠であろう。

1 ）国連人間環境会議の勧告に関しては，環境庁長官官房国際課『国連人間環境会議の記録』（1972年）を参照されたい。行動計画の分野は，「よりよい生活環境のための計画と管理」，「天然資源管理の環境的側面」，「国際的に重要な汚染物質の把握と規制」，「環境問題の教育・情報・社会・文化的側面」，「開発と環境」，「行動計画の国際機構」である。
2 ）United Nations, Resolution 2997（XXVII）of the General Assembly, 15 December 1972.
3 ）J・マコーミック『地球環境運動全史』石弘之・山口裕司訳，岩波書店，1998年，127頁。
4 ）Bharat Desai, UNEP : A Global Environmental Authority? In : *Environmetal Policy and Law*, 36/ 3 － 4, 2006, p.139.
5 ）Richard G. Tarasofsky, International Environmental Governance : Strengthening UNEP, in : *International Enviromental Governance Working Paper*, Tokyo, 2002.
6 ）国連人間環境会議での UNEP の内部組織に関する勧告については，前掲環境庁長官官房国際課『国連人間環境会議の記録』の181～187頁を参照。
7 ）United Nations, Resolution 2997（XXVII）．

8) United Nations Environment Programme, Rule of Procedure of the Governing Council, New York, 1988.
9) United Nations, Resolution 2997（XXVII）．事務局長の責任に関しては，United Nations Environment Programme, Rule of Procedure of the Governing Council, New York の規則24～28を参照されたい。
10) United Nations Environment Programme, Natural Allies, UNEP and Civil Society, 2004, p.7.
11) United Nations Environment Programme, Rule of Procedure of the Governing Council, p.13.
12) United Nations, Resolution 2997（XXVII）．
13) United Nations, Resolution 2997（XXVII）．
14) United Nations, Resolution 2997（XXVII）．
15) The Governing Council, Decision 13/2 －Establishment of a Committee of Permanent Representatives.
16) Tarasofsky, International Environmental Governance : Strengthening UNEP, 2002.
17) Tarasofsky, International Environmental Governance : Strengthening UNEP, 2002.
18) 2000年5月に開催されたグローバル閣僚級環境フォーラムのマルメ会合に関しては，Earth Negotiations Bulletin, 2 June 2000, at http : //www.iisd.ca/unepgc/6 thspecial/ を参照されたい。
19) Nairobi Declaration on the Role and Mandate of the United Nations Environment Programme, 19/1, February 1997.
20) Maria Ivanova, Asessing UNEP as Anchor Institution for the Global Environment : Lesson for the UNEP Debate, in : Andreas Rechkemmer（Ed.）, *UNEO?Towards an International Environment Organization*, Nomos, 2005, p.129.
21) Ivanova（2005）, p.129.
22) マコーミック前掲訳書，131頁。地球環境ガバナンスにおけるUNEPと他の国連機関との競合に関しては，Daniel Esty and Maria Ivanova, Making International Environment Efforts Work : The Case for a Global Environmental Organization, in : Yale Center for Enviromental Law and Policy Working Paper Series : Working Paper 2/01, 2001, p.7を参照されたい。
23) 同上，132頁。マコーミックは，UNEPの問題点として，資金，管理，政治，組織の4点を指摘している。
24) Ivanova（2005）, p.136.
25) Ivanova（2005）, p.137.
26) Ivanova（2005）, p.131.
27) Ivanova（2005）, p.132.

第12章　地球環境ガバナンスと UNEP の将来　*275*

28) Frank Biermann, The Rationale for a World Environment Organization, in : Frank Biermann and Steffen Bauer (eds.), *A World Environment Organization*, Ashgate, 2005, p.120.
29) UNEP の予算と財政構造に関しては，Ivanova (2005), p.138以下を参照。
30) Ivanova (2005), p.139.
31) マコーミック前掲訳書，133頁。
32) 同訳書，133－134頁。
33) Ivanova (2005), p.141.
34) 環境庁・外務省監訳『アジェンダ21』エネルギージャーナル社，1997年，495頁。
35) Nairobi Declaration on the Role and Mandate of the United Nations Environment Programme, 19/1,7 February 1997.
36) Nairobi Declaration on the Role and Mandate of the United Nations Environment Programme.
37) Nairobi Declaration on the Role and Mandate of the United Nations Environment Programme.
38) Report of the Secretary-General Environment and Human Settlement, 6 October 1998.
39) Ivanova (2005), p.139.
40) UNEP の環境基金への各国の分担金の表示額に関しては，Voluntary Indicative scale of contributions to UNEP's Environment Fund in 2004－2005 and 2006－2007, at : http : //www.unep.org/rmu/en/pdf/indicativescale.pfd. を参照されたい。
41) これらについてのまとまった研究書として，以下の2つの前掲書が有益である。Andreas Rechkemmer (Ed.), *UNEO―Towards an International Environment Organization*, Nomos, 2005. Frank Biermann and Stefen Bauer (Eds.), *A World Environment Organization*, Ashgate, 2005.
42) George.Kennan, To prevent a World Wasterland : A Proposal, in : *Foreign Affairs* 48, 1970.
43) Frank Biermann, Green Global Governance, The Case for a World Environment Organization, in : *New Economy*, 2002. p.82.
44) Denys Gauer, Initiative to establish a UN Environment Organization (UNEO), in : A.Rechkemmer (Ed.), *UNEO―Towards an International Environment Organization*, Nomos, 2005, p.152.
45) これに関しては，Frank Biermann (2002) を参照されたい。
46) Frank Biermann (2002), p.84.
47) この点に関しては，Konrad von Moltke, The Organization of the Impossible, in :

Global Environmental Politics, vol.1, no.1, 2001, p.23を参照。
48) Frank Biermann (2002), p.85-86.
49) Frank Biermann (2002), p.85.
50) Frank Biermann (2002), p.85.
51) 松井芳郎編集代表『ベーシック条約集2007』東信堂,2007年,596頁。
52) 同書,595頁。
53) Frank Biermann (2002), p.86.

初出一覧

第1章　環境政治と環境ガバナンス
　　　　『アソシエ』第7号、2001年

第2章　世界システムと地球環境問題
　　　　臼井久和他編『環境問題と地球社会』有信堂、2002年

第3章　環境政治とデモクラシー
　　　　星野智編『公共空間とデモクラシー』中央大学出版部、2004年

第4章　環境政治のグローバル化
　　　　『法学新報』第112巻第7・8号、2006年

第5章　地球環境政策と環境NGO
　　　　『法学新報』第113巻第11・12号、2007年

第6章　ドイツの環境政治と環境政策
　　　　『法学新報』第107巻第3・4号、2000年

第7章　ドイツにおける環境政策の発展
　　　　『法学新報』第111巻第9・10号、2005年

第8章　EUの環境政策過程

　　　　　内田猛男他編『グローバル・ガバナンスの理論と政策』中央大学出版部、2004年

第9章　アジア太平洋地域の環境ガバナンス
　　　　　川崎嘉元他編『グローバリゼーションと東アジア』中央大学出版部、2004年

第10章　東アジアの環境ガバナンス
　　　　　滝田賢治編『東アジア共同体への道』中央大学出版部、2006年

第11章　北米環境協力協定と環境ガバナンス
　　　　　『中央大学社会科学研究所年報』第11号、2006年

第12章　地球環境ガバナンスと UNEP の将来
　　　　　横田洋三他編『グローバルガバナンスと国連の将来』中央大学出版部、2008年

著者略歴

星 野　智（ほしの・さとし）

1951年	札幌市生まれ
現在	中央大学法学部教授
専攻	現代政治理論、環境政治論
主要著作	『現代国家と世界システム』（同文舘、1992年）
	『世界システムの政治学』（晃洋書房、1997年）
	『現代ドイツ政治の焦点』（中央大学出版部、1998年）
	『現代権力論の構図』（情況出版、2000年）
	ほか

環境政治とガバナンス

2009年6月30日　初版第1刷発行

著　者　　星　野　　　智
発行者　　玉　造　竹　彦

郵便番号192-0393
東京都八王子市東中野742-1
発行所　中央大学出版部
電話 042(674)2351　FAX 042(674)2354
http://www.2.chuo-u.ac.jp/up/

©2009　Satoshi Hoshino　　　　　　印刷　藤原印刷
ISBN 978-4-8057-1142-2